U0205977

本书为国家社会科学基金项目资助成果

湖泊湿地利用转型研究

——以洞庭湖湿地为例

邝奕轩／著

RESEARCH ON USE TRANSITION OF LAKE WETLANDS CITING THE DONGTING LAKE AS AN EXAMPLE

社会科学文献出版社
SOCIAL SCIENCES ACADEMIC PRESS (CHINA)

序

人类最初只是生态系统中的一个并不起眼的物种，作为一种杂食动物，并不在食物链的顶端。人在很长时期内同其他物种一样，完全依赖生态系统并根据生态系统的变化做适应性调整。人与其他物种最大的不同，是跨越了完全依赖生态系统并根据生态系统的变化做适应性调整的阶段，先是按照自己的意愿利用和干预生态系统，又在意识到这种做法的偏差后根据生态系统的内在要求调整自己的行为，努力实现人与自然的和谐发展。

改革开放以来，中国经济保持了持续 40 年的快速增长。这种增长一方面使中国由一个低收入的发展中国家经由下中等收入发展中国家、上中等收入发展中国家，逐步逼近高收入国家的门槛，另一方面对生态环境造成了较大冲击。为消除它的负面影响，中国主动调整发展目标，从培育生态文明体系和推进发展方式转型两个方面，将单纯的经济增长拓展为经济增长与生态建设互促互进，将人与人的和谐发展拓展到人与自然的和谐发展。当然，这也是经济增长对自然资源依赖性愈益降低的结果，是由被称为全要素生产率的技术、组织、制度、生态等非物质生产要素驱动的经济增长模式替代能源、资源等物质生产要素驱动的经济增长模式的结果，是越来越多的企业和社群愿意遵循环境友好的行为规范的结果，倡导生态文明建设，追求经济再生产与生态再生产相融合或物质文明与生态文明相融合，是为了使这个结果早日到来。

关于人类与生态系统的关系，我在中国社会科学出版社 2004 年 6 月出版的《中国天然林保护的理论与政策探讨》一书中就森林利用会随着森林资源比较优势的动态变化，由肥料利用、燃料利用、材料利用、原料利用跃迁到生态利用做过一点探讨，但只是点题而已。为了进一步深化研究，我建议杨晓智和张海鹏把论证人类与森林生态系统的关系的变化作为博士学位论文选题，建议邝奕轩把论证人类与湿地生态系统关系的变化作为博士学位论文选题。

论证人类与生态系统关系的变化必须占有足够长的时间序列资料。杨晓智和张海鹏的论证有联合国粮农组织数据库里的数据提供支持，邝奕轩的论证则要靠自己收集洞庭湖湿地的文献资料和历史数据，难度是可想而知的。杨晓智教授的论证用的是 20 世纪 60 年代以来世界各国的森林资源和林产品统计资料，张海鹏研究员用 20 世纪 30 年代以来世界各国的森林资源和林产品统计资料进行了拓展研究。邝奕轩用申请到的国家社科基金一般项目"基于发展经济学视角的湖泊湿地利用转型研究"的资金，在自己博士学位论文的基础上进行了拓展研究。

邝奕轩在湿地研究方面已经发表了大量论文。他通过研究指出，湖泊湿地早就受到人类活动的干扰了，但它的急剧变化发生在各个国家工业化或人口爆炸阶段。人类活动过度干扰导致湖泊湿地生态系统恶化，既是一个全球普遍存在的现象，又是一种暂时现象；从长期看，它的面积、水量和水质的变化都具有倒"U"形曲线的特征。

《湖泊湿地利用转型研究——以洞庭湖湿地为例》是邝奕轩关于湿地研究的第一本专著。该书在描述人类利用洞庭湖湿地的历史的基础上，提出了洞庭湖湿地利用结构在经济发展过程中转型的经济学命题，运用发展经济学的理论和方法建构基于洞庭湖湿地生态系统不同资源类型的演化模型，刻画经济发展过程中洞庭湖湿地利用的演化过程，阐释洞庭湖湿地利用结构的演变特征和演变机理，认知洞庭湖湿地利用转型与环洞庭湖湿地区域发展转型的耦合关系，并从环洞庭湖湿地区域新型工业化、新型城镇化、现代农业和生态建设四个方面探索了湖泊湿地利用转型的路径。为了验证洞庭湖湿地利用转型研究方法的普适性，邝奕轩选择包括太湖、滇池、博斯腾湖等 60 个湖泊湿地作为样本总体，利用它们的横截面数据探讨了更大尺度的湖泊湿地利用转型问题。综观全书，我认为邝奕轩凝练出的关于湖泊湿地可持续利用的理论、方法和具有政策含义的建议，对促进我国湿地利用转型研究，推进中国生态文明建设，会有积极的贡献。

湖泊湿地利用转型不仅同经济规模、经济结构、人口总量、粮食产量等经济变量相关，还同纳入保护的湖泊湿地面积增多，还原为湿地的土地面积增多，湿地保护、修复和恢复的各种投入增多，湿地保护法律法规和生态补偿等制度的实施等因素相关，虽然这些新变量因时间序列数据太短而难以与经济变量匹配，但在今后的深化研究中应该重视它们。另外，得出有些变化不具有倒"U"形特征的结论会不会同时间序列数据不够长有关，也需要进一步验证。一言以蔽之，这本书仍有瑕疵，但瑕不掩瑜，总体上是一本值得阅读的好书。希望邝奕轩把这部书当作进一步开展湖泊湿地利用转型研究的一个阶段性成果，继续完善湖泊湿地利用转型研究的理论与方法，并尽早有更加完整的新的逻辑体系的研究专著问世。

邝奕轩是我的学生。他做人老实，为人宽厚，做事踏实。在他完成的国家社科基金一般项目"基于发展经济学视角的湖泊湿地利用转型研究"的最终成果《湖泊湿地利用转型研究——以洞庭湖湿地为例》出版之际，写下自己的一点想法，是为序。

李周

2018 年 8 月 9 日

摘　要

湖泊湿地是重要的自然生态系统之一，是人类和经济社会赖以发展的宝贵自然资源，湖泊湿地资源体系则是一个庞大的、复杂的、动态的、相互影响和相互联系的体系。人类今天所关心的湖泊湿地资源只是这个极为复杂体系中的某些部分，任何试图单独改变这个体系中的任何部分的行为都会引起该体系中其他部分的改变，因为人类对这个体系的了解是有限的。但是人类不能回避这个问题，人类要努力探索如何有效地管理和最大限度地利用湖泊湿地资源，因为人口的数量和资本的累积是不可能永远增长的，在某个点上数量性增长必须让位于质量性发展以作为进步的途径。近几十年来，伴随经济的增长，我国湖泊湿地保护事业逐渐起步，湖泊湿地生态环境保护建设不断加强，但部分湖泊湿地生态系统功能退化的事实也客观存在，显然，深入探索湖泊湿地利用转型具有积极意义。生态环境保护和经济发展不是矛盾对立的关系，而是辩证统一的关系，要坚持在发展中保护、在保护中发展，要实现人与自然和谐、经济与生态"共赢"。基于这种认识，本书对中国湖泊湿地利用现状进行描述，比较中外湖泊湿地利用存在的差异，选择洞庭湖湿地，通过田野调查与查阅档案、文献资料，统计分析与计量经济的交叉运用，试图回答湖泊湿地利用形态演变、湖泊湿地利用结构变化的阶段性特征及其影响因子、湖泊湿地利用转型的路径选择。与此同时，对中国湖泊湿地利用转型提出展望，并基于洞庭湖湿地利用转型研究为中国湖泊湿地利用转型研究提出具有一定科学性的思考范式。

目　录

第一章　绪论

第一节　问题的提出

一　湿地的概念、湖泊湿地与人类可持续发展

"湿地"这个名词最早出现在《美国的湿地》中，[①] 随着人类社会的进步，人类对湿地的认识日益丰富，对湿地概念的认识日益多元。研究者基于不同科学研究角度对湿地提出不同的理解。由于湿地内涵概括方法和评价内涵科学性标准方面存在差异，学界对湿地"要素"特征的认识存在差异。鉴于本研究不仅是科学层面的探讨，还关注研究的实证和应用价值，因此，本研究采用国家标准化管理委员会认定的湿地定义。依据国家标准化管理委员会认定的标准，湖泊湿地是湿地的一个亚类。

二　湖泊湿地利用的国际比较

人类活动对湖泊湿地生态系统的持续干扰导致湖泊湿地生态系统趋于恶化是一个全球普遍存在的现象。例如，瑞典 20% 左右的湖泊遭受酸雨威胁。[②] 当然，人类围湖，排放生产、生活污水等直接方式对湖泊生态系统的

---

① S. P. Shaw, C. G. Fredine, "Wetlands of the United States, Their Extent, and Their Value for Waterfowl and Other Wildlife," *U. S. Fish and Wildlife Service*, *U. S. Department of Interior*, Washington, D. C. Circular 39, 1956, p. 67.

② Sanefuku Sasano、许嘉:《欧美的酸雨问题》,《世界环境》1985 年第 12 期, 第 22～24 页。

干扰更为激烈。

在美国，殖民时期的美国五大湖是贫营养湖。18 世纪和 19 世纪，人们普遍认为：水可以稀释任何有毒物质使其无害，湖泊湿地的经济价值更有比较效益。因此，企业和个人经常将湖泊湿地作为天然垃圾桶，五大湖所受污染日趋严重。到了 20 世纪 50 年代，五大湖水体富营养化，水土流失，湿地面积减少，野生动物栖息地遭到破坏，野生动物如鱼类健康状况恶化，耐污物种迅速增长，湖泊生态平衡发生显著变化。其中，伊利湖和安大略湖的磷含量下降了近 80%。20 世纪 60 年代，伊利湖被宣布死亡。奥农多加湖也是由于 19 世纪 90 年代以来湖泊周边区域的工厂大量污染物及城市污水的排放，湖泊水环境的物理化学性质发生改变，并通过生态链对人类和鱼类健康构成威胁。

但是到了 20 世纪，认为水资源可以无限稀释污染物和湖泊湿地的经济价值高于生态价值的观念发生改变，人们认识到清洁的水资源对人类健康的重要性。如美国着力于湖泊湿地保护性开发，不断制定、执行、更新湿地保护措施，取消湿地排水的激励措施，有关湿地、私人土地计划，沿海监测及保护方案价值和功能的公众教育与宣传，以及湿地生态恢复和创建行动也有助于减少整体的湖泊湿地损失。人们认识到流域内毗邻的国家或地区的水和空气质量会受这些国家的行为影响，湿地保护的区域合作对大湖流域极其重要。以五大湖为例，美国密歇根州通过法律禁止向湖中倾倒有毒化学物质，而美国俄亥俄州、宾夕法尼亚州和纽约及加拿大安大略省没有通过此法律，伊利湖水质依然受到影响，美国和加拿大之间的区域管理依然困难，由此，美国和加拿大计划通过区域立法与合作实现五大湖健康的最佳状态，以推进五大湖朝着更清洁的大湖系统发展。

根据美国的湿地调查，殖民时代的美国本土约有 89 万平方千米湿地，包括相当数量的湖泊湿地。长期以来，美国本土的湿地不断被排干、疏浚、填补、整平和淹没。18 世纪 80 年代以来，22 个州失去了 50% 甚至更多的原生态湖泊湿地，其中，加利福尼亚、阿肯色、伊利诺伊、康涅狄格、肯塔基、印第安纳、艾奥瓦、密苏里、马里兰和俄亥俄 10 个州，已失去70%以上的原生湖泊湿地面积。1986～1997 年，美国本土湿地年净减损率为 237平方千米，相比以往湿地减损趋势大幅下降。与此同时，损失湿地的转化用途也发生变化。以往损失湿地的 54% 用于农业用地，而 1986～1997年，城市发展用地占湿地损失的 30%，造林用地、农业用地和农村发展用地分别占湿地损失的 23%、26% 和 21%。调查数据表明，美国湖泊湿地资源减少趋势发生转变，湖泊湿地资源质量状况总体转好，湖泊湿地资源利用方式也呈现多元化，湖泊湿地资源的可持续利用日益得到政府和民众的关注。

值得关注的是，这种湖泊湿地利用方式及湖泊湿地资源质量的良性转变并不是美国独有的特征，在日本、德国等国家均体现出来。

20 世纪五六十年代，由于未经处理的废水排放、旅游等人类影响，以及诸如土地利用和建设等近湖周边的结构性变化，博登湖水体在 50 年代开始恶化，60 年代处于严重危急状态。20 世纪 70 年代，德国致力于湖泊治理，形成多种合作机制，定期发布湖泊湿地信息，鼓励、支持公众参与湖泊保护。当前，博登湖水体基本恢复近自然状态。[①]

上述湖泊湿地利用过程和湖泊湿地资源质量变动态势表明，人们对湖泊湿地的开发利用已从初期的片面资源开发利用向湖泊湿地资源开发和生态环境保护相结合的永续利用阶段转变。反观发展中国家，其湖泊湿地利用方式及湖泊湿地资源质量变动态势依然停留在片面资源开发利用阶段。以非洲维多利亚湖为例，维多利亚湖是国际性水域，周边区域生活着 3500 万人，约占肯尼亚、乌干达和坦桑尼亚三国人口总量的 35%。20 世纪 60 年代，维多利亚湖仅有部分区域短暂出现厌氧状态。然而，受人为活动强干扰影响，湖体水质恶化态势严峻。[②] 20 世纪 60 年代至 20 世纪末期，鱼类种群多样性大

---

① 沈百鑫：《德国湖泊治理的经验与启示（下）》，《水利发展研究》2014 年第 6 期，第 86～92 页。

② 苑基荣：《水资源危机助长非洲恐怖主义威胁》，《人民日报》2014 年 10 月 14 日。

幅减少。^① 当前，维多利亚湖生态恶化态势已经危害周边社区居民的生存权和发展权。

湖泊湿地利用的国际比较研究表明，第一，经济发展过程中，湖泊湿地利用存在生物资源利用、水资源灌溉利用、围垦利用、水体净化功能利用和生态可持续利用等多种利用形态，由于不同时点的区域发展水平不同，区域对湖泊湿地资源要素的需求也不同，不同利用形态在经济发展中的地位就存在差异。例如，20 世纪 50 年代初期，日本琵琶湖的潟湖被围垦，湿地土壤转化成为农业用地，湿地土壤利用属性发生根本变化。20 世纪 50 年代末期，琵琶湖周边居民发展重化工业，区域城镇化加快推进，则是利用琵琶湖水体的净化能力将经济发展成本外部化，此时，琵琶湖周边居民对湿地土壤的围垦利用退而居其次。第二，发展中国家与发达国家在利用湖泊湿地方面存在显著差异。由于历史上长期存在朴素的生态观，发展中国家民众在利用湖泊湿地过程中，在一定程度上注意保护湖泊湿地的生态系统。然而受经济发展滞后与人口快速增长的双重压力影响，发展中国家民众对湖泊湿地的利用停留在资源利用、围垦利用、环境功能利用阶段，更多的是关注如何从湖泊湿地生态系统中索取。长期的资源攫取，甚至超出了湖泊湿地生态系统的阈值，进而导致湖泊湿地生态系统的破坏乃至崩溃，东非维多利亚湖的利用就是证明。反之，发达国家认识到湖泊湿地生态系统的生态贡献，总体上进入了生态利用阶段，这就使湖泊湿地生态系统修复成为可能，湖泊湿地生态资产得以实现增值。

三 中国湖泊湿地现状与问题

（一）中国湖泊湿地资源现状

中国湖泊湿地环境演变是个历史的过程。周穆王在位时期就存在对湖泊湿地的记录。此后，随着湖泊自然生态灾害的发生，关于湖泊湿地相关的历

---

① Eric O. Odada, Daniel O. Olago, Kassim Kulindwa, Micheni Ntiba, Shem Wandiga, "Mitigation of Environmental Problems in Lake Victoria, East Africa: Causal Chain and Policy Options Analyses," *Ambio*, Vol. 33, No. 2, 2004, pp. 11 –18.

史记载逐渐增多，但是直到清代后期，我国关于湖泊湿地的记载主要集中于湖泊湿地水患方面。民国时期（1912～1949）出现了关于湖泊湿地观测研究的记录。新中国成立后，我国分别于1958～1987年、2007～2011年、2011～2012年对湖泊湿地进行了调查和普查，获得大量翔实的湖泊湿地基础数据。

中国科学院调查统计数据表明，30年来，中国新生水域面积在1.0平方千米以上的湖泊湿地有191个。[①] 面积大于1.0平方千米的天然湖泊湿地有2865个，总面积为78007.1平方千米。其中，大于10.0平方千米的天然湖泊湿地有696个，面积合计为71276.7平方千米；大于100.0平方千米的天然湖泊湿地有129个，面积合计为53230.3平方千米；大于500.0平方千米的天然湖泊湿地有26个，面积合计为32229.3平方千米；大于1000.0平方千米的天然湖泊湿地有10个，面积合计为21869.0平方千米。就湖泊湿地面积而言，我国湖泊以中型湖泊湿地（100.0～500.0平方千米）、大型湖泊湿地（500.0～1000.0平方千米）和特大型湖泊湿地（大于1000.0平方千米）为主，占湖泊湿地总面积的41.82%。就湖泊湿地个数而论，以小型湖泊湿地（小于100.0平方千米）为主，占湖泊湿地总面积的58.17%。

就湖泊湿地的地理分区而论，湖泊湿地资源最丰富的区域是青藏高原地区；其次是东部平原地区，截至2016年，其湖泊湿地数量和面积占比分别为23.54%和25.86%。[②]

就流域分布而论，长江流域的湖泊湿地数量占比最高，占湖泊湿地总量的26.17%；其次是黑龙江流域，该流域的湖泊湿地数量占总量的比重为15.46%。[③]

（二）中国湖泊湿地面临的问题

当前，我国湖泊湿地可持续利用依然要正视客观存在的现实问题，研究

---

① 中国科学院南京地理与湖泊研究所内部资料。

② 中国科学院南京地理与湖泊研究所内部资料。

③ 参见王苏民、窦鸿身、陈克造等《中国湖泊志》，科学出版社，1998，第5～7页；王圣瑞《中国湖泊环境演变与保护管理》，科学出版社，2015，第23页。

并妥善解决湖泊湿地资源问题成为当务之急。

一是湖泊湿地面积持续减少。水利部调查数据表明，大于或等于 1 平方千米小型湖泊湿地和大于或等于 10 平方千米小型湖泊湿地的面积相比第一次湖泊湿地调查数据分别减少了 14.29% 和 16.39%，大于或等于 1000 平方千米的特大型湖泊湿地的面积相比第一次湖泊湿地调查数据减少了 36.82%，我国多达 243 个湖泊湿地的消失面积大于 1 平方千米。尤其是由于城市化进程的加快，城市湖泊数量明显减少。以武汉市为例，50 多年来，武汉市有 90 多个湖泊因造城而消失，到了 20 世纪初，武汉市城市湖泊湿地面积仅为 3083.7 公顷，[①] 相比 20 世纪 50 年代减少了 52.25%。

二是湖泊湿地水环境质量持续降低。受多年的粗放式增长模式影响，大量农业、工业及生活污水排入湖泊湿地，许多湖泊湿地水环境质量受到影响。1998～2005 年的中国水资源公报数据表明，Ⅰ类、Ⅱ类、Ⅲ类水质的湖泊湿地数量占比由 1998 年的 37.5% 降至 2002 年的 25%，水体污染严重的湖泊湿地数量占比由 1998 年的 37% 降至 2005 年的 25%，而部分水体受污染的湖泊湿地数量占比由 1998 年的 25% 增至 2005 年的 39.58%，总的来看，1998～2005 年，水体受污染的湖泊湿地数量占比呈增长态势。[②] 2006～2012 年，中国水资源公报采用湖泊水面面积进行统计，统计数据表明，Ⅳ类、Ⅴ类和劣Ⅴ类水的面积占比呈现增长态势，由 2006 年的 50.3% 增至 2012 年的 55.8%。2013～2016 年，中国水资源公报采用湖泊湿地数量占比进行统计，统计数据表明，劣Ⅴ类水质的湖泊湿地数量占比是降低的，而Ⅳ类和Ⅴ类水质的湖泊湿地数量占比呈增长趋势。2014 年，121个湿地面积较大、开发利用程度较高的湖泊湿地水质评价数据表明，25个湖泊湿地的全年总体水质为劣Ⅴ类，57 个湖泊湿地的总体水质为Ⅳ～Ⅴ类，39 个湖泊湿地的总体水质为Ⅰ～Ⅲ类，分别占评价湖泊湿地总数

---

① 王凤珍：《城市湖泊湿地生态服务功能价值评估——以武汉市城市湖泊为例》，博士学位论文，华中农业大学，2010，第 36～38 页。

② 总氮、总磷参见水质评价；2001 年之前采用 GB 3838 - 88 标准，2001 年之后采用 GB 3838 - 2002 标准。

的 20.7%、47.1% 和 32.2%。而 2016 年数据显示，在样本湖泊湿地中，21 个湖泊湿地的全年总体水质为劣 V 类，69 个湖泊湿地的总体水质为 Ⅳ～Ⅴ 类，28 个湖泊湿地的总体水质为 Ⅰ～Ⅲ 类，分别占评价湖泊湿地总数的 17.8%、58.5% 和 23.7%。由此可见，我国湖泊湿地水环境质量总体上是趋于下降的。[①]

1998～2016 年，我国湖泊湿地富营养化评价数据也充分支持了我国湖泊湿地水环境质量总体下降的发展态势，贫营养湖泊湿地所占比例逐年下降，中营养湖泊湿地占比超过 50% 仅分别出现在 2003 年和 2008 年，富营养湖泊湿地数量占比低于 50% 仅出现在 1998 年、2001 年和 2008 年。总体上，1998～2016 年，多数年份湖泊湿地以富营养为主，富营养湖泊湿地数量占比呈逐年递增态势。其中，我国主要淡水流域湖（包括太湖和巢湖这两个重点治理湖泊湿地）整体上处于富营养化状态，长江经济带 69% 的湖泊湿地处于富营养化状态，云贵高原湖区湖泊湿地水环境质量下降态势也十分严峻。[②]

三是湖泊湿地生物多样性持续减少。50 多年来，我国湖泊湿地生态总体处于持续退化状态，主要表现为鱼类种群减少，浮游植物大量繁殖、集聚甚至形成生态灾害，等等。特别是长江中下游湖泊湿地水生生物群落受水质恶化和水生态系统破坏的影响严重，生物多样性明显减少，以太湖湿地为例，太湖湿地不仅存在水生植物多样性减少的发展态势，而且呈现湿地土壤动物种群多样性减少态势。一些物种甚至成为功能性灭绝物种，以江豚为例，曾广泛分布于长江中下游湖泊湿地的江豚的数量不足 1000 头，现已被纳入《濒危野生动植物种国际贸易公约》附录。

四是湖泊湿地生态功能下降。50 多年来，受人类活动干扰，湖泊湿地生态功能持续退化。以太湖为例，太湖湿地水生态服务功能中的调节功能和支持功能呈现逐年减弱趋势。城市区域内的湖泊湿地受城市化进程加快影

---

① 根据中华人民共和国水利部内部资料整理。

② 杨桂山、马荣华、张路等：《中国湖泊现状及面临的重大问题与保护策略》，《湖泊科学》2010 年第 6 期，第 799～810 页。

响，湖泊湿地的生态结构遭到破坏，与排水流域之间的物质、能量交换受到严重影响，生态服务功能的完整性和抗干扰能力降低。武汉市城市湖泊湿地群就是例证，由于人为活动影响加剧，武汉市城市湖泊湿地破碎化指数增加，水生态环境总体上呈恶化趋势。

（三）湖泊湿地保护现状与可持续发展

我国较早开展湖泊湿地资源调查和研究。改革开放以来，我国颁布实施了一系列关于湖泊湿地资源及生态保护方面的法律、行政法规，如《水法》《水土保持法》等。与湿地国际（WI）等国际组织展开广泛的合作，致力于我国湖泊湿地的保护。湖南等省份也积极作为，出台了《湖南省湿地保护条例》。当前，我国湖泊湿地资源环境管理立法已经呈现专门化发展态势。

综上所述，我国在保护湖泊湿地资源方面做了大量的工作。湖泊湿地是湿地生态系统的重要类型，是水资源、土地资源、气候资源和生物资源等各类资源要素与人类活动互相作用的交会区，是区域空间尺度上的气候"稳定器"和温室气体的"汇"。那么我国湖泊湿地保护是不是有效率的？是否也像发达国家的湖泊湿地利用状态一样，出现了利用形态的变化，甚至出现了湖泊湿地利用结构转变？采取何种措施能推进湖泊湿地利用结构转变，实现可持续利用？这些问题都是本书要深入探索的问题。研究湖泊湿地生态环境及其演变对区域乃至全国环境变化的贡献和影响，对客观评价湖泊湿地在区域乃至全国环境中的战略地位，推动湖泊湿地的可持续利用，积极应对、缓解和彻底解决区域乃至全国环境问题，具有重要的现实意义。

四 典型湖泊湿地的选择

杨小凯曾指出，经济学研究领域没有放之四海而皆准的规律，[①] 但是对

---

① 杨小凯、张永生：《新贸易理论、比较利益理论及其经验研究的新成果：文献综述》，《经济学》（季刊）2001年第1期，第19~44页。

典型案例的研究可以总结出具有一定适应性的思考范式。此外，中国湖泊湿地数量多、类型多样、利用方式丰富，鉴于行政管理等因素，会存在涉及湖泊湿地利用转型研究的关键性数据缺失问题，基于自然和经济数据收集难度等因素综合考量，本书选择典型湖泊湿地展开研究。

　　近年来，湖泊湿地在我国区域生态安全中的战略地位日益凸显，生态文明建设步伐的加快，使我国一些湖泊湿地利用存在转型可能，一些湖泊湿地利用结构发生了改变或正在发生改变。为使本研究具有代表性、示范性，笔者需要选择受人类活动干扰强烈的湖泊湿地。在人类经济社会发展过程中，平原湖区受人类活动影响强烈，湖泊湿地资源变化强度大，大型湖泊湿地对周边区域社会、经济、生态的影响显著，湖泊湿地管理水平相对较高、数据相对便于获取，因此本书选择大型湖泊湿地作为研究对象，更具有普适性。洞庭湖湿地是中国重要湿地，2014 年，《洞庭湖生态经济区规划》得到国务院批复。当前，国家着力推动"一带一部"和"长江经济带"建设，洞庭湖湿地则是重要的生态蓄水池，环洞庭湖湿地区域采取了一系列措施推动湖泊湿地利用转型。因此，本书选择洞庭湖湿地作为湖泊湿地利用转型研究的典型湖泊湿地。[①]

第二节　基本问题和主要内容

　　我国面临实现转型发展的艰巨任务，在生态文明建设过程中推动湖泊湿地利用转型需要回答四个问题：经济发展过程中，湖泊湿地利用形态是如何变化的？湖泊湿地利用结构变化有何阶段性特征？影响湖泊湿地利用结构变化的因素是什么？应当如何谋划发展战略、选择发展路径、既快又好地推动湖泊湿地利用转型，实现经济增长和湖泊湿地保护的协调进行？

[①] 依据湖泊湿地概念，洞庭湖湿地是在水体运动过程中，借助各种动力，由冲积物、沉积物和堆积物形成，处于水生生态系统和陆生生态系统的界面及其延伸区域，受水、陆两种生态环境的作用，是一类特异于水、陆两种生境，具有自身生态特征的生态系统。本研究涉及对象包括洞庭湖湿地纯湖区和尾闾区的湖泊。

要回答这些问题，一是需要研究者从历史上认识湖泊湿地利用形态变化历程；二是需要研究者从理论上认识湖泊湿地利用转型的本源、方向和目标；三是需要研究者从实践上回答湖泊湿地利用转型的路径选择。

对上述四个问题的回答构成了湖泊湿地利用转型研究的逻辑框架：历史溯源→本源、方向和目标→路径选择。

在湖泊湿地利用转型的历史溯源方面，鉴于湖泊湿地利用转型不只是纯粹的生态问题或经济问题，笔者将综合集成生态学、资源环境学科、水文学、经济学和管理学等学科知识，描述人类利用湖泊湿地的历史，提出经济发展过程中湖泊湿地利用结构转型的经济学命题，作为本研究的逻辑起点。

在湖泊湿地利用转型的本源、方向和目标方面，运用发展经济学理论的基本方法，建构基于湖泊湿地资源系统不同资源类型的演化模型，刻画经济发展过程中湖泊湿地利用演化过程，并对湖泊湿地利用结构演变特征和演变机理进行科学解释。

在湖泊湿地利用转型的路径选择方面，加快湖泊湿地利用转型务必回答如何实现湖泊湿地利用的高效、可持续性问题。本研究正确认知洞庭湖湿地利用转型与环洞庭湖湿地区域转型发展耦合关系，从环洞庭湖湿地区域新型工业化、新型城镇化、现代农业和生态建设四个方面来回答。其中，环洞庭湖湿地区域新型工业化研究梳理区域工业化现状，提出区域工业化包容性增长策略；环洞庭湖湿地区域新型城镇化研究梳理区域城镇化现状，提出基于城乡统筹视角的新型城镇化策略；环洞庭湖湿地区域现代农业研究梳理区域现代农业发展现状，提出基于供给侧结构性改革视角的现代农业发展策略；环洞庭湖湿地区域生态建设研究分析生态建设现状，评价区域生态安全，从自然资源监管、农村生态环境保护、生态修复、生态补偿等方面提出发展对策。

基于上述基本思路，本研究立足经济新常态背景，对中国湖泊湿地利用现状进行描述，比较中外湖泊湿地利用存在的差异；以典型湖泊湿地为研究对象，依据湖泊湿地可持续利用总目标，将湖泊湿地保护和利用纳入区域发展大格局，梳理湖泊湿地利用历史，基于发展经济学框架，探寻湖泊湿地利用转型的理论根源，并探索推进新型工业化、新型城镇化、现代农业和生态建设的策略，以推动湖泊湿地利用转型；归纳本研究结论，并对中国湖泊湿地利用转型提出展望。由此，本研究主要内容如下。

1. 经济发展过程中典型湖泊湿地利用历史描述

以洞庭湖湿地为样本，刻画历史时期洞庭湖资源利用历史，描绘经济发展过程中洞庭湖湿地食品利用、水资源利用、围垦利用、环境功能利用和生态利用等多种利用形态，总结洞庭湖湿地不同利用形态诱致的资源变化特征，阐述洞庭湖湿地不同利用形态演变特征。

2. 典型湖泊湿地利用结构模型构建及分析

进一步分析洞庭湖湿地水面变化的驱动力，基于环境库兹涅茨曲线，构建洞庭湖湿地水面变动模型，定量分析洞庭湖湿地水面变化与经济发展的关系，对洞庭湖湿地水面变化驱动因子贡献率展开分析。进一步分析洞庭湖湿地水质变化的驱动力，基于环境库兹涅茨曲线，构建洞庭湖湿地水质变动模型，定量分析洞庭湖湿地水质变化与经济发展的关系，对洞庭湖湿地水质变化驱动因子贡献率展开分析。进一步分析洞庭湖湿地生物多样性变化的驱动力，基于环境库兹涅茨曲线，构建洞庭湖湿地生物多样性变动模型，定量分析洞庭湖湿地生物多样性变化与经济发展的关系，对洞庭湖湿地生物多样性变化驱动因子贡献率展开分析。构建基于比较优势理论的经济学分析框架，分析洞庭湖湿地利用结构演变的理论根源，借此提出推进洞庭湖湿地利用转型的关键、共识和理念。

3. 典型湖泊湿地利用转型导向下的路径选择

湖泊湿地利用转型应跳出湖泊湿地思考转型。洞庭湖湿地利用转型与环洞庭湖湿地区域转型发展是耦合的。因此，笔者从新型工业化、新型城镇化、现代农业和生态建设四个维度去探索推进洞庭湖湿地利用转型的路径。在新型工业化方面，描绘环洞庭湖湿地区域工业化发展现状，评述环洞庭湖湿地区域工业化进程，对环洞庭湖湿地区域新型工业化发展进行 SWOT 分析，提出基于包容性增长视角的区域新型工业化发展理念和策略。在新型城镇化方面，描绘环洞庭湖湿地区域新型城镇化发展现状，分析环洞庭湖湿地区域新型城镇化发展态势，聚焦主要问题，借鉴他国经验，优化发展理念，有针对性地提出策略。在现代农业方面，透视环洞庭湖湿地区域现代农业发展概况与难点，分析环洞庭湖湿地区域农业供给侧结构性改革面临的新机遇，提出环洞庭湖湿地区域农业供给侧结构性改革思路和重点，提出基于供给侧结构性改革视阈的区域现代农业发展策略。在生态建设方面，基于生态足迹视角评价环洞庭湖湿地区域生态安全状态；分析环洞庭湖湿地区域自然资源监管状况，提出自然资源监管路径；分析环洞庭湖湿地区域农村生态环境状况，明确区域农村生态环境保护的价值取向，提出基于项目导向的、多元主体共同治理的农村生态环境保护策略；准确认知生态修复，优化生态修复路径；分析人类福祉、生态补偿和环境库兹涅茨曲线，聚焦环洞庭湖湿地区域生态补偿政策实践的成效和问题，分析环洞庭湖湿地区域生态补偿需求，提出优化区域生态补偿的政策建议。

4. 中国湖泊湿地利用转型展望

基于洞庭湖湿地的利用转型研究，为中国湖泊湿地利用转型研究提出具有一定科学性的思考范式，表明在更大尺度范围内探讨湖泊湿地利用转型是有必要的。为此，本书采用文献计量方法，整理出研究热点，形成基于文献计量视角的中国湖泊湿地利用转型展望成果。在文献计量分析的基础上，选择水质变动视角，筛选包括太湖、洞庭湖、滇池、博斯腾湖等湖泊湿地在内的 60 个样本湖泊湿地的截面数据，拟合湖泊湿地水环境库兹涅茨曲线，并依据湖泊湿地富营养化程度进行分类分析。

第二章　相关研究综述

第一节　自然资源与经济发展关系研究

长期以来，经济学界就自然资源与经济发展的复杂关系展开探讨。罗马俱乐部在《增长的极限》中提出，资源有限供给是人口增长的屏障。[①] F. 皮尔逊和 F. 哈珀在《世界的饥饿》中、[②] 威廉·福格特在《生存之路》中均提出人口增长受限于自然资源供给能力。[③] 总的来看，经济学界围绕自然资源与经济发展关系的论战从未停止，只是聚焦不同。

一　自然资源对经济发展的正向效应

长期以来，传统经济学界认为经济增长源于良好的自然资源禀赋。[④] 福克讷、莱特（Wright）和罗摩（Romer）的研究显示，19 世纪美国的崛起得力于自然资源开发。[⑤] 诺斯（North）基于初级产品发展理论证明，自然资

---

① 参见〔美〕丹尼斯·米都斯《增长的极限：罗马俱乐部关于人类困境的研究报告》，李宝恒译，四川人民出版社，1983，第 202 ~ 208 页。

② 〔美〕F. 皮尔逊、F. 哈珀：《世界的饥饿》，蔡谦译，商务印书馆，1981，第 1 ~ 4 页。

③ 〔美〕威廉·福格特：《生存之路》，张子美译，商务出版社，1981，第 184 ~ 203 页。

④ W. A. Lewis, "The Theory of Economic Growth," *Allen & Uniwin*, 1995.

⑤ 参见〔美〕哈罗德·福克讷《美国经济史》，王昆译，商务印书馆，1964，第 7 ~ 42 页；G. Wright, "The Origins of American Industrial Success: 1879 - 1940," *American Economic Review*, Vol. 80, No. 4, 1990, pp. 651 - 668；P. M. Romer, "Why, Indeed in American?" *American Economic Review*, Vol. 86, No. 2, 1996, pp. 202 - 206。

源禀赋对美国西部和南部经济增长模式存在影响。① 沃特金斯（Watkins）基于大宗产品理论证明，加拿大自然资源开发是其成为发达工业国的关键。②

自然资源丰裕度影响社会劳动生产率。早期的经济学家肯定良好的自然资源禀赋对生产率的贡献，认为两者存在正相关，哈巴谷（Habakkuk）的研究成果证明：美国之所以能获得高生产率，要得益于丰裕的自然资源。③

自然资源存量与结构对产业结构构成影响。一个国家和地区的产业结构会随自然资源利用结构变迁产生变动，选择资源效益最佳的产业集合成为必然。

自然资源开发诱致技术变迁。希克斯（Hicks）认为产商为应对要素价格的相对变动，会探索替代技术。④ 速水佑次郎的研究证实以节约要素为导向的技术变迁与自然资源价格变动态势存在相关性。⑤ 随着技术进步，特别是随着"技术变迁的路径依赖"向"制度变迁的路径依赖"发展，自然资源的采收率不断提高，对自然资源基础的定义也得到拓展。⑥ 李周研究认为，人类对自然资源的依赖性不仅不会减弱，反而会越来越强。对自然资源依赖性日益增强的增长模式，将替代对自然资源依赖性日益减弱的增长模式，这是更高层次的否定之否定。⑦

---

① Douglass C. North, "Agriculture in Regional Economic Growth," *Journal of Farm Economics*, Vol. 41, 1959, pp. 943 – 951.

② Melville H. Watkins, "A Staple Theory of Economic Growth," *The Canadian Journal of Economics and Political Science*, Vol. 29, No. 2, 1963, pp. 141 – 158.

③ H. J. Habakkuk, "American and British Technology in the Nineteenth Century," *Cambridge University Press*, 1962.

④ J. Hicks, "The Theory of Wages," *Macmillan*, 1963.

⑤ 〔日〕速水佑次郎：《发展经济学——从贫困到富裕》，李周译，社会科学文献出版社，2003，第 10 ~ 14 页。

⑥ 〔英〕朱迪·丽丝：《自然资源：分配、经济学与政策》，蔡运龙译，商务印书馆，2002，第 21 ~ 41 页。

⑦ 李周：《农业发展类型变化的经济学分析》，《中国农村观察》2001 年第 2 期，第 25 ~ 32 页。

二　自然资源对经济发展的负向效应

尽管丰裕的自然资源禀赋是经济发展的"福音"，但是也会成为诱发经济增长停滞的"资源诅咒"。20 世纪中期以来，自然资源贫瘠的国家发展成果瞩目，而自然资源禀赋丰富的国家反而陷入低迷。尼日利亚和伊朗就是例证。[①] 自然资源由"天使"变成"魔鬼"，"资源诅咒"由此产生。盖布尔（Gelb）、奥蒂（Auty）较早关注"资源诅咒"现象，[②] 松山（Matsuyama）建构模型检验了"资源诅咒"假说。[③] 萨克斯（Sachs）和华纳（Warner）基于改进的松山模型，对墨西哥、委内瑞拉等国家展开实证检验，研究发现丰富的自然资源对这些国家经济增长产生的是负向效应。[④] 国内诸如徐康宁和王剑等学者经过实证研究认为"资源诅咒"假说是客观存在的。[⑤] 在这个过程中，研究者分别尝试采用制度理论、寻租模型和荷兰病效应对"资源诅咒"诱因展开诠释。[⑥]

三　自然资源、经济发展与比较优势理论

大卫·李嘉图最早提出比较优势理论。萨缪尔森建构 H – O – S 理论。

① T. Gylfason，"Natural Resources and Economic Growth：What is the Connection?" *CESifo Working Paper* No. 530，*Center for Economic Studies and Ifo Institute for Economiv Research*，2001.

② 参见 A. H. Gelb，*Windfall Gains：Blessing or Curse?*（New York：Oxford University Press，1988）；R. M. Auty，*Resource-Based Industrialization：Sowing the Oil in Eight Developing Countries*（New York：Oxford University Press，1990）。

③ K. Matsuyama，"Agricultural Productivity，Comparative Advantage，and Economic Growth，" *Journal of Economic Theory*，No. 58，1992，pp. 317 – 334.

④ 参见 J. D. Sachs，A. M. Warner，"Natural Resources and Economic Development：the Curse of Natural Resources，" *NBER Working Paper*，No. 5398，National Bureau of Economic Research，Cambridge，MA.；J. D. Sachs，A. M. Warner，"Natural Resources and Economic Development：the Curse of Natural Resources，" *European Economic Review*，Vol. 45，No. 6，2001，pp. 827 – 838。

⑤ 徐康宁、王剑：《自然资源丰裕程度与经济发展水平关系的研究》，《经济研究》2006 年第 1 期，第 78 ~ 89 页。

⑥ 李明利、诸培新：《自然资源丰裕度与经济增长关系研究述评》，《生态经济》2008 年第 9 期，第 82 ~ 84 页。

这样，大卫·李嘉图外生比较优势理论、H－O理论、H－O－S理论及罗布辛斯基定理构成了传统比较优势理论体系。但是，阿罗（Arrow）等、巴格瓦蒂（Bhagwati）等指出H－O理论定理的不足，① 德布勒（Debreu）基于不可能定理否定了外生比较优势理论，② 杨小凯进一步证明了比较利益学说的局限性。③

亚当·斯密开启内生比较优势理论研究。迪克西特（Dixit）和施蒂格利茨（Stiglitz）引入规模经济研究比较优势，④ 赫尔普曼（Helpman）和克鲁格曼（Krugman）构建垄断竞争模型研究规模经济。⑤ 杨小凯等构建一个理论框架，将专业化和分工置于研究核心，研究内生比较优势。⑥ 多拉尔（Dollar）和沃尔夫（Wolff）基于技术差异视角对比较优势展开分析，并对发展中国家进行实证。⑦ 芬德利（Findlay）和科泽沃斯基（Kierzhowski）从人力资本视角研究比较优势，认为异质人力资本特征国家拥有较高比例的杰出人物的产业会占有比较优势。⑧

在动态比较优势实现过程研究中，芬德利（Findlay）基于非贸易的资本品考察比较优势的动态变化。⑨ 克鲁格曼（Krugman）和卢卡斯（Lucas）

---

① K. J. Arrow, H. B. Chenery, B. S. Minhas, Rom Solow, "Capital-Labor Substitution and Economic Efficiency," *Review of Economics and Statistics*, XLI－II, 1961, pp. 225－251.

② G. Debreu, "Excess Demand Functions," *Journal of Mathematical Economics*, No. 1, 1974, pp. 15－21.

③ 杨小凯、张永生：《新贸易理论、比较利益理论及其经验研究的新成果：文献综述》，《经济学》（季刊）2001年第1期，第19~44页。

④ A. Dixit, J. Stiglitz, "Monopolistic Competition and Optimum Product Diversity," *American Economic Review*, No. 67, 1977, pp. 297－308.

⑤ E. Helpman, P. Krugman, *Market Structure and Foreign Trade* (Cambridge M. A.: MIT Press, 1985).

⑥ Xiaokai Yang and Jeff Borland, "A Microeconomic Mechanism for Economic Growth," *Journal of Political Economy*, Vol. 99, 1991, pp. 460－482.

⑦ D. Dollar, E. Wolff, *Competitiveness, Convergence, and International Specialization* (Cambridge, M. A.: MIT Press, 1993).

⑧ R. Findlay and Henryk Kierzhowski, "International Trade and Human Capital," *Journal of Political Economy*, Vol. 91, No. 6, 1983, pp. 957－978.

⑨ R. Findlay, "Factor Proportions and Comparative Advantage in the Long Run," *Journal of Political Economy*, Vol. 78, No. 1, 1970, pp. 27－34.

在考察比较优势演变时，引入了干中学效应，[①] 雷丁（Redding）则进一步考察动态比较优势引发的福利效应。[②] 格罗斯曼（Grossman）和赫尔普曼（Helpman）构建多国动态一般均衡模型分析了研究和开发推动的比较优势。[③] 林毅夫等认为借助比较优势的发挥可以推动资源结构升级，进而推动产业结构升级。[④]

比较优势理论研究成果表明，自然资源也成为比较优势考察对象。比较优势理论为湖泊湿地利用转型考察提供了一个方法，正如杨小凯对爱因斯坦名言的引用所言：“不是经验观察为理论研究提供基础，而是理论研究决定我们可观察到什么。”[⑤]

第二节　生态环境与经济发展关系研究

自然资源影响经济发展，既表现为有限的自然资源对发展的约束，也表现为趋于恶化态势的自然资源环境成为发展的瓶颈。经济学界一般借助环境库兹涅茨曲线探索自然资源环境与经济发展的辩证关系。

一　EKC存在与否的研究

在EKC早期研究中，格罗斯曼和克鲁格曼对城市领域里的烟尘和二氧

---

① 参见 P. Krugman, "The Narrow Moving Band, the Dutch Disease, and the Competitive Consequences of Mrs Thatcher: Notes on Trade in the Presence of Dynamic Scale Economies," *Journal of Development Economics*, Vol. 27, No. 1, 1987, pp. 41 – 55; R. Lucas, "On the Mechanics of Economic Development," *Journal of Monetary Economics*, Vol. 22, 1988, pp. 3 – 42.

② S. Redding, "Dynamic Comparative Advantage and the Welfare Effects of the Trade," Oxford Economic Papers, Vol. 51, No. 1, 1999, pp. 15 – 39.

③ 参见 G. Grossman, E. Helpman, "Product Development and International Trade," *Journal of Political Economy*, Vol. 97, No. 1, 1989, pp. 1261 – 1283; Grossman, G, E. Helpman, "Comparative Advantage and Long-Run Growth," *American Economic Review*, Vol. 80, No. 4, 1990, pp. 796 – 815。

④ 林毅夫、蔡昉、李周：《中国的奇迹：发展战略与经济改革》，上海人民出版社、上海三联书店，1994，第 11~15 页。

⑤ 参见 Werner Heisenberg, *Physics and Beyond: Encounters and Conversations*, Trans. Arnold Pomerans, New York: Harper & Row, 1971.

化硫（SO₂）展开研究,[①] 沙菲克（Shafik）尝试基于人均 GDP 拟合各类环境指标,[②] 帕纳约托（Panayotou）首次探索环境指标与人均收入的关系。[③] 这些研究者的结论都指向同一个方向：污染指标与人均收入存在倒"U"形关系。此后出现大量文献对其进行了验证。

这里要客观地指出，部分研究得出不同结论，认为自然资源环境质量指标与人均 GDP 即使存在倒"U"形状态，转折点位置也并不规整，存在很大差异，有些曲线甚至不完全表现为规整的倒"U"形形态，存在"N""S"等多种表现形态。[④] 例如，圣·丁道（S. Dinda）等研究发现，悬浮固体颗粒密度随人均收入变化呈现正"U"形,[⑤] 卡夫曼（Kaulfmann）等研究发现二氧化硫密度在人均 GDP 超过特定区间值时呈现递增趋势,[⑥] 达斯古普塔（Dasgupta）、默西（Murthy）研究发现，环境库兹涅茨曲线并不存在。[⑦]

研究过程中，经济学界采用了二次函数、三次函数、对数函数、CGE 模型、投入产出模型等多种研究方法，分别使用了面板数据、时间序列数据和横截面数据，对自然资源环境与经济发展的关系展开定量研究。

[①] G. M. Grossman, A. B. Krueger, "Environmental Impacts of a North American Free Trade Agreement," *National Bureau Economic Research Working Papers* No. 3914, Cambridge M. A., 1991.

[②] Shafik, "Economic Growth and Environmental Quality: Time Series and Cross-country Evidence Back Ground," *Paper for World Development Report*, World Bank, 1992.

[③] T. Panayotou, "Empirical Tests and Policy Analysis of EnvironmentalDegradation at Different Stages of Economic Development," *Working Paper* 238, 1993.

[④] 游德才：《国内外对经济环境协调发展研究进展：文献综述》，《上海经济研究》2008 年第 6 期，第 3~13 页。

[⑤] S. Dinda, Coondoo, M. Pal, "Air Quality and Economic Growth: An Empirical Study," *Ecological Economics*, Vol. 34, 2000, pp. 409–423.

[⑥] R. K. Kaulfmann, B. Davidsdottir, S. Garnham, P. Pauly, "The Determinants of Atmospheric SO₂ Concentrations: Reconsidering the Environmental Kuznets Curve," *Ecological Economics*, Vol. 25, 1998, pp. 209–220.

[⑦] 转引自陈东、王良健《环境库兹涅茨曲线研究综述》，《经济学动态》2005 年第 3 期，第 106~110 页。

二　EKC 构成的影响因素研究

在研究过程中，环境库兹涅茨曲线形成机理也成为研究者关注的内容。研究者从经济结构、需求者偏好、市场机制、国际贸易、技术创新和政策制度创新层面展开探索。在经济结构方面，格罗斯曼和克鲁格曼、帕纳约托（Panayotou）的研究表明，人均收入水平递增，附带资源需求的递增与自然环境的恶化。产业结构也呈现动态变化，技术和服务集聚型产业逐渐占据产业结构中的主导地位，资源密集型工业退而居其次，自然环境质量就此得到改善。在需求者偏好方面，曼纽里（Manuelli）和阿宋（O-Sung）关注需求偏好对 EKC 的影响。曼纽里研究发现，社会成员对良好自然环境日益增长的需求有助于缓解自然资源环境与经济增长的冲突。斯特恩（Stern）和科曼（Common）的研究以及阿宋（O-Sung）的研究均发现，环境舒适度相对于物质消费的边际替代弹性大于 1 时，环境库兹涅茨曲线将出现拐点。① 在市场机制方面，萨帕皮莱（Thampapillai）则认为，自然资源存量会随着经济的增长而逐渐递减，自然资源要素价格会因其稀缺性而上涨，随着经济增长，公众对绿色消费产生需求，社会要求自然环境质量持续改善，要求市场体系中考量自然环境污染及其造成损害，各类市场主体不得不选择将自然环境污染成本内部化，这就使得 EKC 形成成为可能。② 在国际贸易方面，科普兰（Copeland）和泰勒（Taylor）、洛佩兹（Lopez）对发达国家和发展中国家贸易互动过程中环境质量演变态势展开研究，认为由于国际贸易的存在，尽管发展中国家通过向发达国家输出自然资源粗加工产品获得加工利润，但是鉴于环境技术和产品加工技术的滞后，发展中国家进入了 EKC 曲线的上

---

① 参见 D. I. Stern，M. S. Common，"Is There an Environment Kuznets for Sulfur?" *Journal of Environmental Economics and Environmental Management*，Vol. 41，2001，pp. 162 – 178；O-Sung，*Economic Growth and the Environment：the EKC Curve andSustainable Development，an Endogenous Growth Model*，Adissertation for PHD of University of Washington，2001.

② Thampapillai，et al.，"The Environmental Kuznets Curve Effect and theScarcity of Natural Resources：A Simple Case Study of Australial，" *Invited Paper Presented to Australian Resource Economics Society*，No. 24，2003，pp. 28 – 45.

升阶段，自然环境趋于恶化；而发达国家通过进口贸易获得用于精深加工的粗加工产品，不仅占据了产业链的高端，获得了理想的利润，还减轻了经济增长对自然资源环境的压力，进入了 EKC 曲线的降低阶段。[①] 在技术创新方面，马库斯（Markus）的研究、塞尔登（Selden）和宋（Song）的研究认为技术创新可以实现自然资源利用技术和清洁生产技术两个层面的技术创新，使自然资源利用效率和减排成为可能，进而改善自然环境质量。[②] 在政策制度创新方面，迪肯（Deacon）、格兰杰（Grainger）研究认为，环境规制的合理设计，使自然环境质量在人均收入递增目标实现之前得到改善成为可能。此外，赫逖格（Hettige）、洛佩兹（Lopez）等研究者发现，腐败因素影响环境库兹涅茨曲线的形成。[③]

研究表明，环境库兹涅茨曲线构成会受到产业结构演进、需求者偏好、市场机制、国际贸易、技术创新和政策制度创新等因素的影响。现有研究带来启示，经济增长到一定阶段之后，社会成员的消费需求将发生变化，对环境适宜度的偏好要优于物质消费偏好，通过调整产业结构、优化市场机制、强化环境管制、污染型产业转移输出等，可以在经典的环境库兹涅茨曲线中形成创新隧道，降低环境库兹涅茨曲线拐点，形成修正的环境库兹涅茨曲线。[④]

---

① 参见 B. R. Copeland, M. S. Taylor, "TradeGrowth and the Environment," *Journal of Economic Literature*, No. 42, 2004, pp. 7 – 71; R. Lopez, "The Environment as a Factor of Production: The Effects of Economic Growth and Trade Liberalization," *Journal of Environmental Economics*, No. 27, 1994, pp. 163 – 184。

② T. M. Selden, Song D., "Environmental Quality and Development: Is There a Kuznets Curve for Air Pollution?" *Journal of Environmental Economics and Management*, No. 27, 1994, pp. 147 – 162; P. Markus, "Technical Progress, Structural Change, and the Environmental Kuznets Curve," *Ecological Economics*, No. 42, 2002, pp. 381 – 389。

③ 参见 H. Hettige, et al., "Formal and Informal Regulation of Industrial Pollution: Comparative Evidence from the Indonesia and US," *World Bank Economic Review*, 1997, No. 11; Lopez, et al, "Corruption, Pollution, and the Kuznets Environment Curve," *Journal of Environmental Economics and Management*, Vol. 40, No. 2, 2000, pp. 50 – 137。

④ 参见 A. Kahuthu, "Ecomomic Growth and Environmental Degradation in a Global Context," *Environment, Development and Sustainability*, No. 8, 2006, pp. 55 – 68。

第三节　湖泊湿地与利用转型研究

湿地资源与经济发展关系密切，一方面，湿地资源是能为人类所利用的自然资源，湿地资源系统可为人类生产提供工农业用地，湿地资源系统里的生物资源是人类生活的食品来源；另一方面，经济有序发展增加了货币资本，为技术和制度变迁创造条件，推进自然资源优化配置，使规避"贫困→掠夺式开发→资源环境恶化→加剧贫穷"成为可能。

湖泊湿地资源类型的多样性和可再生性，决定了人类社会发展过程中湿地资源利用演变的特征，湖泊湿地利用转型成为湖泊湿地可持续利用研究的重点。目前与湖泊湿地利用转型课题研究相关的文献主要集中在以下五个方面。一是利用方式的研究。国内学者研究认为存在多种利用方式。湖泊湿地利用方式产生、发展与区域经济发展程度和湿地资源禀赋特点相关。二是利用阶段的研究。国内外学者一般通过对整个湖泊湿地利用历程的考察，根据不同时期内湿地资源变动的诸多表象特征，对湖泊湿地利用阶段进行划分。大致包括以下两个角度：①湖泊湿地资源的消长情况，这个角度的研究较为成熟，学者根据湖泊湿地某类资源的演变特征进行阶段划分，有学者就根据湖泊湿地水环境演变特征，将湖泊湿地利用分为"干预"、"干预 - 弱制约"、"干预 - 制约"和"干预 - 强制约"阶段；① ②湖泊湿地的主导利用情况，即根据湖泊湿地某一阶段起主导作用的利用方式的特征进行阶段划分。有学者将湖泊湿地利用分为"资源型"、"资源环境型"和"功能型"三个阶段，认为存在"资源型→资源环境型→功能型"的阶段变化，② 这个阶段的划分主要是定性认识。三是利用转型的影响因素研究。主要是从湖泊湿地资源消长角度来研究影响因子。研究者从社会经济角度，利用经济计量

---

① 谢红彬、虞孝感、张运林：《太湖流域水环境演变与人类活动耦合关系》，《长江流域资源与环境》2001 年第 5 期，第 393 ~ 400 页。

② 姜加虎、窦鸿身、黄群：《湖泊资源特征及与其功能的关系分析》，《湖泊科学》2004 年第 2 期，第 157 ~ 162 页。

分析方法对湖泊湿地资源消长变化与影响因素之间的相关性进行了探讨，研究的方法和研究的结果存在差异，但总体上认为影响利用转型的社会经济因素可以归纳为人口、经济发展、技术和制度。人口的持续增长是转型的根本动因，经济快速发展是影响转型的主要原因，技术进步可以加快转型，利用转型受到制度的约束和激励。四是利用转型导致的资源变动研究。研究者是从水面、生物多样性等不同维度考察湿地资源变动。利用转型将使得原有利用方式干扰下的湿地资源变动强度降低，但是将使得新利用方式干扰下的湿地资源变动强度增大，人类对湖泊湿地资源过度的、不合理利用，使得利用强度超过资源承载力就造成湿地退化。五是利用转型导致的资源变动对经济发展的影响。研究者较全面地分析了资源变动对经济发展的影响及其作用机理。①

总体而言，国内关于湖泊湿地利用转型的研究取得的有效成果，为本研究提供了理论基础和经验支持，但仍有一些问题需深入研究。一是一些湖泊湿地利用阶段划分研究主要是对某种资源消长变化阶段的划分，从湖泊湿地的主导利用角度来划分利用阶段的研究还不系统，且这些研究基本以定性为主，一些阶段划分还停留在假说的阶段，缺乏经验研究的支持，本书尝试对此进行深入探索。二是这种就湿地资源消长来论湿地的研究视角，只重视从湿地资源本身对湿地利用进行理解，忽视了（或不重视）影响湖泊湿地利用的诸多外部条件。由于受研究视野的限制，这类研究虽然刻画某类湿地资源演变过程，但是没有对湿地利用阶段演进的原因进行令人信服的解释，这是本书要努力的方向。三是利用转型的影响因素研究主要集中在湖泊湿地资源消长和经济发展之间的关系方面，没有专门研究影响不同利用阶段更替的因素的成果。研究结构演变的特征和影响因素，完善湖泊湿地利用转型的研究，正是本书要努力的方向。

---

① 崔丽娟：《湿地保护中的一些问题》，《资源环境与发展》2013 年第 2 期，第 15 ~ 16 页；温亚利、谢屹：《中国湿地保护与利用关系的经济政策分析》，《北京林业大学学报》（社会科学版）2006 年第 2 期，第 52 ~ 55 页；李景保、朱翔、蔡炳华等：《洞庭湖湿地资源可持续利用途径研究》，《自然资源学报》2002 年第 3 期，第 387 ~ 383 页。

第三章　洞庭湖湿地利用与经济发展

洞庭湖湿地地理坐标为北纬 28°30′~29°31′，东经 111°40′~113°10′，古称"云梦""云梦泽""九江"，是中国第二大湖泊湿地，长江流域生态系统重要的子系统。洞庭湖湿地是相继经历"武陵运动""燕山运动"地壳运动形成的洞庭盆地中的汇水洼地，并受第三纪渐新世发生的"喜马拉雅"地壳运动影响进而塑造了现阶段的洞庭湖地貌。[①] 全新世以来，洞庭湖湿地受内外营力作用，洞庭湖湿地经历水体水面扩大、缩小、沼泽发育的多次演替，[②] 新石器时代至先秦汉晋时期，洞庭湖湿地仅方圆 260 里。[③] 南朝（420~589）至清道光年间，洞庭湖湿地持续扩展。近代洞庭湖湿地持续演变，开始受到入湖水沙条件变化、围湖垦田等外动力作用影响，[④] 洞庭湖湿地向南、向东迁移、萎缩就与泥沙淤积、水文情势密切相关。[⑤] 总的来说，洞庭湖湿地形成及其演变过程中，构造沉降是洞庭湖湿地存在的先决条件。[⑥] 但是进入人类历史时期，洞庭湖湿地开始受到人类活动的影响，尤其

---

① 袁正科：《洞庭湖湿地资源与环境》，湖南师范大学出版社，2008，第 23~25 页。

② 周国祺、成铁生、赵守勤：《洞庭湖盆的由来和演变》，《湖南地质》1984 年第 1 期，第 54~64 页。

③ 张修桂：《洞庭湖演变的历史过程》，《历史地理》1981 年创刊号，第 99 页。

④ 李春初：《构造沉降是控制近代洞庭湖演变的关键因素吗？——评〈洞庭湖地质环境系统分析〉》，《海洋与湖沼》2000 年第 4 期，第 460~464 页。

⑤ 丁全英、陈连辉：《洞庭湖地区近代变迁原因》，《华南地震》1983 年第 1 期，第 28~29 页；童潜明：《洞庭湖近现代的演化与湿地生态系统演替》，《国土资源导刊》2004 年第 1 期，第 38~44 页。

⑥ 黄第藩、杨世倬、刘中庆等：《长江下游三大淡水湖的湖泊地质及其形成与发展》，《海洋与湖沼》1965 年第 4 期，第 396~424 页；童潜明：《被误解的洞庭湖》，《国土资源导刊》2011 年第 8 期，第 88~94 页。

是环洞庭湖湿地周边区域近 2000 年来，人类对洞庭湖湿地的开发利用成为洞庭湖湿地重要的影响因子。

第一节　洞庭湖湿地食品利用

一　洞庭湖湿地食品利用与经济发展

对洞庭湖湿地生物资源的获取利用，研究称之为食品利用。洞庭湖湿地水资源丰富，聚集了大量的水生植物和动物种群，成为旧石器时代生产力水平极其低下的人类赖以生存的最佳食物来源场所。对菱角等水生植物的采集成为环洞庭湖湿地周边居民与生俱来的古老利用方式，彭头山文化八十垱遗址出土了大量空壳的菱角，菱角这类水生植物成为早期洞庭湖湿地周边居民的经常性食物。由于菱角等水生植物果实的采摘均在固定的时期，加之环洞庭湖湿地周边区域人口的持续增加，丰富的鱼类资源取之不竭，渔猎活动日趋频繁，彭头山文化八十垱遗址出土较多的动物骨骼就是个体中等偏下的鱼骨。[①] 在史前时期，采集、渔猎等活动占据相当重要的地位，环洞庭湖湿地周边区域考古挖掘出大量的标志采掘、渔猎因素的石片细小燧石器、刮削器及掌上型的木钻可以证明这一点。[②] 当然，这种食品利用方式所能承载的人口数量是相当低的，这个时期的洞庭湖湿地生态系统承载力为每平方千米 0.02 ~ 0.03 人。在原始社会时期，洞庭湖湿地食品利用依然存在于人类生产活动中。春秋战国时期至秦代，洞庭湖湿地盛产鱼类。随着渔业生产技术的进步，洞庭湖湿地产鱼品种日益增多，渔业在湖区经济结构中日趋重要。至明代，洞庭湖湿地的渔获不仅供给湖区，还大量外销。[③] 这个时期，环洞

---

① 裴安平：《彭头山文化的稻作遗存与中国史前稻作农业再论》，《农业考古》1998 年第 1 期，第 193 ~ 203 页。

② 裴安平：《彭头山文化的稻作遗存与中国史前稻作农业再论》，《农业考古》1998 年第 1 期，第 193 ~ 203 页。

③ 何业恒：《洞庭湖区农业发展的历史过程》，《湖南师院学报》（自然科学版）1984 年第 3 期，第 97 ~ 101 页。

庭湖湿地区域渔业经济发达，已成为湖区经济结构中的重要组成部分，[1] 只是受限于围湖，洞庭湖湿地水面趋于减少，环洞庭湖区居民采集湿地生物资源的食品利用在湖区经济结构中的地位逐渐下降。近现代后，由于环洞庭湖湿地周边区域经济社会的发展及居民营养结构的改善，人们对洞庭湖湿地生物资源的食品利用强度并没有减小。民国时期，洞庭湖湿地渔获量达到388893 担，渔获物总产值为 2797896 元。[2]

新中国成立后，渔船等生产工具得到改进并大量使用。以东洞庭湖为例，20 世纪 60 年代，有 1000 多艘专业和社会渔船；1979 年，渔船数量增至 2000 多艘；1981 年，渔船数量增至 3800 多艘；[3] 2012 年，湖区作业渔船数量达到 10097 艘。截至 2016 年，湖区水域捕捞渔业渔船数量达到 26227 艘，[4] 渔船动力全部实现电机化。相应的，随着捕捞力度加大，洞庭湖湿地捕捞量亦由 1950 年的 21007 吨增至 1999 年的 40213 吨，尽管 2014 年捕捞量相比 1999 年有显著下降，仅为 26000 吨，但相比1950 年捕捞量仍增长23.76%。[5]

二　洞庭湖湿地食品利用、湿地资源变动及其影响

随着人类活动强度的增大，洞庭湖湿地食品利用强度也在持续增大，洞庭湖湿地生物资源的种群和数量会呈现递减态势。洞庭湖湿地鱼类物种由历史时期的 119 种降至 20 世纪 90 年代的 104 种。[6] 截至 2016 年，仅有 79

---

① 尹玲玲：《明代洞庭湖地区的渔业经济》，《中国农史》2000 年第 1 期，第 48 ~ 56 页。
② 王晓天：《民国时期洞庭湖区之渔业》，《求索》2013 年第 2 期，第 51 ~ 71 页。
③ 刘大江、任欣欣：《洞庭湖 200 年档案》，岳麓书社，2007，第 654 ~ 655 页。
④ 根据湖南省农委调研数据获得。
⑤ 1950 ~ 1980 年数据来源于湖南省水利厅调研资料，2000 ~ 2014 年数据来源于中华人民共和国环境保护部调研资料，其余数据详见国家环境保护总局《全国生态现状调查与评估》（中南卷），中国环境科学出版社，2006，第 26 ~ 297 页；廖伏初、何望、黄向荣等《洞庭湖渔业资源现状及其变化》，《水生生物学报》2002 年第 6 期，第 623 ~ 627 页。
⑥ 参见李杰钦、王德良、丁德明《洞庭湖鱼类资源研究紧张》，《安徽农业科学》2013 年第 9期，第 3898 ~ 3900 页。

种,[1] 洄游性鱼类明显减少，江湖洄游性鱼类仅占渔获物总量的7.9%,[2] 显著低于历史时期记录的渔获物占比（36.8%）,[3] 洄游性鱼类资源已经严重减少。主要经济鱼类种群显著衰退，1963 年，四大家鱼占渔获物比例为21%；1963~1997 年，四大家鱼占渔获物比例呈降低态势；1998 年受洪灾影响，四大家鱼占渔获物比例明显提高；1999~2006 年，四大家鱼占渔获物比例依然呈降低态势，其中，1999~2000 年、2003~2006 年属于快速降低期。当前，洞庭湖湿地实施禁渔期制度，开展增殖放流活动后，四大家鱼占渔获物比例才有所回升，2015 年，四大家鱼占渔获物比例恢复到11.55%,[4] 尽管四大家鱼资源逐渐恢复，但是相比1963 年的占比仍然低了9.45 个百分点。

洞庭湖湿地鱼类低龄化态势非常明显，以四大家鱼为例，1997~2006 年，捕捞渔获物中，0~2 龄的青鱼、草鱼、鲢鱼、鳙鱼占比均在70% 以上，2005 年甚至达到100%。尽管近年来采用增殖放流等措施，但0~2 龄的青鱼、草鱼、鲢鱼、鳙鱼在捕捞渔获物中的占比依然超过60%,[5] 春禁期间洞庭湖湿地鲤鱼、鲫鱼渔获物产卵群体年龄结构已呈现低龄化态势，以1+龄为主，占81%，2+龄与3+龄分别占15% 和4%。[6] 显然，渔业经济价值趋于降低态势又制约了渔民生存和发展。

洞庭湖湿地持续增大的食品利用强度还导致过去盛产的光泽黄颡鱼、蒙古红鲌等鱼类几近消亡，江豚等珍稀物种濒临灭绝。2008 年江豚资源调查数据表明，东洞庭湖还有200 余头，几年内，江豚数量急剧下降，甚至发生江豚死亡事件。由于天然捕捞渔获量的数量和质量持续降低，为了满足环洞

---

[1] 杨喜生、齐增湘、李涛：《洞庭湖鱼类群落结构和生物多样性分析》，《安徽农业科学》2016 年第 17 期，第 117~119 页。

[2] 根据湖南省水产科学研究所调研数据整理。

[3] 梁秩燊、周春生、黄鹤年：《长江中游通江湖泊——五湖的鱼类组成及季节变化》，《海洋与湖沼》1981 年第 5 期，第 468~478 页。

[4] 湖南省水产科学研究所调研资料。

[5] 湖南省渔业环境监测站内部数据。

[6] 根据湖南省水产科学研究所调研数据整理获得。

庭湖湿地周边区域及其他区域市场消费需求，环洞庭湖湿地周边区域政府着力推动洞庭湖渔业由"捕捞为主"向"养殖为主"转变，水生物资源的食品利用也由"简单的采集加工"向"深加工"转变。以益阳市为例，该市现有水产品加工企业 221 家，实现销售产值 39.58 亿元，相比 2009 年分别增长 44% 和 180%。[①]

第二节　洞庭湖湿地水资源利用

一　洞庭湖湿地水资源利用与经济发展

水，既是自然资源，又是环境要素。环洞庭湖湿地区域先民基于对水的自然资源属性认识的深入开启了水资源利用。旧、新石器时代，环洞庭湖湿地区域先民采掘洞庭湖湿地的生物资源解决了生存的问题，但是这种生存方式受限于季节变化，先民生存处于不稳定状态。为此，环洞庭湖湿地区域先民对洞庭湖湿地生物资源的利用由简单的采集向有目标的栽培发展。洞庭湖湿地丰富的水资源为作物的栽培提供了丰富的肥料，环洞庭湖湿地区域先民开启了对洞庭湖湿地的水资源利用，澧县彭头山新石器时代遗址就是例证。澧县彭头山在新石器时代开始出现稻作农业，[②] 出现人工栽培的水稻。[③] 江陵毛家山、天门石家河等遗址也发现人工栽培水稻，这表明新石器时代环洞庭湖湿地区域先民开始利用洞庭湖湿地土壤和水资源等自然条件进行农业生产，[④] 洞庭湖区成为世界上最早种植粮食作物的地区之一。当然，这个时期的经济生活主要还是采集、渔猎。随着生产工具的改进，耕作方式也经历了

---

① 根据益阳市统计局调研数据整理获得。

② 裴安平、曹传松：《湖南澧县彭头山新石器时代早期遗址发掘简报》，《文物》1990 年第 8 期，第 17～29 页。

③ 申友良：《全新世环境与彭头山文化水稻遗存》，《农业考古》1994 年第 3 期，第 84～87 页。

④ 李文澜：《江汉平原开发的历史考察》上篇，载黄慧贤、李文澜主编《古代长江中游的经济开发》，武汉大学出版社，1988，第 45～48 页。

从对"火耕"单一使用到"火耕"和"水耨"并用的历史过程。这个时期，环洞庭湖湿地区域水利设施得到改善，例如陂池用于稻作生产，助推了水稻种植面积的扩大和产量的提高，环洞庭湖湿地区域农业生产迅速发展，这个时期的水资源利用目标单一，主要是利用洞庭湖湿地的水资源肥力展开农业利用。长期以来，环洞庭湖湿地区域堤垸排灌，主要使用吊桶、龙骨水车、戽斗等简单提水工具。新中国成立后，排灌等水利设施取得发展，环洞庭湖湿地区域水资源肥力利用效率大幅提升。1953年，在益阳县民主垸兴建第一个蒸汽机排灌站，随后分别在南县冲口、沅江县八百亩、湘阴县塞梓庙建成蒸汽机排灌站。1955年，在环洞庭湖湿地区域常德、津市等地试行小型电力排灌站。1966年，环洞庭湖湿地区域电力排灌装机容量达到17.6万千瓦。1973年，区域内电力排灌装机容量达到18.9万千瓦。由于电力排灌的发展，1963~1972年，环洞庭湖湿地区域扩大耕地面积达到906.7平方千米。21世纪初，区域内电力排灌装机容量达到73万千瓦，排涝模数达到每平方千米每秒0.3~0.5立方米，灌溉保证率达到60%~70%，旱涝保收面积达到600万亩，电力排灌成为环洞庭湖湿地区域粮食增产的关键。

随着经济发展和人口的持续增加，环洞庭湖湿地区域水资源利用强度持续增大，环洞庭湖湿地区域先民对水资源的利用涵盖农田灌溉、工矿企业用水、城乡居民用水等。以岳阳市为例，[①]岳阳市工业增加值占地区生产总值比重由2003年的36.28%增至2015年的45.3%，增加了9.02个百分点，工业用水量则由2003年的9.42亿立方米增至2015年的14.93亿立方米，增长了58.49%。岳阳市总人口由2003年的527.83万人增至2015年的562.92万人，居民生活用水量则由2003年的2.57亿立方米增至2015年的2.77亿立方米。

为了更清晰地判断环洞庭湖湿地区域水资源利用情况，本书对环洞庭湖

---

① 水量数据来自湖南省岳阳市水务局内部资料，经济数据来自岳阳市统计局内部资料。

湿地区域水资源利用结构进行分析。① 长期以来，尽管区域用水总量总体上是增长的，但农业用水占比仍维系在59%以上。2000年，环洞庭湖湿地区域农业用水占比均高于湖南省乃至全国平均水平。2015年，环洞庭湖湿地区域农业用水占比较2000年降低了14.52个百分点，但相比湖南省农业用水占比的平均水平仍然高0.43个百分点，环洞庭湖湿地区域农业用水大量挤占了其他产业用水。环洞庭湖湿地区域工业用水占比基本由2000年的15.99%增至2015年的29.78%，2012年达到最高值32.26%；环洞庭湖湿地区域居民生活用水占比基本维持在7%~10%。2003年开始统计公共生态用水量，公共生态用水占比为1%~3%，公共生态用水开始得到重视。数据表明，环洞庭湖湿地区域水资源利用强度持续增大，环洞庭湖湿地区域居民对洞庭湖湿地水资源的利用由初期占主导地位的农业利用向三次产业及公共生态多元利用的复合结构转变。

二　洞庭湖湿地水资源利用、湿地资源变动及其影响

洞庭湖湿地水资源的供给为环洞庭湖湿地区域居民生存发展提供了支持。洞庭湖湿地水资源利用初期，环洞庭湖湿地区域水资源利用项目规模小，水环境问题不明显，对洞庭湖湿地水资源量影响有限，但随着产业发展和人口的增长，水资源利用工程规模逐渐增大，对洞庭湖湿地水量的变动产生影响。鉴于数据的限制，本书对洞庭湖湿地纯湖区蓄水量变化规律进行描述。② 1825年，洞庭湖湿地蓄水量约为400×10^8立方米，1949年，洞庭湖湿地蓄水量为268×10^8立方米。最小蓄水量为62.53×10^8立方米，出现在2011年末。2000~2015年，洞庭湖湿地平均年末蓄水总量为97.19×10^8立方米。

---

① 数据来源于湖南省水利厅内部资料。

② 2000~2015年数据依据湖南省水文水资源勘测局内部资料进行分析。其余数据参见陈仲伯、刘玉桥《湖南省生态环境可持续发展战略研究》，中南大学出版社，2004，第114~115页；中国可持续发展研究会减灾专业委员会《中国长江1998年大洪灾反思及21世纪防洪减灾对策》，海洋出版社，1998，第214~215页；朱俊风、朱震达《中国西部地区生态环境建设研究》，海洋出版社，1999，第154~155页。

洞庭湖湿地水量变动的影响因素也存在自然因子。入湖径流量是洞庭湖湿地水量的重要补充,[①] 但比较不同时间段的多年平均入湖径流量数据,入湖径流量是有减少的。其中,三峡工程运行后,2003～2011 年的多年平均入湖径流量相比 1999～2002 年是减少的。在三峡工程建设前,洞庭湖湿地年均入湖水量为 3018 亿立方米,考虑出湖因素,洞庭湖湿地流量有盈余,年均流量为 12.95 亿立方米,三峡工程运行后,年均入湖水量为 2304 亿立方米,相比运行前减少 24%,加之降雨量偏少、蒸发量大等多种因素耦合作用,[②] 洞庭湖入湖径流量受到影响,[③] 但是基于较长时间序列的湘、资、沅、澧四水入湖年径流量相关研究分析表明,入湖水量并没有显著的增加或减少态势。[④]

即使环洞庭湖湿地区域入湖水量保持相对稳定,考虑到环洞庭湖湿地区域越来越多的水资源利用强度较大的工程项目的影响,环洞庭湖湿地区域用水量总体上呈现递增态势,环洞庭湖湿地区域居民对水资源日益迫切的需求又加剧了洞庭湖区水资源的利用强度,洞庭湖区水量供应日趋紧张,季节性缺水是存在的,而且是日渐加重的。洞庭湖湿地水量的减少带来一系列生态安全问题。环洞庭湖湿地区域旱灾也呈现加重态势,1950～1999 年环洞庭湖湿地区域发生间歇性旱灾,2000～2009 年,旱灾呈间歇性高位波动,各等级旱灾受灾以及成灾年频率逐期增大,旱灾损失值呈增长态势。[⑤] 当前环洞庭湖湿地区域供水面临困境,环洞庭湖湿地区域地下水开采过度,湖区地下水位逐年下降,一些水厂因为地下水位的下降难以采集足够的水

① 吴炳方:《湿地的防洪功能分析评价——以东洞庭湖为例》,《地理研究》2000 年第 2 期,第 189～193 页。

② 李景保、王克林、杨燕等:《洞庭湖区 2000 年～2007 年农业干旱灾害特点及成因分析》,《水资源与水工程学报》2008 年第 6 期,第 1～5 页。

③ 童潜明:《洞庭湖季节性缺水量及补水的定量估算》,载颜永盛主编《2012 洞庭湖发展论坛文集》,中南大学出版社,2013,第 1～9 页。

④ 钱湛、张双虎、卓志宇:《四水入洞庭湖水量变化趋势及周期分析》,《人民长江》2014 年第 15 期,第 39～42 页。

⑤ 李景保、余果、欧朝敏等:《洞庭湖区农业水旱灾害演变特征及影响因素——60 年来的灾情诊断》,《自然灾害学报》2011 年第 2 期,第 74～81 页。

源，甚至无法正常运转，湖区农村地区有大量"摇水井"废弃。洞庭湖湿地水量减少还导致湿地萎缩，使洞庭湖外湖与垸内沟渠之间原有的"活"循环受到胁迫，甚至危及洞庭湖湿地生物多样性，鸟类集中栖息地范围就缩减了2/3。①

第三节　洞庭湖湿地围垦利用

一　洞庭湖湿地围垦利用与经济发展

围垦利用是指环洞庭湖湿地区域居民选择有利的湖泊滩地，围湖建圩筑垸辟为农田，②围湖养鱼、围湖用地等也属于围垦利用范畴。环洞庭湖湿地区域由湿地水体、滨湖平原以及散布在滨湖平原上的丘陵和零散岗地组成，湿地土壤肥沃，加之湖区雨量充沛，环洞庭湖湿地区域的先民筑起狭长的土埂，形成"障"，即可引水导流，进而开始早期的围田以种植粮食作物，环洞庭湖湿地区域成为世界上最早种植粮食作物的地区之一。春秋时期，楚人吸收环洞庭湖湿地区域原住民的生产经验，大量进行水稻生产。人口的增殖取决于社会安定和经济发展，社会经济发展受限于自然条件，洞庭湖湿地环湖层状地貌结构，使得湿地中部低洼、四周递增，易涝，地下水位高，土质黏重。因此，新石器时代及商周时期的环洞庭湖湿地区域，人口密集于丘冈高阜地区，湖区人口发展有限，在农业生产工具、劳动力资源供给有限的社会条件下，涂泥地表，"草夭木乔"，增大了垦辟的难度，因此，尽管这个时期出现了围垦洞庭湖湿地水面来获得肥沃的土壤资源的生产活动，但仍处于低落状态。秦汉时期，环洞庭湖湿地区域封建庄园经济和土地所有制发展水平不及人口密集的中原地区，环洞庭湖湿地区域的河网平原沼泽潮湿的自然环境也不利于环洞庭湖湿地区域先民开发，但生产工具获得一定进步，围

---

① 谭剑、史卫、周楠：《水危机侵袭"长江之肾"洞庭湖》，《经济参考报》2015年9月10日。
② 王苏民、窦鸿身：《中国湖泊志》，科学出版社，1998，第172～174页。

田仍取得了一定的发展，环洞庭湖湿地区域先民修筑"堰"来遏土蓄水，修筑"陂"发展生产，围垦种植的作物不限于粮食作物，还出现了经济作物。汉晋时期，环洞庭湖湿地区域围垦初具规模。①

人口密度与经济发展存在复杂的内在关联。有研究者指出，随着人口数量的增长及人口密度的持续增大，人们对物资的需求日趋旺盛，资源的压力也将持续增大，进一步开发利用自然资源就成为必然。② 汉朝末年，受战乱影响，北民南移成为战乱人口迁移的主流，从而出现了洞庭湖区第一次大规模人口迁入，魏晋南北朝时期许多流民迁移至环洞庭湖湿地区域。南北方人口异动影响了原有的农业经济格局。南方人口增加，一方面提高了农业生产劳动力基数，另一方面获得了先进的农业生产技术和管理经验，迅速改变了环洞庭湖湿地区域"火耕水耨"的粗放农业结构。

唐朝时期，湖区人口增长迅速。贞观十三年（639）和天宝元年（742）的人口数量及人口密度比较分析结果表明，③ 环洞庭湖湿地区域澧州、郎州、潭州和岳州四州总人口数量和人口密度分别增长了 303.46% 和 302.02%，④ 其中，潭州在天宝年间的人口密度为每平方千米 5.3 人，相比西晋时期增长了约 3.8 倍。环洞庭湖湿地区域人口数量的增加与人口密度的提高，改变了原有劳动力与自然资源的配置关系，加重了土地资源承载压力，在封建社会传统农业生产水平较低的情况下，在水土资源丰富的湖区进行围垦以增加耕地面积来提高粮食产量成为优选路径，环洞庭湖湿地区域筑堤围垸垦殖取得较快发展。北魏时期，洞庭湖区已经开始全面筑堤围垦，并由滨湖逐步推及腹地。唐代有多次大规模的筑堤

---

① 卞鸿翔、龚循礼：《洞庭湖区围垦问题的初步研究》，《地理学报》1985 年第 2 期，第131～141 页。

② 蔡昉、王美艳、都阳：《人口密度与地区经济发展》，《浙江社会科学》2001 年第 6 期，第12～16 页。

③ 李跃龙：《洞庭湖志》，湖南人民出版社，2013，第 633 页。

④ 澧州，今安乡县、临澧县、澧县、津市市；郎州，今汉寿县、武陵区、鼎城区、桃源县；岳州，今南县、华容县、巴陵区、岳阳楼区、岳阳县、临湘市、汨罗市、湘阴县、沅江市；潭州，今赫山区、资阳区、桃江县、望城区。

围垸，修建了北塔堰、永泰渠、津石陂、槎陂、崔陂、后乡渠等多个堤垸，除北塔堰、永泰渠是明显的单纯的渠道外，其余堤垸均是灌田千顷的围垦工程。经过东汉、魏晋南北朝和隋唐时期的发展，洞庭湖区已由"地广人稀"之地成为"南楚之富"。显然，湖区粮食生产已有剩余。由此可见，堤垸数量的持续增加以及围垦面积的不断扩大，与洞庭湖湿地周边区域人口的持续增长是相对应的。

北宋时期，围田因良好的水肥条件常被掠夺。南宋时期，洞庭湖区围垦得以稳定发展，洞庭湖区垸田连片。

在元末明初省际移民过程中，大量人口移入环洞庭湖湿地区域。明末清初，因旱灾及战乱，湖区人口锐减。经清朝"按人丁摊征→按田赋征收"的税制变革，加之社会趋于稳定，人口再次迅速增加。总的来说，明清时期洞庭湖区人口是持续增长的。环洞庭湖湿地区域常德府、沅江县、桃源县、湘阴县、益阳县、临湘县和华容县在清代户数、人口数和人口密度分别达到了537506户、3280688人和每平方千米118.25人，相比明代分别增长68.17%、8.46%和8.78%，其中，清代沅江县和临湘县的户数、人口数和人口密度相比明代的增长率均达到了10%以上。[①]

民国时期，环洞庭湖湿地区域人口历经民国前期人口快速增长、中期停滞以及后期人口锐减三个阶段，尽管如此，截至1947年，环洞庭湖湿地区域的人口数为7294168万人，[②] 显著高于清代人口数量。其中，湘阴县、桃源县、安乡县、益阳县、宁乡县和沅江县人口密度相比清代分别增长28.35%、67.74%、85.05%、172.19%、98.39%和233.42%。

---

① 明代数据来源于《常德府志》《长沙府志》《岳州府志》洪武年间统计数据；清代数据来源于《中国历代户口、田地、田赋统计》《直隶澧州志》。参见（清）应先烈《嘉庆常德府志》，岳麓书社，2008，第132~133页；（清）吕肃高《长沙府志》，岳麓书社，2008，第144~165页；（清）黄凝道《岳州府志》，岳麓书社，2008，第94~174页；梁方仲《中国历代户口、天地、田赋统计》，上海人民出版社，1981，第282~428页；张运钧《直隶澧州志》，湖南省澧县档案馆，1981，第196~209页。

② 参见中华民国内政部人口局《全国户口统计》，全国图书馆文献缩微复制中心，2001，第25~85页。

快速增长的人口诱致的粮食等物质消费需求迅猛增长，推动了技术革新及内涵式和外延性扩大再生产的并进发展。[①] 洞庭湖湿地水利事业始于东汉时期的樊陂。唐代以后，洞庭湖湿地水利事业取得快速发展，相关文献统计的唐代以来的水利工程中，唐代有 7 处，宋代有 5 处，明代有 51 处，清代有 183 处，[②] 水利建设实则远超此数，明代仅岳州府就有 3000 处以上的水利工程，水利工程与灌溉设施结合使用形成的堤塘综合利用体系更是提高了湿地土壤利用效率。内涵式的扩大再生产就必须实现精耕细作，提高单产，农业生产技术进步成为必然。在宋代，农业生产工具取得改进，环洞庭湖湿地区域广泛使用秧马、酃刀、高转筒车、龙骨翻车等农具，环洞庭湖湿地区域粮食增产明显实现由单纯依赖耕地面积的扩大向耕地面积扩大和粮食单产提高（包括复种指数的增加）两者并进的转型发展，已经形成成熟的水田农作技术体系，晚稻两熟制和多种农作物的种植在环洞庭湖湿地区域得到大面积推广。[③] 明清时期，通过增加复种来实现单产的提高已经成为环洞庭湖湿地区域化解人口压力的重要举措。[④] 明代，复种轮作和多熟种植发展较快。《天工开物》记载："田多一岁两栽两获者。"[⑤] 清代，双季稻的栽培极为普遍，稻麦（豆、杂、菜）复种轮作制有较大发展，[⑥]《岳州府志》记载："荞麦，杂粮则于早稻获后接种。"[⑦] 民国时期，环洞庭湖湿地区域扩展了双季稻和稻麦两熟制。[⑧] 外延性的扩大再生产就要通过扩大耕地面积，提高农作物播种面积基数。耕地面积的扩大就刺激了对围湖造田挽垸的进一步需求。明代围挽堤垸遍及整个洞庭湖区。清代环洞庭湖湿地区域各县围垦规模

---

① 候东栋：《我国农业扩大再生产的困境与出路——基于马克思主义扩大再生产理论的分析》，《南阳理工学院学报》2013 年第 5 期，第 115～118 页。

② 李剑农：《宋元明经济史稿》，生活·读书·新知三联书店，1957，第 18～19 页。

③ 李剑农：《宋元明经济史稿》，生活·读书·新知三联书店，1957，第 18～19 页。

④ 游修龄、曾雄生：《中国稻作文化史》，上海人民出版社，2010，第 440～441 页。

⑤ （明）宋应星：《天工开物》，商务印书馆，1933，第 1～29 页。

⑥ 郭文韬：《中国耕作制度史研究》，河海大学出版社，1994，第 243～246 页。

⑦ （清）黄凝道：《岳州府志》，岳麓书社，2008，第 94～174 页。

⑧ 钟声、杨乔：《洞庭湖区生态环境变迁史 1840～2010》，湖南大学出版社，2014，第 136～138 页。

不一，但发展迅速，[①] 滨湖堤垸数量快速增加，以至"已有与水争地之势，若再筑围垦田，则湖愈狭，漫溢冲决为患"。[②] 民国时期，堤垸面积增加2313.11 平方千米，增长率为 3.13%，[③] 民国后期至新中国成立初期，堤垸面积年增长率为 3.12%，民国时期已经筑垸田约 500 万亩。由此，粮食单产得到提高，明代记载"以上中下三等通计之，自种自收，每亩可得谷三石"，[④] 按今制折合米为每亩 253 斤，谷为每亩 337 斤。民国时期亩产最高为 491 斤。[⑤]

新中国成立后，湖南省人民政府组织调查湖区 993 个堤垸，垸田共计593.5 万亩。[⑥] 但是洞庭湖湿地围垦没有停止。截至 1980 年水利部下令停止围垦，洞庭湖湿地累计围垦 1897.2 平方千米，[⑦] 其中，1949～1954 年，围湖垦殖 894.2 平方千米；1955～1959 年，围湖垦殖 632.4 平方千米；1970～1979 年，围湖垦殖 182.6 平方千米。与此同时，环洞庭湖湿地区域耕地面积增长了 46.36%。[⑧] 改革开放后，环洞庭湖湿地区域居民认识到洞庭湖湿地合理利用的重要性，更加谨慎地对待堤垸修筑。洞庭湖湿地围垦利用为环洞庭湖湿地区域农业经济增长提供资源支持，使粮食及棉类等经济作物产量大幅增长。1981 年，环洞庭湖湿地区域粮食总产量达到 40.5 亿千克，占当年湖南全省粮食总产量的 18.2%，相比 1949 年粮食产量增长了 575%；同期，环洞庭湖湿地区域棉花总产量达到 7000 万千克，相比 1949 年棉花产量增长了 900%。[⑨]

---

① 卞鸿翔、龚循礼：《洞庭湖区围垦问题的初步研究》，《地理学报》1985 年第 2 期，第131～141 页。

② （清）陶澍、万年淳：《洞庭湖志》，岳麓书社，2009，第 82～92 页。

③ 吉红霞、吴桂平、刘元波：《近百年来洞庭湖堤垸空间变化及成因分析》，《长江流域资源与环境》2014 年第 4 期，第 566～572 页。

④ 李国祥、杨昶：《明实录类纂》，武汉出版社，1991，第 648～650 页。

⑤ 吴存浩：《中国农业史》，警官教育出版社，1996，第 1029～1033 页。

⑥ 湖南省水利志编纂办公室：《湖南省水利志》第三～四分册，内部资料，第 31～35 页。

⑦ 彭佩钦、蔡长安、赵青春：《洞庭湖区的湖垸农业、洪涝灾害与退田还湖》，《国土与自然资源研究》2004 年第 2 期，第 23～25 页。

⑧ 湖南省水利志编纂办公室：《湖南省水利志》第三～四分册，内部资料，第 31～35 页。

⑨ 根据 1982 年湖南省统计年鉴数据进行整理，缺 1949 年棉花、粮食产量等数据。

二 洞庭湖湿地围垦利用、湿地资源变动及其影响

洞庭湖湿地围垦的发展历程，就是环洞庭湖湿地周边居民用劳动对以自然资源形态存在的洞庭湖湿地水面进行改造，形成可用于农业生产的土壤的过程。在这个过程中，堤垸的产生与发展有自然与经济的合理性，是环洞庭湖湿地区域居民适应自然的产物，其在一定程度上促进了环洞庭湖湿地区域经济增长，但也带来了一系列复杂问题。伴随大规模围湖造田的却是洞庭湖湿地水面不断缩小的生态演化，从 1949 年至 1980 年水利部下令停止围垦，洞庭湖湿地累计围垦 1897.2 平方千米，洞庭湖湿地水面缩减了 1610 平方千米，进而影响了生态服务供给。为了准确地评价洞庭湖湿地水面变化对洞庭湖湿地水生态系统服务供给的影响，本书参照相关研究成果，[①] 构建洞庭湖湿地水生态系统服务功能指标体系（见表 3 – 1），分别对 1954 年、1971 年和 1995 年生态效应展开评价。

表 3 – 1　洞庭湖湿地生态系统服务功能指标体系

项目	功能类型	指标类型	指标说明
洞庭湖湿地水生态系统生态效应	调节功能	水源涵养	调节平水期蓄水量,均化洪水
		土壤持留	滞留泥沙,增加土壤
		净化水质	污染物沉积输出
		碳固定	吸收二氧化碳
		释氧	植物光合作用释放氧气量
	支持功能	提供生境	维护水生态系统以及物种多样性

水源涵养价值采用影子工程法进行评价，生态经济价值单价采用单位蓄水量库容成本，为每立方米 0.67 元，1954 年、1971 年和 1995 年

---

① 欧阳志云、赵同谦：《水生态服务功能分析及其间接价值评价》，《生态学报》2004 年第 10 期，第 2091 ~ 2097 页。

的蓄水量依据当年湖泊容积进行计量。① 土壤持留价值评估，依据各个年度的泥沙淤积量、② 环洞庭湖湿地区域土壤平均容重为每立方米 1.32吨、③ 土壤表层厚度 0.1 米，估算折合的土地面积，单位土地面积收益为年度农业产值与耕地面积的比值计算，再计算折合的土地面积与单位土地面积收益，其中，农业产值按照可比价格进行调整。净化功能价值采用费用替代法，依据各个年度的湿地面积、单位面积平均磷氮去除率（分别为每平方千米 3.98 吨和 1.86 吨）、磷氮处理成本（分别为每千克2.5 元和 1.5 元）进行评价。④ 碳固定价值评估，依据环洞庭湖湿地区域各年度芦苇产量估算固碳量，生态经济价值单价采用造林成本法，为每吨 1320 元。释氧价值评估，依据环洞庭湖湿地区域各年度芦苇产量估算释氧量，生态经济价值单价为每吨 1000 元。⑤ 提供生境的价值，依据各个年度的湿地面积、生态经济价值单价进行评价，生态经济价值单价采用 Costanza 等人的研究成果。⑥ 相关研究认为，洞庭湖湿地面积、库容演变阶段中，1949 ~ 1978 年，洞庭湖面积和湖容大幅减少，1978 ~ 1995年，洞庭湖面积和湖容变化相对稳定，⑦ 基于 1949 ~ 1978 年洞庭湖湿地围垦强度大以及三峡工程蓄水后的江湖关系变化影响，本书考察 1958年、1971 年、1995 年和 2010 年的洞庭湖湿地生态系统服务功能。经计

① 洞庭湖容积数据详见林承坤《洞庭湖的演变与治理》（下），《地理学与国土研究》1986 年第 1 期，第 40 ~ 46 页；王秀英、邓金运、孙昭华《人类活动对洞庭湖生态环境的影响》，《武汉大学学报》（工学版）2003 年第 5 期，第 60 ~ 65 页；徐伟平、康文星、何介南《洞庭湖蓄水能力的时空变化特征》，《水土保持学报》2015 年第 3 期，第 62 ~ 67 页。

② 采用不同时间段的多年平均泥沙淤积量数据。参见卞鸿翔、龚循礼《洞庭湖区围垦问题的初步研究》，《地理学报》1985 年第 2 期，第 131 ~ 141 页。

③ 周金星：《洞庭湖退田还湖区生态修复研究》，中国林业出版社，2014，第 28 ~ 31 页。

④ 赵延茂、宋朝枢：《黄河三角洲自然保护区科学考察集》，中国林业出版社，1995，第214 ~236 页。

⑤ 崔丽娟：《鄱阳湖湿地生态系统服务功能价值评估研究》，《生态学杂志》2004 年第 4 期，第 47 ~ 51 页。

⑥ R. Costanza, R. Arge, de R. Groot, et al., "The Value of the Worlds Ecosystem Services and Natural Capital," *Nature* 387 (199)：253 - 260.

⑦ 薛联青：《洞庭湖流域干旱评估及水资源保护策略》，东南大学出版社，2014，第176 ~ 178 页。

算，得到历史时期洞庭湖湿地水生态系统主要服务功能价值变化情况（见表 3 - 2）。

表 3 - 2　历史时期洞庭湖湿地水生态系统生态服务价值量变化

单位：亿元

年份	水源涵养价值	土壤持留价值	净化水质价值	碳固定价值	释氧价值	提供生境价值	总价值
1958	140.70	0.737	3.21	0.02	0.048	7.89	152.605
1971	125.96	0.805	2.88	2.12	5.78	7.09	144.635
1995	111.89	1.524	2.67	3.48	9.50	6.60	135.664
2010	115.23	0.407	2.73	6.97	19.01	6.72	151.067

显然，本书研究成果与国内学者关于洞庭湖湿地生态系统服务价值的研究成果存在差异，这主要是因为学者采用了不尽相同的评价指标和参数。基于本书聚焦不同时间段的生态效应演变的考量，务必坚持不同时段下研究方法的一致性，因此，本书研究成果可用于分析洞庭湖湿地面积变动诱致的生态效应变化。

数据表明，1958～2010 年，洞庭湖湿地生态系统服务价值总体上呈现降低态势。其中，1958～1971 年，水源涵养服务价值显著下降，这段时期正是围垦利用强度大、湿地面积显著减少的时期，这就加速了湖底淤积，使可向下游移输的泥沙淤积于湿地内。1951～2002 年，洞庭湖湿地泥沙淤积率一直维持在 70% 以上。[①]

与此同时，大量泥沙淤积在垸田外，年长日久，垸外湖洲反而高于垸田，诱发外洪内涝。宋代，洞庭湖湿地水灾逐年增多，"堤防数坏，岁岁增筑不止"。[②] 自明代开始，洞庭湖湿地洪涝灾害发生频率增高，1525～1873

---

① 受三峡水库影响，2003～2012 年洞庭湖湿地泥沙淤积量急剧下降。数据根据相关文献整理，参见余果《近 60 年洞庭湖水沙演变特征及影响因素分析》，硕士学位论文，湖南师范大学，2012，第 12 页；潘峰《洞庭湖水沙演变特征及其影响因素分析》，《安徽农业科学》2014 年第 28 期，第 9894～9896 页。

② 陆游：《入蜀记》卷五，中华书局，1985，第 158～198 页。

年，洞庭湖湿地发生水灾 18 次，每 19.4 年发生 1 次；松滋溃决至 1958 年，洞庭湖湿地发生水灾 9 次，每 9.4 年发生 1 次；1990～1999 年，水灾频率更高，出现 6 次大洪涝灾害。① 相关研究认为，该时期洞庭湖湿地水灾已呈连续性高位波动发展态势。② 洞庭湖湿地水灾频发造成溃灾、渍涝，1949～1988 年，溃灾面积和渍涝成灾面积累计分别达到 64492 平方千米和 171206 平方千米，③ 严重影响了环洞庭湖湿地区域生产，给环洞庭湖湿地区域带来重大的经济损失；1980 年、1983 年和 1991 年三年洪涝灾害分别造成 2.7 亿元、10 亿元和 28 亿元的经济损失；④ 1996 年洞庭湖湿地有 145 个堤垸溃决，淹没农田 807 平方千米，造成 300 亿元以上的经济损失；⑤ 1998 年环洞庭湖湿地区域安造垸、澧南垸、西官垸溃决，淹没耕地 1614 平方千米，共计 24.45 万人受灾。⑥ 三峡水库运行后，尽管洪涝灾害造成的经济损失大幅减少，但洪涝灾害给环洞庭湖湿地区域带来的生态风险依旧存在，2016 年环洞庭湖湿地区域因洪灾发生堤防脱坡、滑坡、散浸、管涌等各类险情 102 处。⑦ 洪涝灾害频繁发生，洪灾造成环洞庭湖湿地区域多个堤垸溃决，钉螺随洪水进入溃决垸内，使钉螺滋生面积增加，助推了血吸虫病的蔓延，1976 年洪灾溃垸增加了 69.56 平方千米钉螺滋生面积。⑧ 当前，环洞庭湖湿地区域成为我国血吸虫病流行的重灾区。截至 2014 年底，环洞庭湖湿

① 参见彭佩钦、蔡长安、赵青春《洞庭湖区的湖垸农业、洪涝灾害与退田还湖》，《国土与自然资源研究》2004 年第 2 期，第 23～25 页；周金星《洞庭湖退田还湖区生态修复研究》，中国林业出版社，2014，第 13～14 页。

② 李景保、余果、欧朝敏等：《洞庭区农业水旱灾害演变特征及影响因素》，《自然灾害学报》2011 年第 2 期，第 74～81 页。

③ 分析环洞庭湖湿地区域湖南境内溃灾、渍涝情况，根据湖南省水利厅调研资料整理。

④ 中华环保世纪行执委会：《世纪话题——中国环境资源状况纪实》，蓝天出版社，1997，第 236～238 页。

⑤ 参见朱翔《区域水灾机制和减灾分析》，《自然灾害学报》1999 年第 1 期，第 35～41 页；高吉喜、中村武洋、潘英姿、夏堃堡《洪水易损性评价：洞庭湖区案例研究》，中国环境科学出版社，2004，第 41～45 页。

⑥ 湖南省水利厅调研资料。

⑦ 李伟锋、柳德新：《洪灾已造成直接经济损失 108 亿元》，《湖南日报》2016 年 7 月 7 日。

⑧ 方金城、易映群：《湖南血防 60 年：1950～2010》，湖南科学技术出版社，2015，第 239～246 页。

地区域尚有 6 万余名血吸虫患者，仍有 2305.12 平方千米钉螺滋生面
积，[①] 部分疫区未能得到有效控制。显然，环洞庭湖湿地区域的围垦的不
断扩张造成了洞庭湖湿地蓄洪能力下降、水灾损失上升等一系列严重的
经济、社会和生态灾难。

第四节　洞庭湖湿地环境功能利用

一　洞庭湖湿地环境功能利用与经济发展

湿地具备净化水质的能力。本书将人类社会发展过程中环洞庭湖湿地区
域居民利用湖泊湿地净化水质的功能改善人类生活的利用方式称为环境功能
利用。人类社会早期，环洞庭湖湿地区域居民就存在排放生产、生活废弃物
到洞庭湖湿地中的社会行为，八十垱和胡家屋场遗址留存有早期的围沟，用
于排水。随着人口的增加，生产方式日趋多元化，农业成为环洞庭湖湿地区
域的主要产业，积肥设施得到应用。《氾胜之书》记载："凡耕之本，在于
趣时、和土、多粪泽"，"以溷中熟粪粪之亦善"。[②] 肥料的使用增加了粮食
产量，也形成最早的农业面源污染。但早期人类活动对洞庭湖湿地生态系统
的干扰非常微小，并没有显现出来。

新中国成立前，环洞庭湖湿地区域工业发展缓慢，只有少数小矿山、造
纸厂、印染厂和纺织厂等生产单位。以常德市为例，20 世纪初，存在以石
煤、杂柴为燃料，使用烧制法生产石灰和青砖的小土窑；1915 年，市域内
有 500 余家织布机户，1100 余台织布机；1933 年，市域内有 17 个较具规模
的纺织厂；形成以芦苇等为原料、以家庭为单位的造纸业手工作坊，季节性
强，生产规模小；食品加工行业仅有一些熬糖、煮酒、榨油等手工作坊，多
为前店后场，规模小。20 世纪 50 年代以前，常德市域内仅有 74 家小厂、

---

① 谢谦、朱翔、贺清云、徐美：《洞庭湖区血吸虫病疫水人水相互作用关系及防控方案研究》，《长江流域资源与环境》2016 年第 4 期，第 655～663 页。

② 转引自陈定荣《汉晋时期江南积肥设施模型》，《农业考古》1992 年第 3 期，第 152 页。

小作坊和小矿，量小，形成规模很小的污染源，且污染源分散、危害低。这段时期，区域内农业生产以土杂肥和人畜肥等为肥料、以明火烧杀和人工捕捉等原始方法灭虫，没有形成农业污染源，城镇规模小，生活污染相对较轻，城镇生活垃圾多做农田渣肥处理。

新中国成立后至改革开放初期，在农业经济领域，环洞庭湖湿地区域耕作制度不断演变。第一阶段（1949～1954 年）的耕作制度总体表现为一年一熟。第二阶段为 20 世纪 50 年代中期至 60 年代末期，耕作制度以一年两熟为主，开始试验一年三熟，推动稻田绿肥耕作制。其中，常德市 1969 年的双季稻面积占水田面积的 65%，一季稻降低至 26%；益阳市绿肥种植面积占稻田面积的 80% 左右。环洞庭湖湿地区域稻谷亩产由新中国成立初期的 200 多斤增至 1958 年的 500 多斤。第三阶段为 20 世纪 70 年代，耕作制度发展到一年三熟，[①] 逐步试验和推广多种形式的一年三熟制，"稻、稻、油"的发展较为普遍，绿肥产量提高，1 亩绿肥可肥土 1.5～2 亩旱稻。1979 年，环洞庭湖湿地区域绿肥田早稻亩产达到 667.3 斤，[②] 稻田复种指数由 20 世纪 60 年代中期的 193.8% 增至 1979 年的 254.7%。20 世纪 70 年代后期，环洞庭湖湿地区域开始了"稻、稻、肥→分区水旱轮作"的尝试。[③] 以安乡县为例，数据表明，1949～1979 年，双季稻面积及其占水田比重分别由 19.93 平方千米和 5% 增至 321.50 平方千米和 91%，一季稻面积及其占水田比重分别由 378.02 平方千米和 94.1% 降至 38.50 平方千米和 9%；绿肥面积及其占水田比重分别由 80.67 平方千米和 20.1% 增至 291.74 平方千米和 82.6%；粮食单产和复种指数分别由每亩 265 斤和 129.74% 递增至每亩 933.4 斤和 261.7%，增长率分别达到 252% 和 101%。[④] 毫无疑问，耕作制度的丰富和完善、复种指数的提高及绿肥的

---

① 根据调研数据进行整理。
② 周永和：《对洞庭湖区当前几种稻田耕作制度的评价和改制途径的看法》，《湖南农业科学》1981 年第 1 期，第 28～31 页。
③ 谭萌初：《湖南稻田耕作制度的发展》，《古今农业》1988 年第 2 期，第 36～39 页。
④ 根据湖南省水利厅和常德市农业局调研资料进行整理。

大量使用等内涵式扩大再生产方式有力地促进了农业生产的发展。但是随着农田垦殖和复种指数的提高，化肥和农药的施用强度日益增大。20世纪50年代初，环洞庭湖湿地区域开始使用化肥和农药。1952年，环洞庭湖湿地区域农药施用量平均值为每亩4克，化肥施用量平均值约为每亩5.6千克。20世纪60年代前期，化肥和农药使用适量。60年代后期，化肥和农药施用量逐渐增加。1985年，环洞庭湖湿地区域化肥施用量达到每亩74.18千克（按耕地计算），农药使用量为每亩1.36千克，区域农业污染逐渐加重。尽管20世纪70年代末期开始增加了化肥、农药的使用，但是农业生产对洞庭湖湿地水质的影响有限。

在工业经济领域，环洞庭湖湿地区域工业发展得到重视。以常德市为例，1963年后，先后建成桃源纺织印染厂、西洞庭造纸厂等生产规模较大、污染较重的企业。截至1975年，市域新增640家工业企业，1975年以后，尤其是十一届三中全会后，市域内乡镇企业发展迅速。20世纪80年代初期，市域内工矿企业共计11656家，其中，村办企业占比为67.23%，乡镇企业占比为8.66%，乡镇以上企业占比为24.11%。总的来看，20世纪80年代初期，环洞庭湖湿地区域已经形成以石化、造纸、食品、纺织、机械和建材六大行业为主导的较为完整的工业体系，这六大行业产值占区域总产值比重为90%左右。湖南省内环洞庭湖湿地区域工业形成以岳阳、常德、益阳和津市为中心，以食品、化学、石油、纺织和机械产业为支柱的区域性经济网络体系，其中，常德、津市生产的食品畅销国内外。岳阳市石化总厂、长岭炼油厂和洞庭氮肥厂的石油化工产值占区域行业总产值的86%。纺织工业遍及区域内各市县，岳阳以化纤、麻纺为主，益阳以棉麻混纺、针丝织品为主，常德以棉纺、丝织品为主；常德、益阳机械工业总产值占区域行业总产值的80%。① 在城镇建设领域，城镇化进程开始启动。20世纪50年代开始，环洞庭湖湿地区域城镇建设速度加快，区域内居民生活水平提高，居

---

① 数据来源于湖南省国土委员会办公室编写的内部资料《洞庭湖区整治开发综合考察研究报告》。

民生活方式改变，区域内生活污染逐步加重。20 世纪 80 年代初期，农村剩余劳动力进城务工经商，常德市域内城镇人口负荷增大，城镇坑厕相继改为水冲厕所，加大了污水排放量，生活污染更加突出。以常德市为例，1988 年，该市域内共计排放 3122.94 万吨生活污水，产生 3.74 万吨化学耗氧量、3.12 万吨生化需氧量。

新中国成立后至改革开放初期，环洞庭湖湿地区域典型的农业自然经济结构模式发生变化，开始向以工业为主、工农业并重、城市中心作用和依托作用得到发挥的综合发展经济模式转型。环洞庭湖湿地区域居民对洞庭湖湿地天然的自净能力的利用不再局限于早期的利用湿地净化农业生产污水和生活污水，而是扩展到工业化、城镇化发展过程中产生的污染物的净化。新中国成立后至改革开放初期，环洞庭湖湿地区域由工农业生产、生活及血防污染源造成的环境污染逐步加重。20 世纪 50 年代，环洞庭湖湿地区域形成较大的工业污染源，化肥、农药对区域水环境的污染开始出现；20 世纪 60 年代，水体污染范围扩大；20 世纪 70 年代末，部分水体因产业污染开始变劣，这个时期，工业废水对洞庭湖湿地水环境的影响相比农药等农业生产污染较大，废水污染也相对集中于石化、造纸、食品、纺织、机械和建材六大行业。① 相关研究表明，1979 年，环洞庭湖湿地区域生产规模较大的 17 家氮肥厂、造纸厂每天排放 18 万吨没有经过处理的废水，其中，南县造纸厂污染藕池河，沅江造纸厂污染万子湖，君山造纸厂污染鱼类洄游的君山。② 1981～1990 年，环洞庭湖湿地区域湖南省内三市工业废水排放量均呈增长态势。③ 1985 年，环洞庭湖湿地区域污水排放总量为 13190.8 万吨，工业污水排放占 81.2%。④ 1990 年环洞庭湖湿地区域工业污水达到 54875 万吨，相比 2005 年增长了 412%。其中，常德市域内工业污染源共计 273 个，排放污

---

① 湖南省科技咨询中心、洞庭湖区环保专题组：《洞庭湖区环境污染现状和发展趋势以及防治对策的研究》，内部资料，1986，第 18～39 页。
② 根据湖南省水利厅调研资料整理。
③ 根据湖南省环保厅调研资料整理。
④ 洞庭湖水系水环境背景值调查研究课题协调组：《洞庭湖水系水环境背景值调查研究》，内部资料，1985，第 28～30 页。

水 20539.57 万吨，化学耗氧量 7650.62 吨，铅及其无机化合物 1312 吨。

20 世纪 90 年代初期，区域经济快速发展。1991～2015 年，环洞庭湖湿地区域三次产业结构不断发展变化，由 1991 年的 42.32：33.79：23.89 演变至 2000 年的 28.45：37.19：34.36，进而演变至 2015 年的 14.53：47.74：37.73，[①] 第二产业对区域国民经济的贡献越来越大。当前，在经济总量增长较慢、工业化仍在推进的情况下，环洞庭湖湿地区域产业结构调整仍然坚持"做大做强工业"的路径依赖，而环洞庭湖湿地区域现有主导产业对洞庭湖湿地水质演变做出了一定的贡献。

工业化进程的推进，吸纳了大量农村劳动力，环洞庭湖湿地区域城乡人口结构发生改变，加之人口的增长，这些都加大了洞庭湖湿地的生态承载压力。一方面，城镇化率由 1991 年的 14.65% 增至 2015 年的 47.8%，[②] 城镇人口的增加扩大了消费需求，消费结构和生活方式也发生改变，冲厕的大量使用，减少了粪肥等农家绿肥的积制和施用的路径依赖，与此同时，环洞庭湖湿地区域粮食单产由 1991 年的每亩 344 千克增至 2015 年的每亩 507 千克，化肥和农药的高投入就成为粮食单产提高的优选路径，2014～2015 年，课题组对环洞庭湖湿地区域农业县的食物安全调研表明，户均购买化肥 5314 千克，61.07% 的农户施用有机肥，但有机肥仅用于秧苗培育和蔬果种植。其中，桃源县有 56.84% 的农户仅在秧苗培育和蔬果种植时施用有机肥；监利县比例更低，仅有 14.29% 的农户在秧苗培育和蔬果种植时施用有机肥。[③] 另一方面，城镇基础设施建设滞后，存在污水处理厂规模、排污管网不足等诸多问题，大量排放的生产、生活污水对洞庭湖湿地生态系统产生胁迫。例如，湘阴县截污管网建设滞后，造成部分污水没有处理直排；华容县河西城区日排放废水 3.9 万吨，超出县城污水处理厂 2 万

---

① 根据环洞庭湖湿地区域的市县统计年鉴数据进行整理。
② 根据环洞庭湖湿地区域的市县统计年鉴数据进行整理。1991 年的城镇化率按照非农业人口占总人口的比值确定，2015 年的城镇化率按照城市人口占常住人口的比值确定。
③ 数据来源于 2014～2015 年中国工程院、中国社会科学院在环洞庭湖湿地区域桃源、监利等县开展的"国家食物安全可持续发展战略研究"课题入户调研数据。

吨的处理能力，1.9 万吨废水也是未经处理直排；澧县新城区因县城污水处理厂规模偏小超负荷运行，加之部分生产生活污水没入管网，也存在未经处理直排的现象。①

环洞庭湖湿地区域农业结构调整也对洞庭湖湿地水生态系统产生胁迫。1991 年以来，环洞庭湖湿地区域农业产业结构发生变动。整体上来看，种植业和林业占环洞庭湖湿地区域农林牧渔业总产值的比重呈现降低态势，牧业和渔业占农林牧渔业的比重呈现增长态势。② 从个体来看，种植业占比从1991 年的 61.92% 降至 2004 年的 36.47%，又增至 2015 年的 48.79%，相比1991 年降低了约 13 个百分点；林业占比从 1991 年的 3.82% 降至 2001 年的2.29%，2004 年又增至 3.36%，其后又降低，存在多次反复升降，2015 年的林业占比为 2.87%，相比 1991 年降低了近 1 个百分点；牧业占比由 1991年的 27.43% 增至 2004 年的 46.43%，接着降至 2006 年的 36.18%，2007 年增至 40.17%，2015 年又有所降低，实现 35.69%，相比 1991 年上升了 8 个百分点；渔业占比由 1991 年的 6.84% 增至 1998 年的 10.35%，其后维持在11%~13%，2015 年渔业占比为 12.75%，相比 1991 年上升了 5.91 个百分点。由此可见，牧业继种植业成为环洞庭湖湿地区域的重要组成部分，畜牧业的发展加剧了养殖污染。

环洞庭湖湿地区域经济增长及产业结构演变导致的污染排放通过水体运动影响了洞庭湖湿地水体质量。本书分析 2015 年环洞庭湖湿地区域污染产生量。③ 2015 年，环洞庭湖湿地区域共有规模以上工业企业 4699 家，④ 区域纱、化学药品原药、氮肥、化学农药、食用植物油和机制纸及纸板的产量分

---

① 根据 2015 年湖南省人大常委会水污染防治执法检查清单数据整理。
② 数据根据环洞庭湖湿地区域市县统计年鉴数据整理，农林牧渔业总产值按照当年价格计算，由于考察的是时间序列的变化情况，因此，虽然数据没有按可比价格计算，但不影响数据结果的判断。
③ 文中未做特别说明，相关污染物排放系数来源于《第一次全国污染源普查产排系数手册》。
④ 根据相关市、区统计数据和文献数据整理，参见《市政府通报我市 2015 年"成绩单"》，《荆州日报》2016 年 1 月 28 日；湖南省统计局《湖南统计年鉴 2016》，中国统计出版社，2016，第 291~377 页。

别为 1042000 吨、108916.99 吨、526200 吨、91590 吨、4233675 吨和
2784300 吨，共计产生污水 12231.94 万吨，依据各类单位工业产品排放污
染物量计算。环洞庭湖湿地区域生活污水排放分别统计城镇生活污染排放和
农村生活污染排放。农村居民生活各类污染物排放系数依据相关文献数据确
定，统计农村居民生活污染排放和农村散养畜禽污染排放，[①] 农村生活污水
由于是分散排放，依据排放量的 10% 统计各类污染物入湖量；城镇生活污
水经过集中处理设施，依据排放量的 90% 统计各类污染物入湖量。[②] 环洞庭
湖湿地区域年生猪存栏 1475.3 万头，牛存栏 142.1 万头，各类畜禽污染物
排放系数参见相关文献。[③] 环洞庭湖湿地区域水产养殖面积为 5039.33 平
方千米，其中，塘库养殖面积为 2679.20 平方千米。[④] 塘库排污系数采用
化学含氧量每平方千米 7450 千克，总氮每平方千米 1100 千克，总磷每
平方千米 10100 千克。区域水产养殖鱼类包括草鱼、青鱼、鳙鱼、鲢鱼
等，[⑤] 以草鱼为主要水产品，据此依据第一次全国污染源普查手册相关系
数确定网围养殖排污系数。农田径流污染依据径流污染负荷公式展开，
各类污染物排放系数参见相关文献，[⑥] 入湖量按 10% 的比例计算。[⑦] 研究
表明，环洞庭湖湿地区域畜禽养殖源、生活污染源、工业污染源居化学

---

① 孟伟：《流域水污染物总量控制技术与示范》，中国环境科学出版社，2008，第 46～47 页。
② 由于研究数据缺失，城镇与农村生活污染物入湖量参照相关文献数据，参见李荣刚、夏源
　陵、吴安之、钱一声《江苏太湖地区水污染物及其向水体的排放量》，《湖泊科学》2000 年
　第 2 期，第 147～148 页。
③ 孟伟：《流域水污染物总量控制技术与示范》，中国环境科学出版社，2008，第 42～43 页。
④ 环洞庭湖湿地地区岳阳市、常德市、益阳市、荆州市水产养殖面积、库塘养殖面积和网围
　养殖面积根据 2015 年统计年鉴数据整理，望城区水产养殖面积数据来源于望城区统计局内
　部资料《望城区 2015 年上半年经济形势分析报告》。
⑤ 数据来源于湖南省畜牧水产局调研资料。
⑥ 环洞庭湖湿地地区区域农业土地利用类型来源于环洞庭湖湿地地区区域国土资源部门调研数据，其中，岳
　阳市农业土地利用类型数据来源于《岳阳市 2015 年度土地变更调查报告》；常德市农业土地利用
　类型数据来源于《常德市土地利用总体规划》；益阳市农业土地利用类型数据来源于《益阳市
　第二次土地调查》；望城区农业土地利用类型数据来源于《关于望城区第二次土地调查主
　要数据成果的公报》；荆州市农业土地利用数据来源于《荆州市统计年鉴》（2016 年）。
⑦ 钟振宇、陈灿、万斯：《洞庭湖污染状况及防治对策》，《湖南有色金属》2011 年第 4 期，
　第 64～67 页。

需氧量入湖量前三位；环洞庭湖湿地区域生活污染源总氮入湖量位列第一，畜禽养殖源和水产养殖污染源总氮入湖量继后；环洞庭湖湿地区域畜禽养殖源总磷入湖量位列第一，水产养殖污染源和生活污染源总磷入湖量继后，这与相关研究成果是相吻合的。

二　洞庭湖湿地环境功能利用、湿地资源变动及其影响

受人类活动干扰，洞庭湖湿地湿地水质发生变化。人类社会相当长一段时期内，由于环洞庭湖湿地区域农业生产处于原始农业至传统农业的发展阶段，农业生产产生的污染对洞庭湖湿地生态系统的生态胁迫十分有限，洞庭湖湿地水质几乎不受人类活动影响。新中国成立前，尽管近代工业初步发展，但由于洞庭湖湿地是典型的吞吐型湖泊湿地，换水周期短，流速较大，自净能力大，尚未突破洞庭湖湿地水环境阈值。

新中国成立后至改革开放初期，经济发展诱致的污染排放量逐渐增加，开始干扰洞庭湖湿地生态系统，但是1983～1984年的监测数据表明，洞庭湖湿地水体溶解氧平均值为每升8.5～9.7毫克，溶解氧充足；矿化度平均值为每升108～122毫克，为低矿化水；亚硝酸根和硝酸根平均值分别为每升0.001～0.03毫克和0.08～0.16毫克，硝化过程迅速且彻底；化学耗氧量平均值为每升1.54毫克，有机质含量偏低。由此可见，由于洞庭湖湿地水体流速大、更换频繁，稀释自净能力强，20天即可更新。20世纪80年代初期的洞庭湖湿地水生态环境条件良好，[①] 洞庭湖湿地水体还是可以达到地表水类Ⅰ、Ⅱ类标准，[②] 其中，水体化学需氧量为一、二级标准。[③] 1986年，洞庭湖湿地水质开始恶化，并于1988年呈现污染态势。1991年，洞庭湖湿地水质又开始好转，基本处于轻污染或清洁状态，基本维持在国家标准

① 洞庭湖水系水环境背景值调查研究课题协调组：《洞庭湖水系水环境背景值调查研究65-37-3（4-1）1》，内部资料，1985年，第26～35页。
② 湖南省科技咨询中心、洞庭湖区环保专题组：《洞庭湖区环境污染现状和发展趋势以及防治对策的研究》，内部资料，1986，第18～39页。
③ 湖南省科技咨询中心、洞庭湖区环保专题组：《洞庭湖区环境污染现状和发展趋势以及防治对策的研究》，内部资料，1986，第18～39页。

Ⅰ级至Ⅱ级,① 即使到了1997年,洞庭湖湿地水质基本良好。② 1999年,由于总磷的严重超标,洞庭湖湿地水质再次处于严重污染状态。2001年,洞庭湖湿地水质污染程度降低,处于轻污染状态。2004年,洞庭湖湿地水质污染再一次加重。由此可见,1986~2004年,洞庭湖湿地水质污染呈现"升→降→升→降→升"的波动发展态势。

2006~2010年,洞庭湖湿地水质整体为优,10个断面达到或优于Ⅲ类水质标准,但是水质中总氮、总磷营养指标污染较重,其中,所有断面总磷浓度劣于Ⅲ类水质。③ 与此同时,2009~2010年调查数据表明,底泥中铬、镉、铅、砷和镍含量处于临界效应浓度(TEL)和可能效应浓度(PEL)之间,生态风险凸显;枯水期,洞庭湖湿地底泥中镉、铅、砷和镍的平均浓度低于PEL、高于TEL。数据表明,洞庭湖湿地不同区域污染程度存在差异。

2011~2016年,洞庭湖湿地不同水质类别面积是动态变化的。2011~2015年,Ⅲ类湿地水质面积是减少的,Ⅴ类水质面积是增加的,尽管2016年Ⅴ类水质面积占比由2015年的72.7%降至2016年的16.7%,洞庭湖湿地水质有所改善,Ⅴ类水质面积比例下降63.63%,Ⅳ类水质面积比例上升63.63%,但是环洞庭湖湿地区域出现了集中式饮用水水源地水质超标情况,以益阳市龙山港为例,龙山港断面全年锑超标6次。④

洞庭湖湿地历年水质类别占比数据反映了洞庭湖湿地水质演变态势,

---

① 卜跃先、陆强国、谭建强:《洞庭湖水质污染状况与综合评价》,《人民长江》1997年第2期,第40~48页。

② 卜跃先:《洞庭湖水质指标及其时空分布特征的统计分析》,《环境污染与防治》1991年第3期,第1~4页。

③ 钟振宇、陈灿:《洞庭湖水质及富营养状态评价》,《环境科学与管理》2011年第7期,第169~173页。

④ 2011年数据来源于湖南省环保厅调研资料,2012~2016年数据根据相关年度环境保护工作年度报告进行整理,参见《2012年度湖南省环境状况公报——湖南省环境保护厅》,《湖南日报》2013年6月6日;《湖南省2013年环境保护工作年度报告——湖南省环境保护厅》,《湖南日报》2014年2月13日;《湖南省2014年环境保护工作年度报告——湖南省环境保护厅》,《湖南日报》2015年2月5日;《湖南省2015年环境保护工作年度报告——湖南省环境保护厅》,《湖南日报》2016年1月20日;《湖南省2016年环境保护工作年度报告——湖南省环境保护厅》,《湖南日报》2017年1月20日。

从整体来看，1986～2016 年，洞庭湖湿地Ⅰ～Ⅲ类水质呈现显著降低态势，[①] 1986～1990 年以Ⅰ～Ⅲ类水质为主演变为 2012～2016 年以Ⅳ类水质为主。

本书对 2015 年洞庭湖湿地生态系统受污染后造成的损失进行货币计量，具体分析居民身体健康损失、工业损失与生活用水损失。水生态系统污染对环洞庭湖湿地区域居民身体健康造成的损失采用人力资本法（见公式 3.1）。

$$S_p = \Big[P_p \times \sum (T_i \times L_i) + \sum (Y_i \times L_i) + P_p \times \sum (H_i \times L_i) \\ + P_p \times \sum (W_i \times L_{0i}) \Big] \times M \tag{3.1}$$

公式 3.1 中，M、P_p 和 S_p 分别指洞庭湖湿地水生态系统污染区人口数、人力资本和居民身体健康损失，T_i 为洞庭湖湿地水生态污染导致的 i 种疾病患者丧失的劳动时间，Y_i、W_i 和 H_i 分别指 i 种疾病患者医疗花费、死亡导致的工作年损失和陪护人员误工费，L_i 和 L_{0i} 分别指污染区与清洁区的 i 种疾病发病率差值以及 i 种疾病死亡率的差值。鉴于缺少环洞庭湖湿地区域受水生态系统污染影响的人口数及有关疾病的发病率等统计资料，本书将未能得到自来水供给的人口视为受水生态系统污染影响的人口，以乡村人口为主。截至 2015 年，岳阳市农村自来水普及率为 76.6%，益阳市农村自来水普及率为 76.5%，常德市农村自来水普及率为 75%，望城区农村自来水普及率为 70%，[②] 据此倒推受污染人口比例，基于受污染人口主要集中于乡村，人力资本则以农民人均纯收入表示。经计算，得到环洞庭湖湿地区域水生态系统污染造成的人体健康损失状况（见表 3-3）。数据表明，水生态系统污染造成居民健康损失呈现递增态势。

① 熊剑、喻方琴、田琪、黄代中、李利强：《近 30 年来洞庭湖水质营养状况演变特征分析》，《湖泊科学》2016 年第 6 期，第 1217～1225 页。

② 参见王颖奇《我市农村自来水普及率将达 80% 以上》，《岳阳日报》2016 年 3 月 2 日；《益阳市 300 多万农民喝上放心水》，《湖南日报》2016 年 6 月 14 日；《40 亿大兴水利》，《湖南日报》2014 年 10 月 13 日；《长沙全面推进农村自来水普及工程建设》，《长沙晚报》2016 年 11 月 24 日。

表 3 - 3　2010～2015 年洞庭湖湿地生态系统污染造成的居民身体健康损失

年份	农村人口（万人）					人力资本（元/人）					人体健康损失（亿元）
	常德	益阳	岳阳	荆州	望城	常德	益阳	岳阳	荆州	望城	
2010	349.33	259.08	295.65	286.15	28.19	5635	5617	5988	6453	11178	153
2011	343.38	254.11	286.28	274.76	27.66	6663	6773	7070	7664	13723	177
2012	328.61	251.21	280.02	265.95	26.66	8597	7958	8326	8710	16495	209
2013	322.84	247.89	273.4	261.08	26.08	9629	10129	9930	9909	21462	243
2014	315.50	242.58	266.93	254.63	25.08	10737	11719	11062	12625	23632	271
2015	306.26	242.55	258.9	244.78	24.10	11744	12344	12091	13728	25623	286

注：本节分析的地理空间为环洞庭湖湿地区域常德、益阳、岳阳、荆州四市和望城区。下同。

洞庭湖湿地水污染损失成本计算见公式 3.2。[①]

$$W_I = Q_I \times P_I \qquad\qquad (3.2)$$

公式 3.2 中，W_I 指污水使用造成的工业损失，Q_I 指工业用水量，P_I 指受污染的地表水处理成本，工业污水处理成本按每吨 0.8 元的单价计算。[②] 经计算，得到环洞庭湖湿地区域水生态系统污染造成的工业用水损失状况（见表 3 - 4）。数据表明，历史时期环洞庭湖湿地区域水生态系统污染造成的工业损失呈现倒"U"形曲线，工业损失减少，说明工业用水效率在提高。

---

① 水生态系统污染对环洞庭湖湿地区域工业造成的损失是指水质不达标导致工业品质量下降所造成的损失，由于该损失可以通过水处理措施防治，故采用防护费用法计算。鉴于采集的地下水作为工业用水造成的品质影响不显著，本书只考虑分析地表水使用对工业造成的损失。本书假设工业用水受到污染且为劣 V 类，要经二级处理才能成为达到相当于 IV 类水质的工业用水，以工业用水量为基数计算其处理成本即得到水污染造成的工业损失。参见李红莉《十年经济发展对环境空气和地表水体质量的影响》，博士学位论文，山东大学，2008，第 84～87 页；杨丹辉、李红莉《基于损害和成本的环境污染损失核算——以山东省为例》，《中国工业经济》2010 年第 7 期，第 125～135 页。

② 冒蔑：《污水处理高成本如何破解——生态湿地处理污水开创节约新模式》，《湖南日报》2014 年 8 月 25 日。

表 3 - 4　2010~2015 年洞庭湖湿地生态系统污染造成的工业用水损失

单位：亿立方米，亿元

年份	2010	2011	2012	2013	2014	2015
工业用水量	36.17	41.15	41.49	37.24	33.31	37.05
水处理成本	28.94	32.92	33.19	29.79	26.65	29.64

水生态系统污染对环洞庭湖湿地区域生活用水造成的损失是指水生态系统受到污染，导致水质下降，进而难以满足生活用水需求，这将提高净化成本。则计算公式为：[①]

$$W_W = Q_W \times P_W \tag{3.3}$$

公式 3.3 中，W_W 指污水使用造成的生活用水损失，Q_W 指生活用水量，P_W 指每吨生活用水的水质净化和处理成本。[②] 生活用水增加水质净化处理成本，参照居民污水处理成本每吨 0.85 元的单价计算。[③] 经计算，得到环洞庭湖湿地区域水生态系统污染造成的工业用水损失状况（见表3-5）。数据表明，历史时期环洞庭湖湿地区域水生态系统污染造成的生活用水损失呈现"U"形曲线，生活用水损失先减少后增加。[④]

表 3 - 5　2010~2015 年洞庭湖湿地生态系统污染造成的生活用水损失

单位：亿立方米，亿元

年份	2010	2011	2012	2013	2014	2015
生活用水量	10.81	10.3	10.38	10.56	11.3	11.59
水处理成本	9.19	8.76	8.82	8.98	9.61	9.85

---

① 依据生活用水量与每吨水净化和处理成本计算。参见李红莉《十年经济发展对环境空气和地表水体质量的影响》，博士学位论文，山东大学，2008，第 84~87 页。

② 杨丹辉、李红莉：《基于损害和成本的环境污染损失核算——以山东省为例》，《中国工业经济》2010 年第 7 期，第 125~135 页。

③ 依据湖南省发改委文件《关于全省设市城市建立阶梯水价制度和污水处理费调整情况工作进度的第二期通报》（湘发改价商〔2015〕981 号）数据确定。

④ 人均生活用水量依据 2010~2015 年湖北省水文水资源局、湖南省水文水资源勘测局内部资料整理获得。

已有研究表明，1985 年，环洞庭湖湿地区域环境污染造成的经济损失为 3.26 亿元，[①] 而当前洞庭湖湿地生态系统污染造成损失要远远高于 1985 年的经济损失。研究数据也表明，历史时期洞庭湖湿地生态系统污染造成的各类损失存在差异，工业用水损失得到缓解，但是水生态系统污染造成的居民健康损失和生活用水损失呈现增长态势。事实上，环洞庭湖湿地区域居民对洞庭湖湿地环境功能利用强度的持续增大，使洞庭湖湿地水质型缺水的程度和范围不断增加。[②] 因数据缺失以及内在复杂的机理，本书没有分析污水灌溉农田造成的农作物损失，但是相关研究表明，洞庭湖湿地腹地沅江市周边区域的耕地中，重金属镉、铬、汞、铜、铅均有不同程度的富集，[③] 环洞庭湖湿地区域内华容、君山等县市（区）的莲藕中呈现不同水平的重金属污染，综合污染指数高，食用风险已经显现。虽然环洞庭湖湿地区域尚未发现镉慢性中毒流行病，但大米镉超标也是事实，不抓紧治理农田土壤镉累积问题，稻米就会成为有"杀机"的"镉米"。

第五节　洞庭湖湿地生态利用

一　洞庭湖湿地生态利用与经济发展

洞庭湖湿地资源不仅是重要的生态资源，具有显著的环境功能和丰富的生态效益，还为人类社会发展供给水资源等多类直接利用的资源，显然，洞庭湖湿地资源是复合的资源系统。随着社会的发展，洞庭湖湿地资源类型结构和特征、资源数量和质量相应发生演变，洞庭湖湿地生态环境的相关问题不同程度地显现。洞庭湖湿地生态利用渐入研究者视野，要求凸显洞庭湖湿

---

① 湖南省科技咨询中心、洞庭湖区环保专题组：《洞庭湖区环境污染现状和发展趋势以及防治对策的研究》，内部资料，1986，第 56 ~ 58 页。

② 黄梅、言迎、罗军：《基于生态保护的洞庭湖湿地生态需水量研究》，《湖南农业大学学报》（自然科学版）2009 年第 6 期，第 684 ~ 688 页。

③ 易凌霄、曾清如：《洞庭湖区土壤重金属污染现状及防治对策》，《土壤通报》2015 年第 6 期，第 1509 ~ 1513 页。

地生态利用在环洞庭湖湿地区域经济社会发展过程中重要的地位。不必讳言，当前科学界、政界和企业界等各界人士基于不同视角，对洞庭湖湿地生态利用有多种认识，既有赞成，也有质疑，洞庭湖湿地生态利用科学内涵尚未形成共识。本书认为，李周关于"生态利用"科学内涵的认识具有科学性和代表性，可以为本书所研究借鉴。[①]　本书认为，洞庭湖湿地生态利用应具有三个层次的含义。第一，洞庭湖湿地自身的生态利用。一方面，被利用的洞庭湖湿地处于稳态，该状态下的洞庭湖湿地稳定性会有不同程度的量变，但量变没有引起质变，进而产生生态灾难；另一方面，洞庭湖湿地利用内容有复合性、兼容性，多种利用形态有机共存。第二，洞庭湖湿地生态利用必须满足居民最基本的生存性需求和发展性需求，既要解决因洞庭湖湿地利用诱发的部分人的生存性需求未能得到满足的问题，又要实现洞庭湖湿地利用与区域发展的整合，使洞庭湖湿地的实物产出或投入与其诱致的其他产业的损失或收益实现边际平衡。第三，旨在改进生活质量的生态利用。改进生活质量的洞庭湖湿地生态利用是满足居民享乐性需求。不可否认，在居民生存性需求和发展性需求尚未得到解决之前，追求享乐性需求供给是过于理想化，但在满足居民休憩的旅游区，改进生活质量的生态利用是具有指导意义的，也是可行的。此外，发达国家和国内发达地区经济增长过程中生态环境质量库兹涅茨曲线的演递规律警示，生态利用符合人与自然和谐是历史必然。

洞庭湖湿地生态利用经历了朦胧的生态利用、征服自然观念影响下的生态利用、人与自然和谐相处观念引导下的洞庭湖湿地生态利用和国家专项战略下的洞庭湖湿地生态利用四个阶段。

（一）朦胧的生态利用

尽管本书基于现代文明发展中人口资源、环境与发展的困境提出洞庭湖湿地生态利用的经济学设想，但是人类社会早期，环洞庭湖湿地区域的湿地

---

① 李周：《论森林"生态利用"的含义和操作手段》，《林业经济》1990年第4期，第1～5页。

资源利用就已存在生态思想萌芽。环洞庭湖湿地区域居民在洲滩围垦发展湖田，在稻田中开挖沟塘，发展"鱼稻"共生系统经营模式，这种模式涉及湿地土壤选择、共生物品利用等诸多方面，提高了洞庭湖湿地水资源截留、蓄养能力，又恰当地实施能量和物质的循环利用，展现了洞庭湖湿地生态利用智慧。近代以来，鉴于人水争地，湖南省水利委员会依据国民政府颁布的《整理江湖沿岸农田水利办法大纲》，划定洞庭湖湿地边界，树立保护标志，修筑保护性干堤，防治农民开垦。客观地说，很长一段时期的生态利用充分表明，人类关注的是洞庭湖湿地的经济价值，而适度的经济利用并没有危害洞庭湖湿地生态系统的生命力、生态功能的发挥及生态系统的自我调节，以及维系洞庭湖湿地生产能力以适应环洞庭湖湿地区域居民对湿地产品和生态功能效益经常变化的需求。

（二）征服自然观念影响下的生态利用

在围湖造田解决人口粮食需求的态势下，环洞庭湖湿地区域出台了多个加强洞庭湖湿地治理的政策和办法，如《长江流域综合利用规则要点报告》《洞庭湖生态经济区水利建设规划》等，加强了水利建设和水土保持治理。以常德市为例，1951～1978年，常德市水土保持治理面积呈现增长态势，1978年常德市水土保持治理面积达到387.9平方千米，占水土流失面积比重的39.98%，较1951年增长了158.92%。

20世纪80年代初期，鉴于人水争地日趋严峻、环境质量日益下降的生态形势，环洞庭湖湿地区域湖南省内出台《湖南省洞庭湖区水利管理条例》，禁止继续围湖造田，保留相应面积的预备调蓄区，相继出台《湖南省环境保护暂行条例》《湖南省环境保护条例》等，对围湖造田、生产生活废弃物排放行为给予禁止性规定。"兴林灭螺"和发展生态农业成为环洞庭湖湿地区域生态利用重要表现形式，即环洞庭湖湿地区域借助森林工程，实施林地翻耕和间种、林地清沟沥水等营林活动，以改变钉螺滋生环境，进而降低钉螺密度，减少了人畜感染风险。环洞庭湖湿地区域借助生态农业的发展，优化农业生产方式，提高洞庭湖湿地生态利用效率。以常德市和望城区为例，常德市发展多类生态农业模式，汉寿县利用低湖田建立稻、鱼、林结合型农业，安乡县建立以沼气为纽带的猪、鱼结合型农业，澧县建立以粮为主、小鱼塘和小橘园结合型农业。截至1988年末，常德市域内建成1个生态县、100个生态村组和1000多户生态户，① 桃源县被定为湖南省"生态县"。望城区成为全国沼气建设重点县，截至1988年底，望城县建设5处沼气发电站、6122个沼气池，当年节约7100吨标煤，提供4.6万吨优质有机肥，② 望城区黄金乡发展"稻、萍、鱼"生态农业系统。与此同时，环洞庭湖湿地区域出现了实质性的环境保护行动，大幅提升环境保护投资。20世纪80年代，环洞庭湖湿地区域环保投资年均增长11.2%，占当年地区生产总值的0.3%，环境保护效益得到提升。以常德市为例，20世纪60年代，常德市开始污染治理。1975年，成立环境保护机构，统筹安排污染治理项目。1980年，常德市开始对市域内排放污染的单位征收排污费。1986年，常德市建成市域内第一座垃圾焚烧炉，对城镇生活垃圾进行焚烧处理。截至1988年末，常德市累计征收2841.12万元，对300多个单位给予累计7110万元的污染源治理补助，③ 累计投资5574.85万元，建成投产856个污染治理项目，其中，废水治理投资占比和废水治理项目总体上呈增长态势，累计处理38963万吨废水。④ 环洞庭湖湿地区域逐步开展自然保护区建设、保护工作。1982年，在石门县设立壶瓶山省级自然保护区。⑤ 总的来看，被动应对生态胁迫是主流，诸如水土保持治理、环境保护、自然保护区建设等生态利用都具有较强的功利主义色彩。

（三）人与自然和谐相处观念引导下的洞庭湖湿地生态利用

进入20世纪90年代，尤其是受20世纪90年代末期长江特大洪灾影响，环洞庭湖湿地区域生态利用方针有了根本性的改变，一方面推动"与

①　粟爱国：《常德地区志·环境保护志》，中国科学技术出版社，1993，第59~61页。
②　长沙市统计局：《长沙四十年1949~1989》，内部资料，1989，第175~185页。
③　粟爱国：《常德地区志·环境保护志》，中国科学技术出版社，1993，第144~145页。
④　粟爱国：《常德地区志·环境保护志》，中国科学技术出版社，1993，第62~63页。
⑤　邓三龙：《保护美丽湿地建设绿色湖南》，《湖南日报》2014年2月2日。

湖争地"向"退田还湖"转变，另一方面推动生态保护区域协同，为此环洞庭湖湿地区域湖南省内编制了《湖南省洞庭湖 4350 工程总体规划报告》。这段时期，湖南省相继出台《湖南省生态环境建设规划》等相关政策办法，环洞庭湖湿地区域在已有的生态农业发展基础上，进一步推动适应环洞庭湖湿地区域的生态农业模式，采取有效措施对重点水源涵养区、水土保持重点预防区及自然保护区等生态功能区开展控制性保护，积极开展洞庭湖水系鱼类等水生生物资源人工增殖放流，增殖放流物种包括"四大家鱼"、胭脂鱼、大鲵、银鱼、背瘤丽蚌等。

在中央《关于加强重点湖泊水环境保护工作的意见》等生态红利释放制度指导下，环洞庭湖湿地区域强化了区域整体功能规划、专项治理和生态补偿政策试点工作。例如，2006 年环洞庭湖湿地区域湖南省内展开造纸企业污染整治，涉及 21 个县（市、区），停产 234 家造纸企业。环洞庭湖湿地区域造纸污染治理过程中，区域协同，实现了重化工业的产业升级。[①] 截至 2014 年，环洞庭湖湿地区域湖南省内常德市、益阳市和岳阳市工业废水达标率相比 1991 年分别提高了 297.55%、160.63% 和 154.45%；工业废水排放量相比 2006 年分别降低了 5.1%、48.73% 和 39.22%，相比 1991 年分别降低了 62.22%、34.52% 和 37.57%。毫无疑问，人类对洞庭湖湿地的认识发生新的飞跃，认识到洞庭湖湿地是个极其复杂的生态系统，对维护不同尺度区域的生态平衡、改善区域生态环境质量起着极其重要的作用，人类对洞庭湖湿地的认识从经济利用发展观转变为维系生态平衡。

（四）国家专项战略下的洞庭湖湿地生态利用

2014 年 5 月，《国务院关于洞庭湖生态经济区规划的批复》将环洞庭湖湿地区域可持续发展纳入国家发展战略，洞庭湖湿地生态利用主动适应生态文明建设，从各个层面全面展开。一是全面推动环洞庭湖湿地区域产业生态化改造，以农业生产为例，环洞庭湖湿地区域推动生态种养，在低洼稻田全

---

① 根据湖南省环保厅内部资料整理。

面推行"鱼稻"共生，并套养小龙虾，仅南县稻田套养小龙虾的水稻面积超过了 10 万亩。① 二是强化环境保护。2016 年 3 月，湖南省用两年时间在环洞庭湖湿地区域推动河湖沿岸垃圾清理等五大专项行动。推动实施"清水""活水""蓄水"三水合一。科学划定畜禽养殖禁养区，推动建设 20 个养殖废弃物集中利用和无害化处理工程。建立工业污染源数据库，规范管理工业污染数据。2016 年 9 月，环洞庭湖湿地区域 18 个县市区开展洞庭湖"清湖行动"，打击机械吸螺、拖网捕捞等非法捕捞行为，保护渔业资源。截至 2016 年，环洞庭湖湿地区域建立 14 个水生生物保护区。三是加强生态建设。2014 年，在荆州市洪湖市、监利县设立洪湖国家级湿地自然保护区。截至 2016 年，环洞庭湖湿地区域各类公园及保护区累计有 63 个。② 当前，环洞庭湖湿地区域着力完善洞庭湖湿地保护体系，探索水生态保护和水污染防治综合防控体系，开展湿地生态修复，探索、尝试政府与社会资本合作（PPP）、建设—经营—转让（BOT）等多元生态环保基础设施建设模式，全力构建政府主导、部门协调、社会参与、社区公众监督的洞庭湖湿地生态环境保护新格局。洞庭湖湿地生态利用日益得到重视，洞庭湖湿地再生能力成为关注焦点。洞庭湖湿地生产内涵丰富，实质就是湿地的物质生产，当人类不断深入了解洞庭湖湿地生态系统功能，洞庭湖湿地的生产性功能内涵和外延不断扩大，由单一的湿地生物资源生产转向湿地水资源利用、水质净化及系统的生态服务功能的全面发展。洞庭湖湿地生态利用日益得到重视反映了后工业社会人类需求变化，后工业社会自我实现、自我发展需求取代了依赖物质资源获取来维系生存的需求，伴随人类需求根本性变化，洞庭湖湿地的非物质利用必然产生，进而减少洞庭湖湿地物质输出。

二 洞庭湖湿地生态利用、湿地资源变动及其影响

不同时期、不同方式的洞庭湖湿地生态利用有助于洞庭湖湿地水面、水

---

① 张尚武：《一湖清水养好鱼》，《湖南日报》2016 年 8 月 2 日。
② 根据湖南省建设厅、湖南省农委林业管理部门调研数据进行整理，荆州市数据来源于荆州市档案馆。

质及生物多样性等各类湿地资源属性得到不同程度的改善，催生了综合效益。产业生态化改造推动了环洞庭湖湿地区域发展动力转换，打造的高附加值化、有机生态化的绿色产业增加了社区居民的货币财富。以南县稻田套养小龙虾的水稻种植模式为例，该农业生产模式实现农户年均增收 4000 元以上，农户货币财富的增加有助于降低农户破坏湿地生态以满足生存和发展需求的边际选择和路径依赖。环境保护的有力推动实现了洞庭湖湿地生态资本存量非减性甚至增值。以洞庭湖湿地退田还湖工程为例，该工程实施以来，洞庭湖湿地面积增加了 1390.84 平方千米，蓄洪容积增加了 79.91 亿立方米，[①] 退田还湖区水质指标逐渐接近天然水体，湿地生态由生态结构混乱期过渡至稳定的湿地生态生物群落期，形成新的野生湿地生物种群结构，[②] 鲤鱼、鲫鱼产卵场面积有所增加，退田还湖的生态经济效益显著。相关研究认为，环洞庭湖湿地区域退田还湖的 12 个垸区生态经济效益达到 69.02 亿元，退田还湖后产生的生态服务价值增加 56.13 亿元。[③] 人工增殖放流在洞庭湖湿地生态资源的保护中也发挥了积极的作用。环境保护给自然生态和人类健康的可持续性都带来正面效应，2007 年造纸污染之后，环洞庭湖湿地区域受造纸企业生产废水污染的部分水域水质由污染整治之前的Ⅴ类、劣Ⅴ类上升至Ⅲ类，有助于改善地表和地下水环境，对于降低因水生态污染而诱致的社区居民患病率是存在贡献的。环洞庭湖湿地区域湿地公园、自然保护区和森林公园的建设，促进了生态资本的有效积累，对遏制经济发展过程中洞庭湖湿地生态胁迫不断增加进而制约环洞庭湖湿地区域经济社会进一步发展的态势中有重要贡献，这些生态资本的运营坚持了绿色的价值导向，提高了社区居民的收入，提升了福利水平，缓解了对生态系统的压力，既符合生态资本稀缺模式下的人与自然关系重新界定的需要，也满足了人类享受型需求。

---

① 庄大昌、欧维新、丁登山：《洞庭湖湿地退田还湖的生态经济效益研究》，《自然资源学报》2003 年第 5 期，第 536~542 页。

② 姜家虎等：《洞庭湖与古云梦泽的演变及荆湘水文化》，长江出版社，2015，第 369~371 页。

③ 庄大昌、欧维新、丁登山：《洞庭湖湿地退田还湖的生态经济效益研究》，《自然资源学报》2003 年第 5 期，第 536~542 页。

总的来说，洞庭湖湿地生态利用也能创造 GDP，而且更具有长久"生命力"。

第六节　结论与进一步探讨

一　经济发展过程中洞庭湖湿地利用内容日趋丰富

经济发展过程中，湖泊湿地利用存在食品利用、水资源利用、围垦利用、环境功能利用和生态利用等多种利用形态。除此之外，环洞庭湖湿地区域居民还利用洞庭湖湿地开阔的水域发展航运，比较而言，这类利用形态相对简单。历史时期洞庭湖湿地食品利用、水资源利用、围垦利用、环境功能利用和生态利用形态相比其他利用方式，更加明显地影响洞庭湖湿地生态系统，因此本书将这些利用形态纳入考察视野。本书基于发展经济学视角考察洞庭湖湿地利用，认为不同利用形态在利用方式、利用目标、利用生态资源类型、利用特征、影响方式和资源变动特征存在差异（见表 3－6）。

表 3－6　洞庭湖湿地不同利用形态比较

利用类型	食品利用	水资源利用	围垦利用	环境功能利用	生态利用
利用方式	采集生物资源	获取水资源进行产业发展民生改善	围垦湿地水面，将湿地水域转化为土地资源，用于产业发展	利用湿地水体净化功能，净化生产、生活产生的废弃物	环境保护、退耕还湿、湿地公园、自然保护区和森林公园建设等
利用目标	获取维系生存与发展的生物资源	获取维系生存与发展的水资源	获取维系生存与发展的物资资源	降低增长压力，转移发展成本	降低生态风险；综合、系统的利用湿地生态系统服务功能
利用生态资源类型	生物资源	水资源	湿地土壤资源	水环境净化功能	湿地生态系统
利用特征	依附式	依附式	改造式	掠夺式	可持续性

续表

利用类型	食品利用	水资源利用	围垦利用	环境功能利用	生态利用
影响方式	掠夺性利用湿地生物资源,对生物资源存量构成威胁,对湿地生物多样性构成胁迫	掠夺性利用水资源,对水资源存量构成威胁,对湿地生物多样性构成胁迫	侵占湿地水面,湿地面积递减,威胁生态功能	人类活动污染湿地,降低湿地资源质量,危及湿地生物多样性,甚至对人类健康产生胁迫	减缓甚至扭转湿地受损态势,维系洞庭湖湿地生态系统稳定甚至改善生态系统,增加生态资源存量
资源变动特征	生物资源数量发生改变;特定时空内,生态阈值范围内,生物资源具有可再生性	水资源数量发生改变;特定时空内,不破坏生态阈值的前提下,水资源具有可再生性	改变了资源属性和资源存量,洞庭湖湿地面积减少	改变了水资源质量,洞庭湖湿地水质发生演变	生态系统稳定性高,资源可更新,生物多样性逐步得到恢复

资料来源:邝奕轩:《对新型城镇化建设中的湿地保护制度创新的探讨》,《环境保护》2015 年第 12 期,第 40~43 页。

食品利用是满足环洞庭湖湿地区域居民在人类特定时期生存和发展需求的生物资源需求。在人类社会历史早期,对环洞庭湖湿地区域先民生命延续起到关键作用,在农业生产逐渐发展起来后,乃至现代,洞庭湖湿地食品利用依然显现了生命力。水资源利用为环洞庭湖湿地区域居民生活、生产提供便利,是水稻生产在该区域存在和发展的关键要素。在人类社会发展到较高阶段后,水资源利用方式日趋丰富,不仅包含了人类生活、生产用水需求,生态需水也提上日程。环洞庭湖湿地区域人口持续增长,增加了粮食的需求,单靠自然界供给生存和发展需求物质已不现实,粮食供需缺口成为环洞庭湖湿地区域居民首要解决的发展问题,生产工具的改进、生产技术的提高使洞庭湖湿地围垦利用成为可能,围垦洞庭湖湿地、增加农业耕作土壤就成为必然。食品利用、水资源利用和围垦利用均是获取满足人类特定时期发展需要的物质资源,其实质都是洞庭湖湿地资源利用,差别在于前两种方式是依附式利用,影响资源数量,只要生态扰动在阈值范围内,资源可再生成为可能;而后者是改造式利用,资源属性和特征发展根本改变。环境功能利用则是湖泊湿地所在流域或周边区域借助水体降解人类生活和生产排放污染物的环境净化功能，虽然污染排放者将部分增长成本外部化、降低了自身发展压力，但对改变湿地水生态系统质量水平起着推动作用。这种行为产生的影响一旦超越湿地水生态系统的承载阈值，即使洞庭湖湿地水体总量大、净化能力强，也将破坏原有湿地生态系统。毫无疑问，食品利用、水资源利用、围垦利用和环境功能利用不受任何节制，均会影响洞庭湖湿地生态平衡，危及生物多样性，对湿地生态功能的维系产生胁迫。生态利用使洞庭湖湿地生态系统的稳定性和湿地资源可更新程度均能获得较高水平，符合可持续发展理念。

二　经济发展过程中洞庭湖湿地资源的动态平衡

对于环洞庭湖湿地区域，可持续发展的前提是发展。因此，洞庭湖湿地资源的动态平衡有其科学内涵和外延。一是洞庭湖湿地资源动态平衡目标是实现人类对生存和发展所需资源的持续供需平衡，而食物供需平衡是关键内容。因此，尽管历史时期洞庭湖湿地某些利用方式对洞庭湖湿地资源和生态系统造成胁迫，但不能否认其给环洞庭湖湿地区域居民带来的福利，比如食品利用和围垦利用，历史时期对生物资源的采集造成了生物种群的衰退，但确保了种族的延续。在生产工具革新和生产技术水平提高的背景下，环洞庭湖湿地区域居民对湿地土壤的围垦利用虽然降低了对生物资源的攫取利用强度，但对湿地水面缩减是有影响的，同时是破解人口快速增长和生物资源存量快速递减矛盾的优选路径，也避免了洞庭湖湿地生态系统的崩溃。事实上，资源禀赋再丰富的区域，倘若不改进利用方式，仅依赖提高资源价格、采取迁徙措施，抑或兼而有之，资源衰败态势不会改变。二是洞庭湖湿地资源动态平衡建立在区域平衡基础之上。洞庭湖湿地资源动态平衡，应充分考虑湿地资源时空配置的全局性，基于不同经济发展阶段必然体现出不同的平衡要求。以环洞庭湖湿地区域"兴林灭螺"工程为例，20世纪70年代以来，环洞庭湖湿地区域外洲易感染地带开展的"兴林灭螺"工程建设有效地降低了活螺率、钉螺感染率和感染性钉螺密度，进而降低了血吸虫疫病发生风险。当然，由于杨树等速生林种植带来比较利益，环洞庭湖湿地区域各类利益主体竞相扩大杨树种植规模，甚至在洲滩上开沟抬垄，破坏了原有水、鱼、草循环的洞庭湖湿地生态。对这个问题应辩证认识。在环洞庭湖湿地区域生态功能区划的基础上，科学规划杨树种植区域和种植规模，是可以实现杨树种植的生态效益和经济效益双赢的，毕竟当前环洞庭湖湿地区域相当部分县（市区）属于典型农区，财力薄弱，需要增加货币的原始积累，区域条件适宜，科学规划，合理有序开展"兴林灭螺"工程，在应对血吸虫疫病的同时，改善县域发展困境，这也是帕累托改进。三是用历史的眼光来认识洞庭湖湿地资源动态平衡。洞庭湖湿地资源的动态平衡符合可持续发展观，但不是一蹴而就的，而是受限于特定历史环境和条件。洞庭湖湿地生态利用对维系湿地生态系统稳定是有贡献的，但在人类社会早期及相当长一段时期，环洞庭湖湿地区域居民首要问题是解决如何生存和发展的问题，因此，这个时期的生态利用更多的是考虑其经济效益，具有极强的功利主义色彩，只有当环洞庭湖湿地区域进入经济发展的较高阶段，洞庭湖湿地生态系统可持续性才逐渐成为焦点，生态生产才成为可能。四是洞庭湖湿地资源动态平衡是质的平衡。洞庭湖湿地资源的价值体现在质上，仅有量的平衡不是洞庭湖湿地资源动态平衡的本义，在实现洞庭湖湿地资源总量动态平衡前提下，应着力提高洞庭湖湿地资源的质量，使湿地生态产出效率保持合理的水平并有所提高，因此，有些洞庭湖湿地利用方式务必调整。以洞庭湖湿地环境功能利用为例，洞庭湖湿地有巨大的自我平衡能力，环洞庭湖湿地区域利用洞庭湖湿地水体的自净能力，将经济发展过程中的成本外部化，尽管由此而产生的污染不超过阈值，但是一些污染物基于生态链进入人体，进而危害人体健康。因此，洞庭湖湿地资源总量动态平衡的实现，还应确保湿地资源的质量保持一定水平甚至有所提高。

三 经济发展过程中洞庭湖湿地利用结构存在演替

考察环洞庭湖湿地区域居民对洞庭湖湿地资源利用历史，基于发展经济学视角，本书得出以下结论。一是特定经济发展阶段，存在起主导作用的洞庭湖湿地资源利用形态。经济发展过程中不同阶段，存在一类甚至多类利用形态，不同类型的洞庭湖湿地利用诱致洞庭湖湿地各类资源属性产生相应变化，人与自然之间必然存在诸多矛盾。《矛盾论》指出："在复杂的事物发展过程中，有许多矛盾存在，其中必有一种是主要的矛盾，由它的存在和发展规定或影响其他矛盾的存在和发展。"[①] 因此，不同发展阶段必然存在对洞庭湖湿地生态系统起主要作用的利用形态。二是经济发展过程中，存在不同利用形态演替。基于利用形态对洞庭湖湿地生态胁迫程度可以判断，近现代以来，洞庭湖湿地利用结构演变主要展现为"围垦利用→环境功能利用→生态利用"的历史演进。[②] 三是不同历史时期起主导作用的利用形态诱致洞庭湖湿地资源利用结构变迁。资源利用结构发生变动，隐含经济发展要素，不是环洞庭湖湿地区域居民刻意追求某种需求，而是环洞庭湖湿地区域居民基于比较优势做出的理性选择，是特定历史条件下的产物，是"人欲无穷"与"资源有限"这个基本矛盾运动派生的经济规律。[③] 经济发展过程中，洞庭湖湿地各类资源存在数量乃至质量降低态势，但伴随人类社会发展和技术不断进步，洞庭湖湿地资源趋于恶化的态势是可以扭转的，甚至展现新的竞争优势。在这个过程中，洞庭湖湿地资源的利用效率会得到提高。

四　进一步探讨

综上所述，洞庭湖湿地围垦利用、环境功能利用和生态利用在现代环洞庭湖湿地区域发展过程中不同时期所起的主导作用诱致洞庭湖湿地资源属性变动，围垦利用、环境功能利用和生态利用诱致的属性变迁特征分别表现为洞庭湖湿地水面、水环境质量和生态系统的演变。对生态系统演变而言，生物多样性演变是一个重要指示性指标。相关研究认为，洞庭湖湿地各类资源

---

① 《毛泽东选集》第五卷，人民出版社，1977，第 356～498 页。

② 邝奕轩：《湿地利用转型研究：基于发展经济学的视角》，《农村经济》2013 年第 9 期，第 21～25 页。

③ 戴世光：《矛盾论是研究经济规律的理论基础》，《中国人民大学学报》1991 年第 2 期，第 57～67 页。

属性的变化是自然因素和人为因素系统作用的结果，① 因此，基于洞庭湖湿地水面、水质和湿地生态系统视角，考察经济发展过程中洞庭湖湿地围垦利用、环境功能利用和生态利用形态演变及其影响因素有必要的，对推进环洞庭湖湿地区域可持续发展和洞庭湖湿地利用转型具有现实意义。

---

① 参见黄进良《洞庭湖湿地的面积变化与演替》，《地理研究》1999 年第 3 期，第 297 ~ 305 页；毛德华、夏军《洞庭湖湿地生态环境问题及行程机制分析》，《冰川冻土》2002 年第 4 期，第 444 ~ 451 页；李景保、钟赛香、杨燕、王克林《泥沙沉积与围垦对洞庭湖生态系统服务功能的影响》，《中国生态农业学报》2005 年第 2 期，第 179 ~ 182 页。

第四章　洞庭湖湿地水面变动分析

第一节　洞庭湖湿地水面变化模型构想及
水面变化驱动力分析

一　洞庭湖湿地水面变化模型研究的总体思路

第二章洞庭湖湿地围垦利用的历史描述表明，历史时期洞庭湖湿地水面面积减少态势已经停滞，水面保持相对稳定。本章通过洞庭湖湿地水面数据的定量分析来考察第三章第六节提出的利用形态演变判断及其影响因素。为此，基于洞庭湖湿地利用历史描述，构建洞庭湖湿地水面变化模型，即借鉴环境库兹涅茨曲线的研究思想，构建洞庭湖湿地水面的资源库兹涅茨模型，拟合洞庭湖湿地水面库兹涅茨曲线，考察环洞庭湖湿地区域经济发展与洞庭湖湿地水面面积变化之间的关系。毫无疑问，洞庭湖湿地水面面积是洞庭湖湿地水面变化模型研究的关键。

洞庭湖湿地水面面积数据可以通过直接法和间接法获取。直接法包括对卫星遥感图像、航拍照片和地形图等资料的处理及相关文献资料分析。间接法一是以特定水文站某一年份水位线数据为基础，依据水位－面积曲线表计算；二是基于水位－面积曲线拟合，结合每年围垦面积，采用插入法，推算当年洞庭湖湿地水面面积。

洞庭湖湿地水位对湿地水面面积产生直接影响。针对洞庭湖湿地水面面积与水位关系的研究数据显示，城陵矶水文站靠近洞庭湖湿地入江口，该站点的水位－面积曲线拟合相关性较高。[①] 2000 年之前，洞庭湖湿地水面面积与水位存在的线性相关拟合度达到 0.9530。[②] 2000 年之后，洞庭湖湿地水面面积仍与实测水位成正相关，拟合度达到 0.8058。[③] 上述研究成果显示，城陵矶水文站位于洞庭湖湿地出口，基本上能够实时反映洞庭湖湿地水位变化。因此，本研究选择城陵矶水文站的水位监测数据对不同历史时期的洞庭湖湿地水面面积展开估算。1949～2015 年，城陵矶站历年水位线依据调研资料整理获得。[④] 鉴于洞庭湖湿地处于持续变化的动态过程，洞庭湖湿地实际水面面积相比水位－面积曲线计算拟合结果略大，[⑤] 遥感观测的湿地水面面积大于洞庭湖湿地水位－面积曲线拟合结果。[⑥] 综上所述，本书综合运用直接法和间接法获取洞庭湖湿地水面面积数据。

二　洞庭湖湿地水面变化驱动力分析

第三章第三节洞庭湖湿地利用历史描述过程中，对人类活动的影响进行了详细刻画。但是，洞庭湖湿地水面变化是个复杂的过程，环洞庭湖湿地区域存在人类活动以来，洞庭湖湿地水面面积变化包含了自然因素和人为因素，有极其复杂的互为因果关系。从长期来看，地壳运动、湖岸侵蚀、泥沙淤积等是主导因素，但大多为缓变，相当长时期内不会有太大变化。人类的

① 参见宋求明、熊立华、肖义等《基于 MODIS 遥感影像的洞庭湖面积与水位关系研究》，《节水灌溉》2011 年第 6 期，第 20～26 页；蔡青、黄璐、梁婕等《基于 MODIS 遥感影像数据的洞庭湖蓄水量估算》，《湖南大学学报》（自然科学版）2012 年第 4 期，第 64～69 页。
② 易波琳、李晓斌、梅金华：《洞庭湖面积容积与水位关系及调蓄能力评估》，《湖南地质》2000 年第 4 期，第 267～270 页。
③ 梁婕、蔡青、郭生练等：《基于 MODIS 的洞庭湖湿地面积对水文的响应》，《生态学报》2012 年第 21 期，第 6628～6635 页。
④ 城陵矶站 1951～2008 年数据根据相关文献整理，其余年份数据依据湖南省水利厅调研资料进行整理。
⑤ 薛联青：《洞庭湖流域干旱评估及水资源保护策略》，东南大学出版社，2014，第 176～178 页。
⑥ 龚伟、杨大文、钱群：《基于 MODIS 数据的洞庭湖水面面积估算方法》，《人民长江》2009 年第 14 期，第 40～93 页。

围垦利用在短期对洞庭湖湿地水面变动有重大影响,围垦利用在洞庭湖湿地容积减少作用约为泥沙沉积作用的 2.2 倍,围垦利用在洞庭湖湿地面积变化中起着主要作用。[①] 基于研究视角,不同领域的学者对洞庭湖湿地水面面积变化的影响因子做了分析。依据学科分类,包括社会因子和自然因子;按照研究深度,包括深层次原因和直接原因。

（一）洞庭湖湿地水面面积变化的深层次原因

第三章分析了人口增长给洞庭湖湿地生态系统带来的压力。事实上在经济增长过程中,土地利用类型和结构的变化也对洞庭湖湿地水面变化产生影响。一些学者借助卫星遥感数据解译,对环洞庭湖湿地区域土地利用类型及其覆盖特征变化展开分析。[②] 研究表明,1955 ~ 1978 年,农业扩张,耕地用地的大幅增加占用了环洞庭湖湿地区域大量水体,洞庭湖湿地水面面积急剧萎缩。改革开放后,耕地面积逐渐减少,但建设用地逐渐增加,耕地和水域转换为建设用地的事实不容忽视。

考察环洞庭湖湿地区域发展历史,可以观察到历次政策变迁伴随了洞庭湖湿地水面面积的明显变化。第三章已经分析了"退田还湖"工程对洞庭湖湿地水面面积扩展的贡献,在此,本章重点考察"大跃进"运动与"以粮为纲"政策、粮食流通体制改革政策演进、退田还湖工程。

"大跃进"运动中,农业"大跃进"是重要内容。湖南省提出,1958年粮食总产量要达到 140 亿 ~ 150 亿千克,1962 年粮食总产量达到 225 亿千克,亩产达到 400 千克,远远超出当时环洞庭湖湿地区域农业生产水平。在"以粮为纲"口号下,围湖造田、增加耕地面积进而增加粮食产量成为环洞

---

① 徐伟平、康文星、何介南:《洞庭湖蓄水能力的时空变化特征》,《水土保持学报》2015 年第 3 期,第 62 ~ 324 页。

② 根据相关文献整理,参见谢春花、王克林、陈洪松等《土地利用变化对洞庭湖区生态系统服务价值的影响》,《长江流域资源与环境》2006 年第 2 期,第 191 ~ 195 页;郭荣中、杨敏华《环洞庭湖区域土地利用变化对生态系统服务功能价值的影响》,《贵州农业科学》2012 年第 7 期,第 245 ~ 249 页;赵淑清、方精云、陈安平等《洞庭湖区近 50 年土地利用/覆盖的变化研究》,《长江流域资源与环境》2002 年第 6 期,第 536 ~ 542 页;熊建新、刘淑华、李文《洞庭湖区土地利用变化及其生态承载力响应》,《武陵学刊》2013 年第 5 期,第 24 ~ 29 页。

庭湖湿地区域不可避免的选择，佐证了第三章所分析的洞庭湖湿地水面面积从 20 世纪 50 年代中期开始急剧减少的事实。尽管"大跃进"运动持续时间不长，但"以粮为纲"经济发展方针的影响没有随之结束，在"文化大革命"时期保障粮食安全起着重要作用，这就是"大跃进"运动结束后洞庭湖湿地水面面积缩减态势并未停止的政策因素。

长期以来，我国农产品统购统销的流通体制，使区域之间的粮食流通只能通过计划分配调拨。1979 年以后，粮食流通体制改革，实行统购统销、议购议销和超购加价的混合模式，出现了粮食的多渠道经营。1985 年，农户可自由购销国家粮食合同定购外的粮食。但在 1994 年，粮食流通体制改革出现反复。1998 年后，粮食产区和粮食销区之间的购销关系逐渐稳定，市场调节粮食购销价格得以实现。2004 年，国家全面放开粮食市场，粮食流通主体实现多元化。粮食流通体制变革也能较好地解释环洞庭湖湿地区域粮食播种面积变化态势。20 世纪 70 年代末期开始，粮食集市贸易得到恢复，益阳市粮食播种面积逐渐降低；1994 年粮食计划性收购使益阳市 1994 ~ 1997 年的粮食播种面积维持在 3700 平方千米的水平上；1998 年粮食销售市场完全放开后，益阳市粮食播种面积快速缩减，从 3690.2 平方千米降至 2003 年的 2856.9 平方千米。粮食流通的放开减轻了环洞庭湖湿地区域粮食生产压力，在一定程度上也缓和了区域农户"与水争地"的矛盾，这与 20 世纪 80 年代后围垦活动大幅减少、洞庭湖湿地水面面积快速减少态势得以减缓的事实是相吻合的。

（二）洞庭湖湿地水面面积变化的直接原因

现有研究表明，洞庭湖湿地总体上是泥沙淤积量大于冲刷量，洞庭湖湿地始终处于淤积状态。[①] 洞庭湖湿地泥沙淤积对洞庭湖湿地水面的影响具有两面性。一方面，进入洞庭湖湿地的泥沙是洲滩发育的物质基础，使洲滩发育得以扩展，促使环洞庭湖湿地区域成为水体浅滩等洲滩类型集合体，土质

---

① 李景保、尹辉、卢承志等：《洞庭湖区的泥沙淤积效应》，《地理学报》2008 年第 5 期，第 514 ~ 523 页。

肥沃，为洲滩围垦提供条件；另一方面，洞庭湖湿地下游城陵矶迅速展开的泥沙淤积和河槽滩地同步淤积的双重影响，过水断面面积缩小、水位抬高，洞庭湖湿地水面扩大，湖岸土壤侵蚀十分强烈。[①] "四口"泥沙源地四川省内土壤侵蚀强烈，年流失土壤 1.75 亿吨，"四水"泥沙源地湖南境内水土流失面积达到 4.4 万平方千米，占湖南省域面积的 20.8%。以石门县为例，年侵蚀模数达到每平方千米 16200 吨。[②] 总的来看，土壤侵蚀、泥沙淤积、洲滩扩展、人类活动（围垦等）这四者之间互为条件、相互影响和制约，影响洞庭湖湿地水面变化。洞庭湖盆的构造沉降速率较低，仅为每年 3～10 毫米，构造沉降量抵消了部分泥沙淤积量，对抑制洞庭湖湿地水面萎缩的态势起了一定的积极作用。[③]

第二节　洞庭湖湿地水面变化与经济发展关系的定量分析

类似环境库兹涅茨曲线，拟合洞庭湖湿地水面库兹涅茨曲线，研究其变化特征。

一　指标参数设置与数据来源

本书选用洞庭湖湿地水面面积指标作为被解释变量，指示不同历史时期洞庭湖湿地水面变化，用 S_t 表示历史时期（t）的洞庭湖湿地水面面积。参考已有研究成果，历史时期（t）环洞庭湖湿地区域经济发展状况用人均地区生产总值来进行表示，用 gdp_t 标识。此外，本书引入 GDP 缩减指数，计算环洞庭湖湿地历史时期实际国内生产总值。

GDP 缩减指数，是现价国内生产总值与不变价国内生产总值的比值，

---

① 邹文发：《洞庭湖泥沙沉积于土壤侵蚀》，《中国水土保持》1992 年第 6 期，第 18～21 页。

② 邹文发：《洞庭湖泥沙沉积与土壤侵蚀》，《中国水土保持》1992 年第 6 期，第 18～21 页。

③ 来红州、莫多闻、苏成：《洞庭湖演变趋势探讨》，《地理研究》2004 年第 1 期，第 78～85 页。

为国民经济核算的衍生指标，能够全面反映物价水平的变动态势。许宪春认为，中国的 GDP 缩减指数是中国生产所有最终货物与服务的价格总指数，该指数是可靠的。[①] 由此，本文采用国家统计局依据联合国等国际组织联合颁布的国际标准《国民账户体系 2008》计算的 GDP 缩减指数进行环洞庭湖湿地区域实际 GDP 核算。

本章第一节指出，1989 ~ 1998 年，围垦现象持续减少，这段时期水体和湿地面积保留率相对有所增长，1998 年至今，洞庭湖湿地水面保持相对稳定。因此，本章考察 1952 ~ 2002 年经济发展过程中的洞庭湖湿地面积变动态势。洞庭湖湿地水面面积数据在前文已有介绍。1952 ~ 1990 年的洞庭湖湿地水面面积核算结合历史时期洞庭湖湿地围垦进行推算，其余年份洞庭湖湿地水面面积采用城陵矶水文站点的水位 – 面积曲线拟合，这里不再赘述。

二 计量模型选择

基于相关研究成果，二次多项式或三次多项式是拟合环境库兹涅茨曲线的经典模型，本章试用三次多项式回归模型，尝试估计洞庭湖湿地水面库兹涅茨曲线，回归模型见公式 4.1。

$$St = \beta_0 + \beta_1 gdp_t + \beta_2 gdp_t^2 + \beta3 gdp_t^3 + \varepsilon_t \tag{4.1}$$

公式 4.1 中，β_i（$i = 1$，2，3）为模型参数，下标 t 代表年份，ε 为扰动项。

三 实证结果及其分析

（一）时间序列平稳性检验

出于避免"伪回归"现象对模型影响的考量，拟合洞庭湖湿地水面库兹涅茨曲线之前，对数据进行平稳性检验。时间序列平稳性正式检验方法可以考虑采用单位根检验，本章选择增广的 ADF（Dickey-Fuller）检验环洞庭

---

① 许宪春：《GDP 缩减指数与增长速度》，《人民日报》2015 年 8 月 12 日。

湖湿地区域历史时期的经济发展数据的平稳性，数据检验结果见表 4 – 1。先对 gdp 数据取对数，取对数再差分的 gdp 经济学含义较强，可以成为洞庭湖湿地水面库兹涅茨曲线拟合选用指标。

表 4 – 1 洞庭湖湿地水面与环洞庭湖湿地区域人均地区生产总值数据平稳性检验

变量	差分次数	ADF 值	临界值(1%)	临界值(5%)	通过检验(是/否)
gdp	0	3.217093	– 3.57772	– 2.92517	否
	1	– 3.44292	– 3.57772	– 2.92517	是
$\ln(gdp)$	0	0.279677	– 3.56831	– 2.92118	否
	1	– 7.39007	– 3.57131	– 2.92245	是
$\ln^2(gdp)$	0	0.925444	– 3.56831	– 2.92118	否
	1	– 7.39007	– 3.57131	– 2.92245	是
$\ln^3(gdp)$	0	1.57454	– 3.56831	– 2.92118	否
	1	– 6.36948	– 3.57131	– 2.92245	是
S	0	0.359897	– 3.60559	– 2.93694	否
	1	– 3.87181	– 4.21187	– 3.52976	是
$\ln S$	0	0.302261	– 4.205	– 3.52661	否
	1	– 3.87923	– 4.21187	– 3.52976	是

注：在 $\ln^3(gdp)$ 序列的 ADF 检验中，本研究将检验方程设置为截距项和趋势项；将其他序列设置为截距项。

（二）洞庭湖湿地水面库兹涅茨曲线拟合结果及其分析

表 4 – 2 平稳性检验结果表明，所有变量均为一阶平稳，模型 4 – 1 出现"伪回归"的可能较小。残差（增广 ADF）平稳性检验均在 5% 显著水平拒绝原假设，因此笔者认为残差均为平稳序列，表 4 – 1 中回归结果存在"伪回归"的可能性较小。另外，残差异方差与残差自相关的检验结果都显示一个事实，即统计值在 5% 显著水平难以接受原假设，即表 4 – 2 模型估计结果充分显示，异方差和自相关等相关计量问题不存在，因此，笔者认为模型估计结果不存在较大偏误，结果整体可行。

表 4 – 2 表明，无论是 S 作为因变量，还是 $\ln S$ 作为因变量，人均 GDP 与洞庭湖水面表现出"先减、后增"的"V"形曲线效应。具体而言，表 4 – 2 第二列，$\ln(gdp)$ 估计系数为负且显著不为零，这一点在第三列、第

四列和第五列等估计结果得到一致性验证，这表明在经济增长早期，洞庭湖水域面积呈现不断紧缩的趋势。然而，无论是 $\ln^2(gdp)$ 变量还是 $\ln^3(gdp)$ 变量，估计系数均显著为负，并且在从第二列到第五列这两个变量的估计系数表现出一致性，因此我们认为，随着经济的不断发展，湖泊水面呈现不断扩大的趋势。最近几年，洞庭湖不断的拆除矮围网围，将局部下塞湖湖面与洞庭湖滩涂相连接，2017 年拆除 42 万亩的矮围网围，努力再现"八百里洞庭"。

表 4 - 2　洞庭湖湿地环境库兹涅茨曲线效应检验（基于水面数据）

自变量/因变量	S	$\ln(S)$	$\ln(S)$	$\ln(S)$
$\ln(gdp)$	- 4492.927 *** (1001.157)	- 0.445396 * (0.192341)	- 1.614981 *** (0.325805)	- 0.732949 *** (0.161647)
$\ln^2(gdp)$	364.4693 *** (87.76776)	0.03338 ** (0.016047)	0.114565 *** (0.02847)	
$\ln^3(gdp)$				0.006328 *** (0.001626)
Ar(1)	0.448477 (0.300046)		0.452104 *** (0.28006)	0.45708 (0.277144)
Constant	16519.58 *** (2840.062)	9.383978 *** (0.575227)	12.26391 (0.92515)	10.92843 *** (0.612665)
Sample	50	51	50	50
Prob(F-statistic)	0.000	0.000	0.000	0.000
Adjusted R-squared	0.563562	0.483058	0.576824	0.579206
Durbin-v Watson stat	1.942929	0.806026	1.893872	1.901435
残差(增广 ADF)平稳性检验统计值(概率值)	- 3.770953 (0.0275)	- 4.020192 (0.0505)	- 3.602201 (0.0409)	- 3.565635 (0.0444)
残差怀特异方差检验统计值(概率值)	0.902327 (0.4130)	2.412470 (0.108)	1.7329 (0.3208)	1.5399 (0.4015)
残差自相关检验统计值(概率值)	1.7939 (0.18466)	1.4329 (0.2379)	0.888732 (0.4184)	0.901073 (0.4135)
拐点估计值	475.1603	789.6543	1150.915	327.4425029

注：***、** 和 * 表示在 1%、5% 和 10% 统计水平显著；括号内为标准差；第五列数据进行了加权最小二乘法的异方差处理。

基于表 4 - 2 共存在四列模型回归估计结果。首先，比较残差（增广 ADF）平稳性检验结果、残差怀特异方差检验结果和残差自相关检验结果。其次，考虑到相较于因变量 S，因变量 $\ln(S)$ 能够更好地与其他自变量进行模型回归，因为数据对数化处理后残差异方差的可能性更小。最后，模型回归中加入 AR 变量将有效缓解残差自相关问题，减少方程估计的偏误，我们认为第四列结果能够较好地运用于拐点估计，计算拐点估计的人均 GDP 为 1150. 915 元。

基于 Eviews 6.0 软件的数据分析，得到拟合洞庭湖湿地水面库兹涅茨曲线的公式 4.2 及拟合后的洞庭湖湿地水面库兹涅茨方程式：

$$\ln(S) = 10.92843 - 0.732949\ln(gdp) + 0.006328\ln^3(gdp) \tag{4.2}$$

历史时期洞庭湖湿地水面显示"U"形曲线，曲线拐点值为 1150. 915 元。曲线拐点值出现的时间节点为 1993 年，这表明 1993 年之前，人均 GDP 小于 1150. 95 元时，洞庭湖湿地水面处于持续缩小的变动态势。随着经济发展，环洞庭湖湿地区域人均 GDP 在 1993 年越过 1150. 915 元后，洞庭湖湿地水面不再持续萎缩。

第三节　洞庭湖湿地水面变化驱动因子贡献率分析

本章第一节对洞庭湖湿地水面变化的驱动力进行了分析，本节定量分析各驱动因子对洞庭湖湿地水面变化的贡献。

一　指标参数设置

前述相关分析已经表明，泥沙淤积、人口和经济发展等因素影响洞庭湖湿地水面变化。实证分析中，基于长时间序列数据的可得性，选择环洞庭湖湿地区域年降雨量和年蒸发量的差值即洞庭湖湿地产流量作为自然因素的代表，采用符号 wat 表示；人口影响因子以环洞庭湖湿地区域人口规模为代表，采用符号 pop 表示；经济发展指标除选择环洞庭湖湿地区域地区生产总值外，还选取第二产业产值占地区总产值的比例代表环洞庭湖湿地区域经济结构的变化，其中，经济规模由环洞庭湖湿地区域地区生产总值表达，采用符号 gdp 表示；经济结构采用第二产业产值占总产值的比例，该指标变化说明环洞庭湖湿地区域工业化进程和产业结构变化，采用符号 ind 表示；鉴于环洞庭湖湿地区域粮食产量在一定程度上反映了计划经济时代粮食流通受限情况，也反映了改革开放后粮食市场逐渐放开的效应，选择区域粮食产量作为政策环境变化的代表变量，采用符号 $food$ 表示；洞庭湖湿地水面面积，采用符号 S_1 表示（见表 4 – 3）。

表 4 – 3　驱动力分析中变量及符合设定

指标	变量	符号	单位
洞庭湖湿地产流量	洞庭湖湿地蒸发量 – 降雨量	wat	毫米
人口规模	环洞庭湖湿地区域年末户籍/常住人口	pop	万人
经济规模	环洞庭湖湿地区域地区生产总值	gdp	万元
经济结构	环洞庭湖湿地区域第二产业占比	ind	%
粮食产量	环洞庭湖湿地区域粮食总产量	$food$	万吨
洞庭湖湿地水面	洞庭湖湿地水面面积	S_1	平方千米

二　数据来源与描述

（一）蒸发量和降雨量数据

实证分析中环洞庭湖湿地区域年蒸发量和年降雨量数据根据相关文献整理。数据缺失部分依据调研数据进行补充。尽管从 20 世纪 50 年代开始，全球气候逐渐变暖，环洞庭湖湿地区域的气候也相应发生变化，但是洞庭湖湿地的降雨量和蒸发量依然保持相对稳定。[①]

[①]　根据湖南省水利厅调研资料和相关文献数据整理，部分年份缺失数据通过人地系统主题数据库获取。参见黄云仙、郑颖《洞庭湖气象变化特征分析》，《湖南水利水电》2012 年第 6 期，第 61 ~ 75 页；彭嘉栋、李钢、吴芳《近百年洞庭湖区可利用降水量变化特征》，《生态环境学报》2017 年第 1 期，第 104 ~ 110 页；黄菊梅、邹用昌、彭嘉栋等《1960 ~ 2011 年洞庭湖区年降水量变化特征》，《气象与环境学报》2013 年第 6 期，第 81 ~ 86 页。

（二）环洞庭湖湿地区域人口数量变化情况

在前面章节讨论洞庭湖湿地利用方式时做了描述，人口数据均由环洞庭湖湿地区域各市域历年统计年鉴整理获得。① 缺失数据通过《湖南经济社会发展 60 年》《湖南资料手册（1949～1989）》《常德地区志·人口志》《荆州地区四十年》《岳阳市农村经济年鉴 1949～1996》《望城县志》《望城县志 1988～2002》的数据整理获得。②

（三）经济发展数据

由于部分市县存在统计数据缺失情况，要对原始数据做微小调整。人口数据均由历年《常德统计年鉴》《岳阳统计年鉴》《益阳统计年鉴》《荆州统计年鉴》《长沙统计年鉴》《望城统计年鉴》整理获得，缺失数据通过《湖南经济社会发展 60 年》《湖南资料手册（1949～1989）》《常德地区志·人口志》《荆州地区四十年》《岳阳市农村经济年鉴 1949～1996》《望城县志》《望城县志 1988～2002》的数据整理获得。③

产业结构变迁是环洞庭湖湿地区域经济发展的重要内容。总的来看，环洞庭湖湿地区域岳阳市、益阳市、常德市、荆州市和望城区的第一产业产值

---

① 环洞庭湖湿地区域各市域历年统计年鉴为《常德统计年鉴》《岳阳统计年鉴》《益阳统计年鉴》《荆州统计年鉴》《长沙统计年鉴》《望城统计年鉴》。

② 1988 年之前，慈利县由常德市管辖，经国务院批准，隶属于张家界市，为确保不同年份数据的一致性，统计常德市不同年份数据时，将慈利县的经济发展数据剔除出来。1994 年 9 月 29 日，国务院批准（国函〔1994〕99 号），撤销荆州地区、沙市市、江陵县，设荆沙市（地级）；1995 年 12 月 29 日，民政部批准（民行批〔1995〕86 号）撤销松滋县，设立松滋市；1996 年 11 月 20 日，国务院批准（国函〔1996〕99 号）将荆沙市更名为荆州市；1996 年 12 月 2 日，国务院批准（国函〔1996〕111 号），依据该文件，荆州市管辖的京山县划归至荆门市，由荆门市管辖，与此同时，荆州市代管的钟祥市也划归荆门市，由荆门市管辖。基于荆州市历史时期的行政区划变更，对不同历史时期的经济社会发展数据进行调整。

③ 参见张世平《湖南经济社会发展 60 年（1949～2009）》，湖南人民出版社，2009，第 225～279 页；《湖南资料手册》编纂委员会《湖南资料手册 1949～1989》，中国文史出版社，1990，第 15～26 页；《荆州地区四十年》编纂委员会《荆州地区四十年》，湖北人民出版社，1989，第 26～34 页；湖南省望城县志编纂委员会《望城县志》，生活·读书·新知三联书店，1995，第 52～61 页；岳阳市政府农办综合调研室《岳阳市农村经济年鉴 1949～1996》，内部资料，1997，第 25～91 页；吴汉林《望城县志 1988～2002》，方志出版社，2006，第 24～29 页。

占比都逐渐下降的。① 本书分析时，采用环洞庭湖湿地区域第二产业产值在地区生产总值中的占比变化作为产业结构变化的指代。

（四）粮食产量数据

粮食产量数据依据历史时期环洞庭湖湿地区域市县统计年鉴整理获得。

（五）洞庭湖湿地水面面积数据

依据第一节分析，获得历史时期洞庭湖湿地水面面积数据。

三　计量模型选择

（一）向量自回归模型

本节尝试构建洞庭湖湿地水面与各个驱动因子的向量自回归模型（以下简称 VAR 模型），分析自然条件、经济增长、人口和政策等变量与洞庭湖湿地水面面积的动态互动关系及其相互影响程度。利用脉冲响应函数，比较分析各个变量影响洞庭湖湿地水面变动效应的差异。

无约束的 VAR（p）模型表现形式为：

$$y_t = C + A_1 y_{t-1} + \cdots + A_p y_{t-p} + B_1 x_t + \cdots + B_q x_t + \varepsilon_t \qquad (4.3)$$

其中，y_t 为 m 个内生变量建构的列向量；C 是指代（$n \times 1$）维的常数向量；x_t 为 n 维外生变量向量；ε_t 为随机扰动项，为（$n \times 1$）维的向量白噪声；A_1，$\cdots$，A_p 以及 B_1，$\cdots$，B_q 为待估参数矩阵。公式4.3显示，内生变量与外生变量分别具有 p 和 q 阶滞后期。

（二）数据平稳性检验

本书对时间序列平稳性展开检验。DF 检验适用于一阶自回归 AR（1）的情况，未考虑高阶的 AR 模型；ADF 检验得到改进，使 DF 检验从 AR（1）推广至一般的 AR（P）形式，因此，本书采用 ADF 检验判断各个指标

---

① 环洞庭湖湿地区域三次产业占比时间序列数据符合配第 - 克拉克法则关于产业结构理论的表述，即伴随人均收入的不断增长，经济活动中心会发生转移，首先从第一产业变迁至第二产业，当人均收入进一步增长，经济活动中心将继续变迁，由第二产业转移至第三产业。

样本序列平稳性。

考虑到 1978 年十一届三中全会在历史上的特殊意义，本书以此为时间分界点，比较改革开放前后驱动因子对洞庭湖湿地水面影响力的变动。基于此，本书对数据展开平稳性检验时，分段检验，得到检验结果（见表 4 - 4）。

表 4 - 4 数据平稳性检验结果表明，在数据样本为 1952～1978 年时间段时，变量 ln（S_1）、变量 ln（wat）、变量 ln（$food$）等为零阶差分平稳，即原始数据经分析表现为平稳数据，无须进行差分；变量 ln（pop）经分析表现为二阶差分平稳；变量 ln（gdp）与变量 ln（ind）经分析表现为一阶差分平稳。上述数据分析结果表明，各变量数据并非同阶平稳，这就有必要进一步展开检验，判断各变量间存在稳定的长期关系与否。在表 4 - 4 中我们进行了 johansen 协整检验。该检验结果表明变量 ln（S_1）和变量 ln（wat）至少存在一个长期稳定关系的 johansen 协整检验概率为 0.1960，在 5% 显著水平上无法拒绝原假设。因此，认为变量 ln（S_1）和变量 ln（wat）存在一个稳定均衡关系，类似的分析适用于变量 ln（S_1）和变量 ln（pop）、变量 ln（S_1）和变量 ln（gdp）、变量 ln（S_1）与变量 ln（ind）、变量 ln（S_1）和变量 ln（$food$）。

表 4 - 4　数据平稳性检验结果

变量	时间段	差分次数	ADF 值	临界值(1%)	临界值(5%)	检验结果(是/否)
ln(S_1)	1952～1978 年	0	- 6.395288	- 3.71146	- 2.98104	是
	1979～2002 年	0	- 1.92221	- 4.5326	- 3.67362	否
		1	- 4.69838	- 4.61621	- 3.71048	是
ln(wat)	1952～1978 年	0	- 3.226442	- 3.75295	- 2.99806	是
	1979～2002 年	0	- 3.99294	- 4.44074	- 3.6329	是
ln(pop)	1952～1978 年	0	- 0.99532	- 3.72407	- 2.98623	否
		1	- 1.61097	- 4.37431	- 3.6032	否
		2	- 4.94026	- 3.75295	- 2.99806	是
	1979～2002 年	0	0.242811	- 4.35607	- 3.59503	否
		1	- 3.56211	- 3.72407	- 2.98623	是

变量	时间段	差分次数	ADF 值	临界值（1%）	临界值（5%）	检验结果（是/否）
$\ln(gdp)$	1952～1978 年	0	0. 242811	- 4. 35607	- 3. 59503	否
		1	- 3. 56211	- 3. 72407	- 2. 98623	是
	1979～2002 年	0	- 3. 10039	- 4. 4679	- 3. 64496	否
		1	- 4. 67915	- 4. 44074	- 3. 6329	是
$\ln(ind)$	1952～1978 年	0	- 1. 04572	- 3. 71146	- 2. 98104	否
		1	- 5. 18032	- 3. 72407	- 2. 98623	是
	1979～2002 年	0	- 1. 74811	- 3. 7696	- 3. 00486	否
		1	- 3. 30731	- 3. 7696	- 3. 00486	是
$\ln(food)$	1949～1978 年	0	- 4. 726255	- 4. 35607	- 3. 59503	是
	1979～2002 年	0	- 1. 48742	- 4. 4679	- 3. 64496	否
		1	- 5. 96704	- 4. 4679	- 3. 64496	是

注：在 ADF 检验中，检验方程设置了不同的截距项和趋势项，对研究结论没有显著影响，此处不赘。

（三）VAR 模型的设定

基于本文研究需要，按照无约束 VAR 模型构建如下五个 VAR 系统：

$$\begin{bmatrix} \ln S_{1,t} \\ \ln wat_t \end{bmatrix} = \begin{bmatrix} c_1 \\ c_2 \end{bmatrix} + \begin{bmatrix} a_{11}^{(1)} & a_{21}^{(1)} \\ a_{12}^{(1)} & a_{22}^{(1)} \end{bmatrix} \begin{bmatrix} \ln S_{1,t-1} \\ \ln wat_{t-1} \end{bmatrix} + \cdots + \begin{bmatrix} a_{11}^{(p)} & a_{21}^{(p)} \\ a_{12}^{(p)} & a_{22}^{(p)} \end{bmatrix} \begin{bmatrix} \ln S_{1,t-p} \\ \ln wat_{t-p} \end{bmatrix} + \begin{bmatrix} \varepsilon_{1t} \\ \varepsilon_{2t} \end{bmatrix}$$

$$(4.4)$$

$$\begin{bmatrix} \ln S_{1,t} \\ \ln pop_t \end{bmatrix} = \begin{bmatrix} c_1 \\ c_2 \end{bmatrix} + \begin{bmatrix} a_{11}^{(1)} & a_{21}^{(1)} \\ a_{12}^{(1)} & a_{22}^{(1)} \end{bmatrix} \begin{bmatrix} \ln S_{1,t-1} \\ \ln pop_{t-1} \end{bmatrix} + \cdots + \begin{bmatrix} a_{11}^{(p)} & a_{21}^{(p)} \\ a_{12}^{(p)} & a_{22}^{(p)} \end{bmatrix} \begin{bmatrix} \ln S_{1,t-p} \\ \ln pop_{t-p} \end{bmatrix} + \begin{bmatrix} \varepsilon_{1t} \\ \varepsilon_{2t} \end{bmatrix}$$

$$(4.5)$$

$$\begin{bmatrix} \ln S_{1,t} \\ \ln gdp_t \end{bmatrix} = \begin{bmatrix} c_1 \\ c_2 \end{bmatrix} + \begin{bmatrix} a_{11}^{(1)} & a_{21}^{(1)} \\ a_{12}^{(1)} & a_{22}^{(1)} \end{bmatrix} \begin{bmatrix} \ln S_{1,t-1} \\ \ln gdp_{t-1} \end{bmatrix} + \cdots + \begin{bmatrix} a_{11}^{(p)} & a_{21}^{(p)} \\ a_{12}^{(p)} & a_{22}^{(p)} \end{bmatrix} \begin{bmatrix} \ln S_{1,t-p} \\ \ln gdp_{t-p} \end{bmatrix} + \begin{bmatrix} \varepsilon_{1t} \\ \varepsilon_{2t} \end{bmatrix}$$

$$(4.6)$$

$$\begin{bmatrix} \ln S_{1,t} \\ \ln ind_t \end{bmatrix} = \begin{bmatrix} c_1 \\ c_2 \end{bmatrix} + \begin{bmatrix} a_{11}^{(1)} & a_{21}^{(1)} \\ a_{12}^{(1)} & a_{22}^{(1)} \end{bmatrix} \begin{bmatrix} \ln S_{1,t-1} \\ \ln ind_{t-1} \end{bmatrix} + \cdots + \begin{bmatrix} a_{11}^{(p)} & a_{21}^{(p)} \\ a_{12}^{(p)} & a_{22}^{(p)} \end{bmatrix} \begin{bmatrix} \ln S_{1,t-p} \\ \ln ind_{t-p} \end{bmatrix} + \begin{bmatrix} \varepsilon_{1t} \\ \varepsilon_{2t} \end{bmatrix}$$

$$(4.7)$$

$$
\begin{bmatrix} \ln S_{1,t} \\ \ln food_t \end{bmatrix} = \begin{bmatrix} c_1 \\ c_2 \end{bmatrix} + \begin{bmatrix} a_{11}^{(1)} & a_{21}^{(1)} \\ a_{12}^{(1)} & a_{22}^{(1)} \end{bmatrix} \begin{bmatrix} \ln S_{1,t-1} \\ \ln food_{t-1} \end{bmatrix} + \cdots + \begin{bmatrix} a_{11}^{(p)} & a_{21}^{(p)} \\ a_{12}^{(p)} & a_{22}^{(p)} \end{bmatrix} \begin{bmatrix} \ln S_{1,t-p} \\ \ln food_{t-p} \end{bmatrix} + \begin{bmatrix} \varepsilon_{1t} \\ \varepsilon_{2t} \end{bmatrix}
$$

$$(4.8)$$

公式 4.4 至 4.8 描述的五个系统分别从洞庭湖湿地产流量、人口规模、经济规模、经济结构和粮食产量这五个维度分析其与洞庭湖湿地水面变化数据（S_1）的关系，每个 VAR 模型具体的滞后阶数 p，[①] 要基于样本数据，采用计算各个信息准则来准确描述。

（四）VAR 模型中滞后期数的确定

VAR 模型的随机扰动项为一个向量白噪声过程，要求选择合理的滞后期数使条件得以满足。实践操作中，基于各类信息准则进行最优滞后期数的判断，包括 HQ、LR 检验统计量、AIC、FPE 及 SIC 等。准则不同，相对应的最优滞后阶数判断也存在差异。本节依据 Eviews 软件中使用的"多数原则"选择滞后阶数。表 4 – 7 给出不同组 VAR 模型最优滞后期数选择成果，数据表明，1952～1978 年样本期间，ln（S_1）和 ln（wat）、ln（S_1）和 ln（$food$）等 johansen 协整检验设置为受限制的线性确定性趋势，则需建立的 varmox 为受限制的 VEC 模型。对于该类模型通常使用试错法，不断进行人工赋值以确认模型是否有效。最后基于 Adj. R-squared、F-statistic、Log likelihood、Akaike AIC、Schwarz SC 等参数决定选择滞后期数。经检验，洞庭湖湿地产流量、人口规模、经济规模、粮食产量和洞庭湖湿地水面组成的 VAR 系统滞后 6 期。以 ln（S_1）和 ln（wat）为例，6 期滞后的 VEC 模型估计结果的 Log likelihood 为 110.3928，Akaike information criterion 为 – 7.853891，Schwarz criterion 为 – 6.663663，模型拟合效果远优于其他滞后期数的模型。ln（S_1）和 ln（pop）johansen 协整检验设置为非受限制的二元确定性趋势，因此 VAR 模型为非限制性 VAR 模型，通过 AIC、SIC 等选择最优滞后期数。ln（S_1）和 ln（gdp）、ln（S_1）和 ln（ind）等 johansen 协整检验设置为非受限制的线性确定性趋势，VAR 模型也为非限制性 VAR 模型，

---

① 如未做特别说明，本书"滞后阶数"与"滞后期数"为同一概念。

通过 AIC、SIC 等选择最优滞后期数。$\ln(S_1)$ 和 $\ln(gdp)$、$\ln(S_1)$ 和 $\ln(ind)$ 等 johansen 协整检验设置为非受限制的线性确定性趋势，VAR 模型也为非限制性 VAR 模型，通过 AIC、SIC 等选择最优滞后期数。具体结果见表 4 - 5。1979 ~ 2002 年样本期间也进行类似分析，这里不再赘述。

表 4 - 5　VAR 模型最佳阶数检验

VAR 系统包含变量	时期	滞后阶数	AIC	SIC	至少存在一个协整关系的 johansen 协整检验 p 值
$\ln(S_1)$ 和 $\ln(wat)$	1952 ~ 1978 年	6			0.1960
	1979 ~ 2002 年	2			0.2636
$\ln(S_1)$ 和 $\ln(pop)$	1952 ~ 1978 年	6	- 14.28027	- 12.98705	0.9704
	1979 ~ 2002 年	2	- 5.535679	- 5.038288	0.2111
$\ln(S_1)$ 和 $\ln(gdp)$	1952 ~ 1978 年	6	0.980177	1.476105	0.2024
	1979 ~ 2002 年	4			0.4252
$\ln(S_1)$ 和 $\ln(ind)$	1952 ~ 1978 年	8	- 12.85845	- 11.16840	0.1260
	1979 ~ 2002 年	4			0.6951
$\ln(S_1)$ 和 $\ln(food)$	1952 ~ 1978 年	6			0.1472
	1979 ~ 2002 年	4	- 4.189673	- 3.492660	0.5544

注：在 1952 ~ 1978 年样本期间，$\ln(S_1)$ 和 $\ln(wat)$、$\ln(S_1)$ 和 $\ln(food)$ 等 johansen 协整检验设置为受限制的线性确定性趋势，$\ln(S_1)$ 和 $\ln(pop)$ johansen 协整检验设置为非受限制的二阶确定性趋势，$\ln(S_1)$ 和 $\ln(gdp)$、$\ln(S_1)$ 和 $\ln(ind)$ 等 johansen 协整检验被设置成非受限制的线性确定性趋势；在 1979 ~ 2002 年样本期间，$\ln(S_1)$ 和 $\ln(wat)$、$\ln(S_1)$ 和 $\ln(gdp)$、$\ln(S_1)$ 和 $\ln(ind)$ 等 johansen 协整检验被设置成受限制的线性确定性趋势，$\ln(S_1)$ 和 $\ln(pop)$ johansen 协整检验被设置成非受限制的线性确定性趋势，$\ln(S_1)$ 和 $\ln(food)$ 等 johansen 协整检验被设置成非确定性趋势。

（五）VAR 模型的平稳性检验

判断整个 VAR 模型是否平稳，应将这个系统作为整体来考量，才不会忽略系统中变量之间的相互关系。基于此，利用 Eviews 软件带有的 AR Roots Graph 功能具备的 VAR 模型全部特征根和单位圆曲线位置关系来判断本文研究采用的向量自回归模型的平稳性，即分别基于 1952 ~ 1978 年、1979 ~ 2002 年，做 $\ln(S_1)$ 和 $\ln(wat)$、$\ln(S_1)$ 和 $\ln(pop)$、$\ln(S_1)$

和 ln（gdp）、ln（S_1）和 ln（ind）、ln（S_1）和 ln（food）构成的 VAR 系统。根据上述 VAR 系统的单位根是否在单位圆内的事实来判断是否协整。图 4 - 1（a）至图 4 - 1（e）为 1952～1978 年样本期间洞庭湖湿地水面与各类影响因子的 VAR 模型单位根分布；图 4 - 2（a）至图 4 - 2（e）为 1979～2002 年样本期间洞庭湖湿地水面与各类影响因子的 VAR 模型单位根分布。

图 4 - 1（a）至图 4 - 1（e）表明，VAR 模型特征多项式根的逆运算即 AR 单位根均为绝对值小于 1 的数，模型估计结果稳健，能够用于脉冲分析与方差分解分析。以 1952～1978 年变量 ln（S_1）与变量 ln（wat）VAR 模型为例，AR 特征根各为 1.000000、0.770183、0.770183、－0.888541、－0.282187、－0.282187、0.159829、0.159829、－0.646216、－0.646216，10 个 AR 单位根的绝对数均小于 1，表明变量 ln（S_1）与变量 ln（wat）建立的 VAR 模型较为稳定；或者说无论是变量 ln（S_1）还是变量 ln（wat）添加随机扰动不会改变 VAR 模型的均衡解，VAR 模型最终将得到一致性收敛。类似的分析也适用于其他模型，此处不赘。由此可见，1952～1978 年样本期间环洞庭湖湿地产流量、人口规模、经济规模、经济结构等变量与洞庭湖湿地水面组成的 VAR 系统是协整的，各驱动因素与洞庭湖湿地水面面积之间存在长期的均衡关系。同理，1979～2002 年样本期间环洞庭湖湿地产流量、人口规模、经济规模、经济结构等变量与洞庭湖湿地水面组成的 VAR 系统也是协整的。

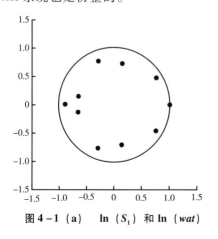

图 4 - 1（a）　ln（S_1）和 ln（wat）

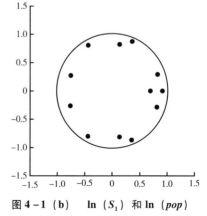

图 4 - 1（b）　ln（S_1）和 ln（pop）

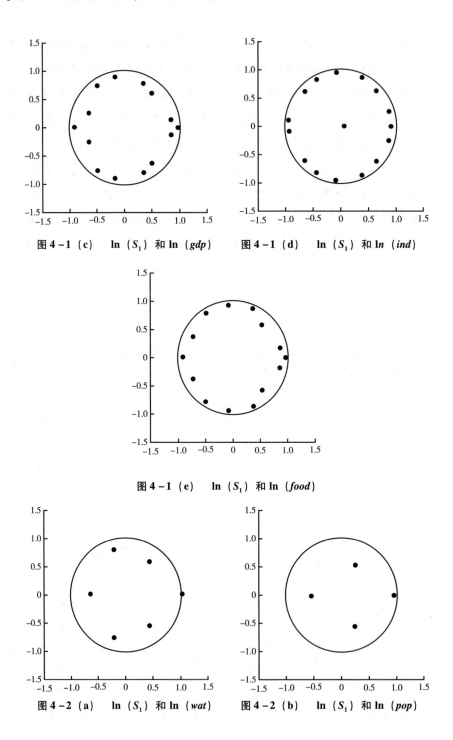

图 4-1（c）　ln（S_1）和 ln（*gdp*）　图 4-1（d）　ln（S_1）和 ln（*ind*）

图 4-1（e）　ln（S_1）和 ln（*food*）

图 4-2（a）　ln（S_1）和 ln（*wat*）　图 4-2（b）　ln（S_1）和 ln（*pop*）

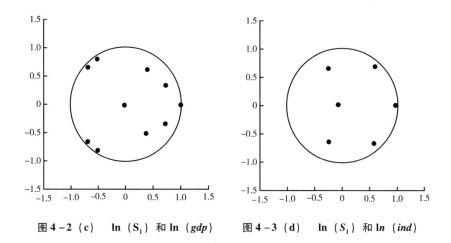

图 4 - 2（c）　ln（S_1）和 ln（*gdp*）　　图 4 - 3（d）　ln（S_1）和 l*n*（*ind*）

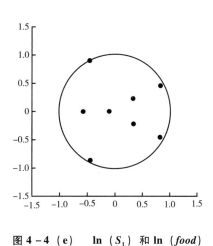

图 4 - 4（e）　　ln（S_1）和 ln（*food*）

四　VAR 模型估计结果及其脉冲响应统计分析

基于 Eviews 软件分析，得到 1949～1978 年、1979～2015 年的五组 VAR 系统估计结果。

（一）VAR 模型估计结果 *

1. 1952～1978 年

（1）$\ln(S_1)$ 和 $\ln(wat)$

$$
\begin{aligned}
D[\ln(S_1)] = & -0.823822 \times [\ln(S_1)_{t-1} + 0.147026 \times \ln(wat)_{t-1} + 0.007260 \times \\
& @\,TREND(52) - 9.032517] + 0.011897 \times D[\ln(s_1)_{t-1}] + \\
& 0.611244 \times D[\ln(S_1)_{t-2}] - 0.081332 \times D[\ln(S_1)_{t-3}] - 0.564737 \times \\
& D[\ln(S_1)_{t-4}] + 0.090852 \times D[\ln(wat)_{t-1}] + 0.051108 \times \\
& D[\ln(wat)_{t-2}] + 0.025069 \times D[\ln(wat)_{t-3}] + 0.007159 \times \\
& D[\ln(wat)_{t-4}] - 0.094077 + 0.004188 \times @\,TREND(52)
\end{aligned}
\tag{4.9}
$$

$$
\begin{aligned}
D[\ln(wat)] = & 9.895534 \times [\ln(S_1)_{t-1} + 0.147026 \times \ln(wat)_{t-1} + 0.007260 \times \\
& @\,TREND(52) - 9.032517] + 23.301254 \times D[\ln(S_1)_{t-1}] - \\
& 26.549869 \times D[\ln(S_1)_{t-2}] - 21.392872 \times D[\ln(S_1)_{t-3}] + \\
& 40.944974 \times D[\ln(S_1)_{t-4}] - 2.528301 \times D[\ln(wat)_{t-1}] - \\
& 1.461546 \times D[\ln(wat)_{t-2}] - 0.819176 \times D[\ln(wat)_{t-3}] - \\
& 0.321583 \times D[\ln(wat)_{t-4}] + 2.385937 - \\
& 0.107912 \times @\,TREND(52)
\end{aligned}
\tag{4.10}
$$

（2）$\ln(S_1)$ 和 $\ln(pop)$

$$
\begin{aligned}
\ln(S_1) = & 0.672788 \times \ln(S_1)_{t-1} - 0.005364 \times \ln(S_1)_{t-2} - 0.189712 \times \ln(S_1)_{t-3} + \\
& 0.476172 \times \ln(S_1)_{t-4} + 0.067384 \times \ln(S_1)_{t-5} - 0.139648 \times \\
& \ln(S_1)_{t-6} + 0.292561 \times \ln(pop)_{t-1} + 0.047945 \times \ln(pop)_{t-2} - \\
& 0.475016 \times \ln(pop)_{t-3} + 0.507724 \times \ln(pop)_{t-4} - 0.505525 \times \\
& \ln(pop)_{t-5} + 0.199321 \times \ln(pop)_{t-6} + 0.409962
\end{aligned}
\tag{4.11}
$$

$$
\begin{aligned}
\ln(pop) = & 1.042560 \times \ln(S_1)_{t-1} - 0.229289 \times \ln(S_1)_{t-2} - 0.339401 \times \\
& \ln(S_1)_{t-3} + 0.264643 \times \ln(S_1)_{t-4} - 0.110713 \times \ln(S_1)_{t-5} - \\
& 0.810052 \times \ln(S_1)_{t-6} + 1.003078 \times \ln(pop)_{t-1} - 1.083828 \times \\
& \ln(pop)_{t-2} + 0.559722 \times \ln(pop)_{t-3} - 0.074446 \times \\
& \ln(pop)_{t-4} + 0.078583 \times \ln(pop)_{t-5} + 0.063200 \times \\
& \ln(pop)_{t-6} + 4.986214
\end{aligned}
\tag{4.12}
$$

---

* @ TREND（52），向量误差模型里的趋势函数，在 1952 年时取值为 0，1953 年时取值为 1，依此类推；@ TREND（79），同理。

（3）$\ln(S_1)$ 和 $\ln(gdp)$

$$
\begin{aligned}
\ln(S_1) = &\ 1.109878 \times \ln(S_1)_{t-1} - 0.748697 \times \ln(S_1)_{t-2} + 0.638681 \times \\
&\ \ln(S_1)_{t-3} - 0.527774 \times \ln(S_1)_{t-4} + 0.826038 \times \ln(S_1)_{t-5} - \\
&\ 0.462549 \times \ln(S_1)_{t-6} + 0.000260 \times \ln(gdp)_{t-1} - 0.00044 \times \\
&\ \ln(gdp)_{t-2} + 0.000412 \times \ln(gdp)_{t-3} - 0.000406 \times \ln(gdp)_{t-4} + \\
&\ 0.0001595 \times \ln(gdp)_{t-5} - 2.549948e-05 \times \ln(gdp)_{t-6} + 1.308405
\end{aligned} \tag{4.13}
$$

$$
\begin{aligned}
\ln(gdp) = &\ 1470.245777 \times \ln(S_1)_{t-1} - 687.266868 \times \ln(S_1)_{t-2} + 589.092993 \times \\
&\ \ln(S_1)_{t-3} - 1003.420269 \times \ln(S_1)_{t-4} + 258.686958 \times \ln(S_1)_{t-5} - \\
&\ 277.746047 \times \ln(S_1)_{t-6} + 0.589868 \times \ln(gdp)_{t-1} - 0.452192 \times \\
&\ \ln(gdp)_{t-2} + 0.644972 \times \ln(gdp)_{t-3} + 0.135912 \times \ln(gdp)_{t-4} + \\
&\ 0.082592 \times \ln(gdp)_{t-5} + 0.361462 \times \ln(gdp)_{t-6} - 2777.938450
\end{aligned} \tag{4.14}
$$

（4）$\ln(S_1)$ 和 $\ln(ind)$

$$
\begin{aligned}
\ln(S_1) = &\ 0.256698 \times \ln(S_1)_{t-1} - 0.181169 \times \ln(S_1)_{t-2} + 0.247019 \times \\
&\ \ln(S_1)_{t-3} + 0.302584 \times \ln(S_1)_{t-4} - 0.121777 \times \ln(S_1)_{t-5} + \\
&\ 0.198120 \times \ln(S_1)_{t-6} - 0.402048 \times \ln(S_1)_{t-7} + 0.261218 \times \\
&\ \ln(S_1)_{t-8} + 0.032387 \times \ln(ind)_{t-1} - 0.006990 \times \ln(ind)_{t-2} - \\
&\ 0.009585 \times \ln(ind)_{t-3} - 0.0062053 \times \ln(ind)_{t-4} - 0.007414 \times \\
&\ \ln(ind)_{t-5} + 0.018670 \times \ln(ind)_{t-6} - 0.006352 \times \\
&\ \ln(ind)_{t-7} - 0.034816 \times \ln(ind)_{t-8} + 3.534053
\end{aligned} \tag{4.15}
$$

$$
\begin{aligned}
\ln(ind) = &\ 3.494977 \times \ln(S_1)_{t-1} - 0.722168 \times \ln(S_1)_{t-2} - 1.664525 \times \\
&\ \ln(S_1)_{t-3} + 3.177741 \times \ln(S_1)_{t-4} - 0.343439 \times \ln(S_1)_{t-5} + \\
&\ 5.156755 \times \ln(S_1)_{t-6} - 7.639127 \times \ln(S_1)_{t-7} - 0.271402 \times \\
&\ \ln(S_1)_{t-8} + 0.426399 \times \ln(ind)_{t-1} - 0.029003 \times \ln(ind)_{t-2} - \\
&\ 0.051775 \times \ln(ind)_{t-3} - 0.008170 \times \ln(ind)_{t-4} - 0.111759 \times \\
&\ \ln(ind)_{t-5} + 0.227917 \times \ln(ind)_{t-6} - 0.077903 \times \ln(ind)_{t-7} + \\
&\ 0.122097 \times \ln(ind)_{t-8} - 7.490159
\end{aligned} \tag{4.16}
$$

（5）$\ln(S_1)$ 和 $\ln(food)$

$$
\begin{aligned}
\mathrm{D}[\ln(S_1)] = &\ -0.172273 \times [\ln(S_1)_{t-1} + 0.192230 \times \ln(food)_{t-1} - \\
&\ 9.240619] + 0.018735 \times \mathrm{D}[\ln(S_1)_{t-1}] - 0.058894 \times \\
&\ \mathrm{D}[\ln(S_1)_{t-2}] - 0.075816 \times \mathrm{D}[\ln(S_1)_{t-3}] + 0.060967 \times \\
&\ \mathrm{D}[\ln(S_1)_{t-4}] + 0.082573 \times \mathrm{D}[\ln(S_1)_{t-5}] + 0.568760 \times
\end{aligned}
$$

$$\begin{aligned}
& D[\ln(S_1)_{t-6}] + 0.034452 \times D[\ln(food)_{t-1}] + 0.029474 \times \\
& D[\ln(food)_{t-2}] + 0.021827 \times D[\ln(food)_{t-3}] + 0.012537 \times \\
& D[\ln(food)_{t-4}] + 0.001362 \times D[\ln(food)_{t-5}] + 0.001917 \times \\
& D[\ln(food)_{t-6}] - 0.002924
\end{aligned} \tag{4.17}$$

$$\begin{aligned}
D[\ln(food)] =& -0.919972 \times [\ln(S_1)_{t-1} + 0.192230 \times \ln(food)_{t-1} - \\
& 9.240619] - 8.802054 \times D[\ln(S_1)_{t-1}] + 20.503798 \times \\
& D[\ln(S_1)_{t-2}] - 3.164239 \times D[\ln(S_1)_{t-3}] - 1.940766 \times \\
& D[\ln(S_1)_{t-4}] + 8.548100 \times D[\ln(S_1)_{t-5}] - 9.983578 \times \\
& D[\ln(S_1)_{t-6}] - 0.653085 \times D[\ln(food)_{t-1}] - 0.747058 \times \\
& D[\ln(food)_{t-2}] - 0.648013 \times D[\ln(food)_{t-3}] - 0.355179 \times \\
& D[\ln(food)_{t-4}] - 0.220098 \times D[\ln(food)_{t-5}] - \\
& 0.396402 \times D[\ln(food)_{t-6}] + 0.175857
\end{aligned} \tag{4.18}$$

2. 1979 ~ 2002 年

（1） ln（S_1） 和 ln（wat）

$$\begin{aligned}
D[\ln(S_1)] =& -0.432488 \times [\ln(S_1)_{t-1} - 0.967675 \times \ln(wat)_{t-1} - \\
& 1.741969] + 0.116927 \times D[\ln(S_1)_{t-1}] - 0.176654 \times \\
& D[\ln(S_1)_{t-2}] - 0.265172 \times D[\ln(wat)_{t-1}] - 0.298328 \times \\
& D[\ln(wat)_{t-2}] + 0.001168
\end{aligned} \tag{4.19}$$

$$\begin{aligned}
D[\ln(wat)] =& 0.653973 \times [\ln(S_1)_{t-1} - 0.967675 \times \ln(wat)_{t-1} - \\
& 1.741969] - 0.386386 \times D[\ln(S_1)_{t-1}] - 0.837024 \times \\
& D[\ln(S_1)_{t-2}] - 0.260458 \times D[\ln(wat)_{t-1}] - \\
& 0.226411 \times D[\ln(wat)_{t-2}] + 0.024726
\end{aligned} \tag{4.20}$$

（2） ln（S_1） 和 ln（pop）

$$\begin{aligned}
\ln(S_1) =& 0.480522 \times \ln(S_1)_{t-1} - 0.251759 \times \ln(S_1)_{t-2} + 0.448792 \\
& \times \ln(pop)_{t-1} + 0.690936 \times \ln(pop)_{t-2} - 2.788054
\end{aligned} \tag{4.21}$$

$$\begin{aligned}
\ln(pop) =& -0.061189 \times \ln(S_1)_{t-1} + 0.109166 \times \ln(S_1)_{t-2} + 0.389966 \\
& \times \ln(pop)_{t-1} + 0.437714 \times \ln(pop)_{t-2} + 0.981956
\end{aligned} \tag{4.22}$$

（3） ln（S_1） 和 ln（gdp）

$$D[\ln(S_1)] = -1.809815 \times [\ln(S_1)_{t-1} + 0.568652 \times \ln(gdp)_{t-1} - 0.054117 \times$$

$$@ \text{TREND}(79) - 11.240516] + 1.3190801 \times D[\ln(S_1)_{t-1}] +$$
$$0.519166 \times D[\ln(S_1)_{t-2}] + 0.672349 \times D[\ln(S_1)_{t-3}] -$$
$$0.904862 \times D[\ln(S_1)_{t-4}] + 0.09590 \times D[\ln(gdp)_{t-1}] + \qquad (4.23)$$
$$0.019848 \times D[\ln(gdp)_{t-2}] + 1.126911 \times D[\ln(gdp)_{t-3}] +$$
$$0.506660 \times D[\ln(gdp)_{t-4}] - 0.111717$$

$$D[\ln(gdp)] = -0.488671 \times [\ln(S_1)_{t-1} + 0.568652 \ln(gdp)_{t-1} - 0.054117 \times$$
$$@ \text{TREND}(79) - 11.240516] + 0.242387 \times D[\ln(S_1)_{t-1}] +$$
$$0.089890 \times D[\ln(S_1)_{t-2}] - 0.161335 \times D[\ln(S_1)_{t-3}] +$$
$$0.295427 \times D[\ln(S_1)_{t-4}] + 0.124142 \times D[\ln(gdp)_{t-1}] + \qquad (4.24)$$
$$0.469227 \times D[\ln(gdp)_{t-2}] + 0.322120 \times D[\ln(gdp)_{t-3}] -$$
$$0.157832 \times D[\ln(gdp)_{t-4}] + 0.011737$$

（4）$\ln(S_1)$ 和 $\ln(ind)$

$$D[\ln(S_1)] = -0.370054 \times [\ln(S_1)_{t-1} - 0.024216 \times \ln(ind)_{t-1} - 0.016384 \times$$
$$@ \text{TREND}(79) - 7.789827] - 0.052511 \times D[\ln(S_1)_{t-1}] -$$
$$0.210097 \times D[\ln(S_1)_{t-2}] - 1.098252 \times D[\ln(ind)_{t-1}] - \qquad (4.25)$$
$$0.458730 \times D[\ln(ind)_{t-2}] + 0.012028$$

$$D[\ln(ind)] = 0.532973 \times [\ln(S_1)_{t-1} - 0.024216 \times \ln(ind)_{t-1} - 0.016384 \times$$
$$@ \text{TREND}(79) - 7.789827] - 0.402258 \times D[\ln(S_1)_{t-1}] -$$
$$0.210147 \times D[\ln(S_1)_{t-2}] + 0.075693 \times D[\ln(ind)_{t-1}] - \qquad (4.26)$$
$$0.323575 \times D[\ln(ind)_{t-2}] + 0.001724$$

（5）$\ln(S_1)$ 和 $\ln(food)$

$$\ln(S_1) = 0.747782 \times \ln(S_1) \ln(S_1)_{t-1} - 0.520158 \times \ln(S_1)_{t-2} +$$
$$0.754804 \times \ln(S_1)_{t-3} - 0.374103 \times \ln(S_1)_{t-4} + 1.145266 \times$$
$$\ln(food)_{t-1} + 0.523752 \times \ln(food)_{t-2} - 0.888831 \times \qquad (4.27)$$
$$\ln(food)_{t-3} + 0.372975 \times \ln(food)_{t-4} - 5.240313$$

$$\ln(food) = 0.063135 \times \ln(S_1)_{t-1} - 0.063050 \times \ln(S_1)_{t-2} - 0.321474 \times$$
$$\ln(S_1)_{t-3} + 0.006550 \times \ln(S_1)_{t-4} + 0.004593 \times$$
$$\ln(food)_{t-1} + 0.311511 \times \ln(food)_{t-2} + 0.109424 \times \qquad (4.28)$$
$$\ln(food)_{t-3} - 0.028965 \times \ln(food)_{t-4} + 6.889057$$

（二）脉冲响应分析

运用脉冲响应函数分析变量之间动态影响态势。VAR 模型中，向量 ε_t 任何分量（$\varepsilon_{1,t}$）的变动可以引起当前（$y_{1,t}$）的变动，与此同时，VAR 系统内的变量互相影响，（$\varepsilon_{1,t}$）的变动还能进一步改变其他变量的未来值。本书利用 Eviews 软件乔莱斯基分解（Cholesky decomposition）以期获得脉冲响应函数，借此捕捉洞庭湖湿地水面面积与各类驱动因子间的动态影响状况。本文将脉冲响应函数响应时期设定为 10 期，并采用多图形式获得五组 VAR 模型的脉冲响应函数［见图 4 - 3（a）至 4 - 3（e）］。

1. ln（S_1）和 ln（wat）构成的 VAR 系统脉冲响应函数

图 4 - 3（a）表明 1952 ~ 1978 年水面对产流量一个标准差的响应，脉冲响应为表现为负效应，但是数字较小，10 期累计效应仅为 - 0.066787，表明自然因素对洞庭湖水体面积有效有限。图 4 - 3（b）表明 1979 ~ 2002 年水面对降水一个标准差的响应，1979 ~ 2002 年的脉冲响应表明，降水等自然因素对洞庭湖水面具有正面显著影响。从第一期开始，响应值快速增加，到第 4 期达到峰值 0.075544，之后不断下降，但是数值始终保持 0.04 以上。这表明无论是短期还是长期，降水量增加扩大了洞庭湖水体面积，短期内效果更加明显。可能的解释是，第一，降雨量的增加和蒸发量的减少会造

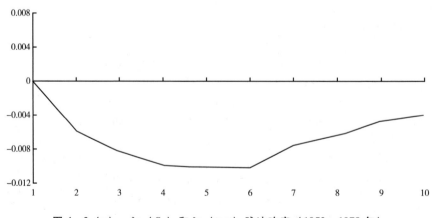

图 4 - 3（a）　ln（S_1）和 ln（wat）脉冲响应（1952 ~ 1978 年）

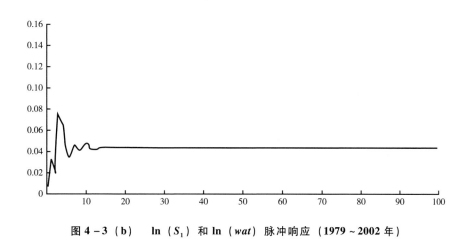

图 4 - 3（b）　ln（S_1）和 ln（wat）脉冲响应（1979～2002 年）

成洞庭湖湿地水面扩大；第二，随着洞庭湖湿地水利工程建设的有序推进，环洞庭湖湿地区域水闸、堤坝、排涝站等水利设施对洞庭湖湿地的调控能力相比改革开放前有提升。

2. ln（S_1）和 ln（pop）构成的 VAR 系统脉冲响应函数

图 4 - 4（a）表明 1952～1978 年水面对人口规模一个标准差的响应，脉冲响应为表现为周期波动性且振幅越来越大。可能的解释是，尽管1952～1978 年洞庭湖人口整体增长呈现稳定的增长趋势，但是在若干年份也表现出人口下降的变化趋势，如 1960 年与 1978 年，这种突发下降不符合人口自然增长规律，对洞庭湖水面面积表现出正负效应交替出现的周期属性。图 4 - 4（b）表明 1979～2002 年水面对人口规模一个标准差的响应，脉冲响应为表现为正效应，即人口增长增加了洞庭湖水体面积。从第一期开始，响应值不断增加，到第 3 期达到峰值 0.023468，之后不断下降，到第 10 期内仅为 0.011371。但是与 1952～1978 年样本时间段图示响应值比较，1979～2002 年样本时间段图示响应值明显高一个基数，后者是前者的十倍。并且前值出现周期性波动，后者基本保持为正值。脉冲响应结果说明，改革开放后，环洞庭湖湿地区域粮食流通体制的改善以及粮食流通的放开有效地缓解了人口对洞庭湖湿地土壤资源的压力。

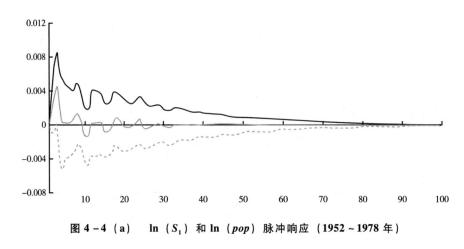

图 4 - 4（a） ln（S_1）和 ln（pop）脉冲响应（1952～1978 年）

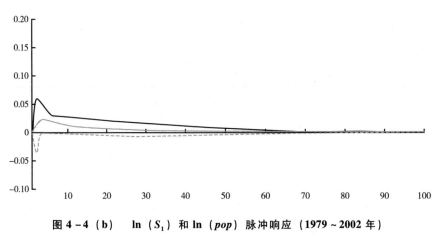

图 4 - 4（b） ln（S_1）和 ln（pop）脉冲响应（1979～2002 年）

3. ln（S_1）和 ln（gdp）构成的 VAR 系统脉冲响应函数

图 4 - 5（a）表明 1952～1978 年水面对经济规模一个标准差的响应，脉冲响应在前 2 期表现出正效应，即经济增长有利于扩大洞庭湖水体面积。然而之后逐步下降，到第 3 期下降为 - 0.001205，第 10 期为 - 0.001162，第 50 期为 - 0.026256。图 4 - 5（b）表明 1979～2002 年水面对人均 GDP 一个标准差的响应，脉冲响应 10 期累计为 - 0.395768，因此人均 GDP 的增长将减少洞庭湖水体面积。第 1 期响应值为 0，随后响应值呈现迅速下降发展态势，到第 3 期响应值数据为 - 0.076756，然

后出现了上升的发展态势。但是直到第 6 期，响应值均依然表现为负值，脉冲响应发展到第 7 期，响应值数据为 0.027134。然后，到第 8 期出现峰值 -0.098110。响应结果表明，尽管经济增长短期内有利于扩大洞庭湖水域面积，但是长期而言具有严重的危害性。这与这一期间洞庭湖经济发展模式密切相关，传统粗放的经济增长模式造成洞庭湖湿地水域的过度开发利用，导致了湿地面积的减少。当前及未来一段时期，务必加快推进环洞庭湖湿地区域经济增长模式的转型。

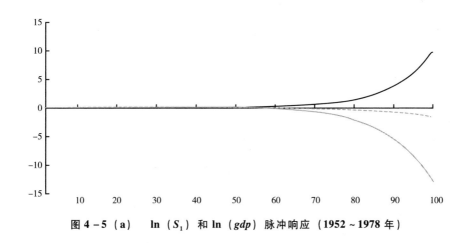

图 4-5（a）　ln（S_1）和 ln（gdp）脉冲响应（1952～1978 年）

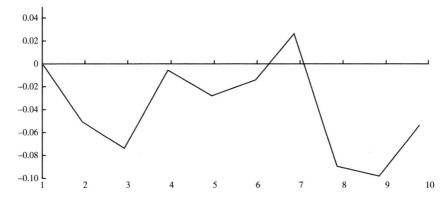

图 4-5（b）　ln（S_1）和 ln（gdp）脉冲响应（1979～2002 年）

4. ln （S_1） 和 ln （ind） 构成的 VAR 系统脉冲响应函数

图 4 - 6 （a） 表明 1952～1978 年水面对经济结构一个标准差的响应，尽管脉冲响应表现出周期，但是从第 10 期开始累计效应逐步为负并且表出现不断放大的趋势，到 100 期后为 - 0.002398。因此，笔者认为工业的发展缩小了洞庭湖水体面积。图 4 - 6 （b） 表明 1979～2002 年水面对经济结构一个标准差的响应，尽管脉冲响应与 1952～1978 年类似，表现出周期性并且累计效应为 - 0.050545，但是 1979～2002 年响应值绝对值约为1952～1978 年的 20 倍。因此 1978 年人均 GDP 的增长对环境的负面影响更为明显。可能的解释就是，环洞庭湖湿地区域工业化建设依然是盲目占湖占湿扩建起主导作用。

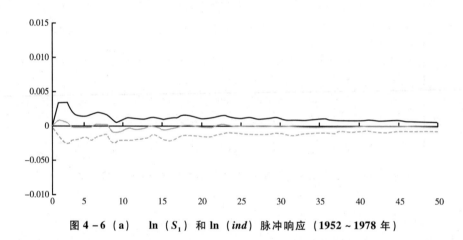

图 4 - 6 （a）　　ln （S_1） 和 ln （ind） 脉冲响应 （1952～1978 年）

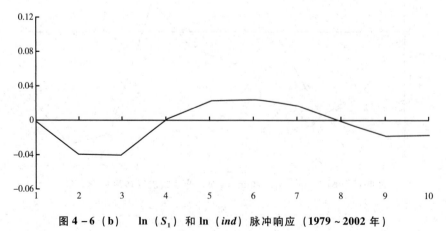

图 4 - 6 （b）　　ln （S_1） 和 ln （ind） 脉冲响应 （1979～2002 年）

5. $\ln（S_1）$ 和 $\ln（food）$ 构成的 VAR 系统脉冲响应函数

图 4-7（a）表明 1952~1978 年水面对粮食产量一个标准差的响应，表现为负效应，即粮食产量增加降低了洞庭湖水体面积。尽管响应值在前两期表现为正向效应，但是随后，响应值呈现快速下降发展态势，到第 6 期，响应值发展到一个局部峰值，响应值数值为 -0.003710。随后，尽管响应值出现短期上升的态势，但是依旧持续下降。到第 12 期到全局峰值 -0.005062，往后该数值基本保持在 -0.004 附近。这表明，环洞庭湖湿地区域将围湖占地作为提高粮食产量的重要选择。图 4-7（b）表明 1979~2002 年水面对粮食产量一个标准差的响应，表现为正效应，即增加粮食产量能够提高洞庭湖水体水面。从第 1 期到第 6 期，响应值发展态势一直维持为正向，随后，响应值呈现下降发展态势，并呈现为负向效应直到第 10 期。这表明，1978 年后粮食增长对洞庭湖水体面积整体表现为正效应，尽管长期表现为负效应。研究结果显示，一方面，粮食增产不再依赖围湖占地的传统路径，技术创新成为粮食增产的主要方式；另一方面，随着改革开放后粮食市场的放开，区域间粮食贸易带来的粮食流通明显减轻了对洞庭湖湿地水面的压力。

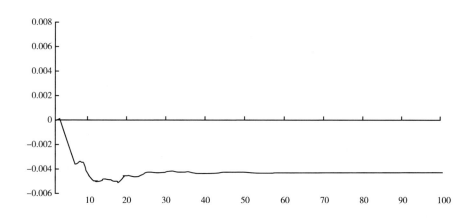

图 4-7（a）　　$\ln（S_1）$ 和 $\ln（food）$ 脉冲响应（1952~1978 年）

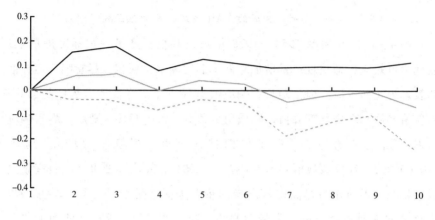

图 4 - 7（b）　ln（S_1）和 ln（$food$）脉冲响应（1979 ~ 2002 年）

将 1949 ~ 1978 年、1979 ~ 2015 年两个时段的洞庭湖湿地水面面积对各类驱动因子的脉冲响应展开比较（见表 4 - 6），可以发现以下两点规律。

第一，纵向比较来看，人口规模对洞庭湖湿地水面扩大有促进作用，蒸发 - 降雨量差在改革前后对洞庭湖湿地水面的作用呈现了先缩小后扩大的变化，经济规模、经济结构和粮食产量一个单位标准差的冲击缩小了洞庭湖湿地水面。

第二，横向比较来看，各类驱动因子对洞庭湖湿地水面变化的影响程度存在差异，1952 ~ 1978 年，影响洞庭湖湿地水面的影响因子强弱排序为经济规模 > 洞庭湖湿地产流量 > 粮食产量 > 人口规模 > 经济结构。1979 ~ 2002 年，影响洞庭湖湿地水面的影响因子强弱排序为经济规模 > 洞庭湖湿地产流量 > 粮食产量 > 经济结构 > 人口规模。

表 4 - 6　洞庭湖湿地水面面积对各个驱动因子脉冲响应比较状况

驱动因子	时间段	响应方向	第一年响应	最大响应
洞庭湖湿地产流量	1952 ~ 1978 年	-	0.000	- 0.010110(5)
	1979 ~ 2002 年	+	0.000	0.075544(4)
人口规模	1952 ~ 1978 年	+	0.000	0.004663(2)
	1979 ~ 2002 年	+		0.023468(2)

驱动因子	时间段	响应方向	第一年响应	最大响应
经济规模	1952 ~ 1978 年	－	0.000	－ 1.545364（100）
	1979 ~ 2002 年	－	0.000	－ 0.098110（9）
经济结构	1952 ~ 1978 年	－	0.000	0.000937（2）
	1979 ~ 2002 年	－	0.000	－ 0.040376（3）
粮食产量	1952 ~ 1978 年	－	0.000	－ 0.005062（12）
	1979 ~ 2002 年	－	0.000	－ 0.048079（7）

注：以上响应是针对各类驱动因子一个单位标准差来分析的；响应方向栏中，"－"说明驱动因子与洞庭湖湿地水面之间呈现为负相关关系；"＋"说明驱动因子与洞庭湖湿地水面之间呈现为正相关关系；在最大响应栏数据后的括号中显示的数据表明最大响应发生的滞后期数，单位为"年"。

（三）方差分解分析

上文脉冲响应函数分析展示了变量之间动态影响态势。为进一步描述结构冲击造成的影响程度，选择方差分解评价分析。对 1952 ~ 1978 年、1979 ~ 2002 年两个时段内各个驱动因子贡献率展开整理，获得表4 - 7，类似之前各个驱动因子脉冲响应比较分析，这里同样可得出两个结论。

第一，纵向比较来看，不同时间段、不同驱动因子对洞庭湖湿地水面变化的影响存在差异。改革开放后，洞庭湖湿地产流量、人口规模和粮食产量对洞庭湖湿地水面变化的影响力在减弱。洞庭湖湿地产流量在 1978 年改革开放前解释度达到 79.36%，但是在 1979 年后，解释度只有 23.59%。人口规模在 1978 年改革开放前解释度达到 48.88%，但是在 1979 年后，解释度只有 12.21%。粮食产量在 1978 年改革开放前解释度达到 65.67%，但是在 1979 年后，解释度只有 21.05%。改革开放后，经济规模和经济结构对洞庭湖湿地水面变化的影响力增强。经济规模在 1978 年改革开放前解释度达到 69.64%，但是在 1979 年后，解释度增至 71.02%；经济结构在 1978 年改革开放前解释度仅为 7.71%，但是在 1979 年后，解释度达到了 20.64%。

第二，横向比较来看，在相同时间段内，各类非自然驱动因子对洞庭湖湿地水面面积变化的贡献率并不相同。改革开放前，洞庭湖湿地水面面积变化的驱动因子按影响强度排序为经济规模 > 粮食产量 > 人口规模 > 经济结构。改革开放后，洞庭湖湿地水面面积变化的驱动因子按影响强度排序为经济规模 > 粮食产量 > 经济结构 > 人口规模。相对经济结构和人口规模来说，经济规模和粮食产量对洞庭湖湿地水面面积变化的影响较大。

表 4 - 7　不同时段各个驱动因子对洞庭湖湿地水面面积变化的贡献率比较

单位：%

驱动因子	时间段	方差贡献率
洞庭湖湿地产流量	1952 ~ 1978 年	79.36
	1979 ~ 2002 年	23.59
人口规模	1952 ~ 1978 年	48.88
	1979 ~ 2002 年	12.21
经济规模	1952 ~ 1978 年	69.64
	1979 ~ 2002 年	71.02
经济结构	1952 ~ 1978 年	7.71
	1979 ~ 2002 年	20.64
粮食产量	1952 ~ 1978 年	65.67
	1979 ~ 2002 年	21.05

注：展开方差分解时，本研究将滞后期设定为 50 期。

第四节　小结

本章对 1952 年以来洞庭湖湿地水面变化情况展开定量分析。第一节构建洞庭湖湿地水面变化模型，选择洞庭湖湿地水面指示性指标，并基于第三章第三节的研究基础，进一步系统分析了水面变化驱动力。第二节划分了 1952 ~ 1978 年、1979 ~ 2002 年两个阶段，选取洞庭湖湿地水面面积指标数据，判断其库兹涅茨曲线形态。计算表明，洞庭湖湿地水面指标与人均 GDP 存在环境库兹涅茨曲线效应，洞庭湖湿地水面大致经历了"缩小→扩

大→相对稳定"三个变化阶段，总体表现为"U"形曲线。第三节构建了
1952~1978年、1979~2002年各类驱动因子与洞庭湖湿地水面的向量自回
归模型，借助脉冲响应函数观察洞庭湖湿地水面对洞庭湖湿地产流量（蒸
发－降雨量差值）、人口规模、经济规模、经济结构和粮食产量等因素冲击
的响应。分析结果表明非自然驱动力影响因子中，洞庭湖湿地水面对环洞庭
湖湿地区域经济规模的冲击响应最为明显；借助方差分解分析判断各类驱动
力影响力大小，分析结果表明非自然驱动力影响因子中经济规模和粮食产量
对洞庭湖湿地水面变化贡献较大。

第五章 洞庭湖湿地水质变化分析

第一节 洞庭湖湿地水质变化模型构想及水质变化驱动力分析

一 洞庭湖湿地水质变化模型研究的总体思路

本章通过洞庭湖湿地水质数据的定量分析来考察第三章第六节提出的利用形态演变判断及其影响因素。为此，基于洞庭湖湿地环境功能利用历史描述，构建洞庭湖湿地水质变化模型，即借鉴环境库兹涅茨曲线的研究思想和相关研究成果，建构模型，拟合水质库兹涅茨曲线，考察经济发展过程中水质变化。洞庭湖湿地水质是洞庭湖湿地水质变化模型研究的关键。

近年来，瞄准洞庭湖湿地水质变化的研究成果很多，研究者分别从富营养化指数、总磷、总氮、化学需氧量、高锰酸盐指数、叶绿素 a 等维度探索洞庭湖湿地水环境变动态势。相关研究表明，洞庭湖湿地水体富营养化程度不严重，但是磷、氮污染较为突出。[①] 经过多年整治，洞庭湖湿地总磷、总氮和叶绿素 a 含量并未下降，[②] 总氮、总磷还呈增长态势。[③] 基于水质监测

---

① 毛德华、李正最、李志龙等：《后三峡时代洞庭湖区水生态安全问题研究》，载严永盛主编《2012 洞庭湖发展论坛文集》，湖南大学出版社，2013，第 1~15 页。

② 饶建平、易敏、符哲等：《洞庭湖水质变化趋势的研究》，《岳阳职业技术学院学报》2011 年第 3 期，第 53~57 页。

③ 李有志、刘芬、张灿明：《洞庭湖湿地水环境变化趋势及成因分析》，《生态环境学报》2011 年第 8 期，第 1295~1300 页。

数据分析表明，总磷和总氮占据洞庭湖湿地污染主体,[1] 全磷风险是洞庭湖湿地水环境风险贡献率最大的污染物。[2] 研究者还分别基于污染分担率评价和主成分分析法，肯定总磷和总氮是洞庭湖湿地的特征污染物。[3] 研究还认为，叶绿素 a 与总氮呈现显著正相关。[4] 综上所述，可以判断总磷、总氮是洞庭湖湿地水质主要影响因子。[5] 因此，洞庭湖湿地水质的资源库兹涅茨曲线模型分别考察总磷和总氮的变化。[6]

二　洞庭湖湿地水质变化驱动力分析

影响洞庭湖湿地水质变化的自然因子为气温、光照和降雨；环洞庭湖湿地区域农业产业结构调整、工业化和城镇化进程等因素是推动洞庭湖湿地水质变化的人文驱动因素。

（一）自然驱动力

气温、降雨等因素对浮游藻类生长繁殖产生影响，进而对洞庭湖湿地水质变化产生影响。近年来，洞庭湖湿地气候呈现气温升高、降雨量减少等发

---

[1] 方凯、李利强、田琪:《洞庭湖水环境质量特征和发展趋势》,《内陆水产》2003 年第 4 期，第 34～36 页。

[2] 卢宏伟、曾光明、何理:《洞庭湖流域水体污染物变化趋势及风险分析》,《水土保持通报》2004 年第 2 期，第 12～16 页。

[3] 参见秦迪岚、罗岳平、黄哲等《洞庭湖水环境污染状况与来源分析》,《环境科学与技术》2012 年第 8 期，第 193～198 页；李忠武、赵新娜、谢更新等《三峡工程蓄水对洞庭湖水环境质量特征的影响》,《地理研究》2013 年第 11 期，第 2021～2030 页。

[4] 参见黄文钰《中国主要湖泊叶绿素 a 与总磷关系》,《污染防治技术》1997 年第 1 期，第 11～12 页；黄代中、万群、李利强等《洞庭湖近 20 年水质与富营养化状态变化》,《环境科学研究》2013 年第 1 期，第 27～33 页。

[5] 熊剑、喻方琴、田琪等:《近 30 年来洞庭湖水质营养状况演变特征分析》,《湖泊科学》2016 年第 6 期，第 1217～1225 页。

[6] 根据水利部、湖南省水利厅相关调研数据以及相关文献数据进行整理，参见熊剑、喻方琴、田琪等《近 30 年来洞庭湖水质营养状况演变特征分析》,《湖泊科学》2016 年第 6 期，第 1217～1225 页；黄代中、万群、李利强等《洞庭湖近 20 年水质与富营养化状态变化》,《环境科学研究》2013 年第 1 期，第 27～33 页；毛德华、李正最、李志龙等《后三峡时代洞庭湖区水生态安全问题研究》，载严永盛主编《2012 洞庭湖发展论坛文集》，湖南大学出版社，2013，第 1～15 页；饶建平、易敏、符哲等《洞庭湖水质变化趋势的研究》,《岳阳职业技术学院学报》2011 年第 3 期，第 53～57 页。

展态势。20 世纪 90 年代平均气温相比前 30 年增高了 0.36℃，1998 年后气温升高更加显著，洞庭湖湿地春季、秋季降雨趋于减少。降雨偏少加剧了水质恶化，就为蓝藻生长发育提供水质演变所需的环境要素；温度偏高为蓝藻发育准备了热量等气候环境条件，日照时数偏多，光照较为充足，进而为蓝藻发育创造光合作用条件。三者导致近年来洞庭湖湿地蓝藻频发，洞庭湖湿地基本常年存在水华现象。尽管气温、光照和降雨对洞庭湖湿地水质变化产生影响，但前者是后者的必要非充分条件，即污染在先，蓝藻在后。

（二）人文驱动力

自然状态下，洞庭湖湿地也可能出现贫营养到富营养状态、水质由好到坏的转变，这个过程可能需要成千上万年时间，但是人类活动加快了这一进程，使洞庭湖湿地水质变化在极短的几十年时间内得以实现。诱致变化的人文驱动因子有直接和间接驱动力。直接驱动力表现为各类污染物的排放以及入湖河道水质变化，这不仅取决于人口增长、经济增长等间接人文驱动力，还受政策制度的深刻影响。洞庭湖湿地水环境治理等政策因素对洞庭湖湿地水质改善有贡献。例如，2006 年环洞庭湖湿地区域开展"零点行动"，截至 2007 年 3 月 31 日，环洞庭湖湿地区域关闭造纸企业共计 234 家，洞庭湖湿地水质由Ⅴ类恢复到Ⅲ类。

这里要指出的是，三峡工程作为大尺度地域范围内的水利工程，对洞庭湖湿地水质影响是存在的。三峡工程增加了换水周期和水环境容量，换水周期延长，由 4.7d 增至 5.7d，不利于水环境质量改善。与此同时，水环境容量增大又有利于水环境质量改善，可见三峡工程的运行对洞庭湖湿地水质的影响有利有弊。[①] 但是三峡工程运行时间较短，三峡水库正处在试验性蓄水期，工程运行对洞庭湖湿地水环境的具体影响尚不明显，三峡水库工程对洞庭湖湿地水环境的影响仍需要长期跟踪观测和研究。因此，本书并没有将三峡工程纳入考量。

---

① 童潜明：《洞庭湖近现代的演化与湿地生态系统演替》，《国土资源导刊》2004 年第 1 期，第 38～44 页。

第二节　洞庭湖湿地水质变化与经济发展关系的定量分析

依据前文分析，洞庭湖湿地水质经历过恶化、改善、再恶化的过程。这个过程中，是否展现环境经济学家提出的环境库兹涅茨曲线特征，这正是本节试图通过实证分析解决的问题。

一　指标参数设置与数据来源

本节采用洞庭湖湿地水质指标来体现洞庭湖湿地水质变化，用 E_{it} 表示 t 时期洞庭湖湿地第 i 种污染物浓度；t 时期环洞庭湖湿地区域经济发展状况用人均地区生产总值，用 gdp_t 标识。

二　计量模型选择

基于相关研究成果，本节试用三次多项式回归模型，尝试估计洞庭湖湿地水质库兹涅茨曲线。回归模型见公式 5.1。

$$E_{it} = \beta_{i0} + \beta_{i1}y_t + \beta_{i2}y_t^2 + \beta_{i3}y_t^3 + \varepsilon_{it} \tag{5.1}$$

公式 5.1 中，β_{ij}（$j=1$，2，3）中元素为模型参数，ε_{it} 为扰动项，下标 t 代表年份。

三　洞庭湖湿地水环境库兹涅茨曲线拟合结果及其分析

对洞庭湖湿地水质和环洞庭湖湿地区域人均地区生产总值（依据当年价值计算）的时间序列数据展开平稳性检验，检验结果见表 5-1。

从表 5-1 中可见，ln（TP）则属于平稳序列，其余各变量都是一阶单整序列。公式 5.1 为时间序列数据回归模型，因此，如果数据序列存在非同阶单整平稳现象，即如表 5-1 显示自变量 TP、TN 与其他因变量 ln（gdp）、

表 5 - 1   洞庭湖湿地水质与环洞庭湖湿地区域人均地区生产总值数据平稳性检验

变量	差分次数	ADF 值	临界值(1%)	临界值(5%)	通过检验(是/否)
gdp	0	6.454785	-3.73785	-2.99188	否
	1	-3.82795	-4.41635	-3.62203	是
$\ln(gdp)$	0	1.497865	-3.73785	-2.99188	否
	1	-4.53011	-3.75295	-2.99806	是
$\ln^2(gdp)$	0	1.996783	-3.73785	-2.99188	否
	1	-4.18474	-3.75295	-2.99806	是
$\ln^3(gdp)$	0	2.529853	-3.73785	-2.99188	否
	1	-4.9111	-4.41635	-3.62203	是
TP	0	-3.46965	-3.75295	-2.99806	否
	1	-3.8786	-3.75295	-2.99806	是
$\ln(TP)$	0	-3.80801	-3.75295	-2.99806	是
TN	0	-0.96717	-3.73785	-2.99188	否
	1	-4.90613	-3.7696	-3.00486	是
$\ln(TN)$	0	-1.18273	-3.73785	-2.99188	否
	1	-5.14438	-3.7696	-3.00486	是

注:在序列 gdp 和 $\ln^3(gdp)$ 的 ADF 检验中,检验方程设置为截距项和趋势项;其他序列设置为截距项。

$\ln^2(gdp)$、$\ln^3(gdp)$ 同时存在零阶、一阶而非同阶平稳。分析表明,模型回归结果存在"伪回归"现象的可能性。因此,为消除"伪回归"现象,本书还对回归残差进行了检验。其中,通过残差(增广的 ADF)平稳性检验以确定模型 5.1 回归结果是否存在"伪回归"现象,从表 5 - 2 可见,除第二列估计结果外,其他估计结果表明残差(增广的 ADF)平稳性检验统计值均在 5% 统计水平显著拒绝原假设,即表明残差项为平稳序列,回归结果较为稳定。可能的解释是,第二列回归中只考虑了人文因素而忽视了自然因素,导致模型回归结果存在较大偏误。通过加入自变量 TP 的一阶滞后项 D(TP) 和采取自回归模型 AR(1),模型 5.1 的估计结果得以改善,"伪回归"现象得以消除。此外,本研究尝试通过残差怀特异方差检验统计值和残差自相关检验统计值异方差和自相关存在与否。表 5 - 2 检验分析数据充分表明,模型检验结果较为稳健。

　　针对基本模型公式 5.1 中的两类自变量（总磷与总氮）及其变体按表 5-2 和表 5-3 依次进行线性回归，以检测洞庭湖湿地水质（总磷与总氮）是否存在库兹涅茨曲线效应。具体结果见表 5-2 和表 5-3。表 5-2 估计结果显示，洞庭湖湿地总磷与人均地区生产总值存在库兹涅茨曲线效应，具体表现为"先增、后降、再增"的"N"形增曲线。在人均地区生产总值处于较低水平时，随着经济的增长，洞庭湖总磷指标呈现快速增长趋势 [ln（gdp）估计系数为 251.137]；随着人均地区生产总值的持续增长，总磷指标出现温和的下降趋势 [$\ln^2$（gdp）估计系数为 -31.10156]；但是随着人均地区生产总值进一步增长，总磷指标呈现极度低速的增长 [$\ln^3$（gdp）估计系数为 1.280492]。具体而言，随着经济增长，特别是农业磷肥使用，总磷的快速增加及经济水平上升导致生活污水排放量大幅度上升，这使洞庭湖水体总磷含量显著增加。但是生产技术进步提高了农业磷肥的使用效率，在一定程度上推动了粗放型农业增长模式向集约型发展模式转变，加之无磷技术的推广使生活污水中含磷量迅速下降，二者使洞庭湖总磷含量的下降。然而，随着农业在三次产业中的比例快速下降，工业化、城镇化快速崛起，洞庭湖污染由生活、农业等点状污染转变为工业化、城镇化的线条型污染。尽管相较于前者，后者易于治理，但是在城市基础设施如污水处理厂滞后、工业污染排放标准落后与治理不力的经济转型时代，洞庭湖总磷含量快速上升。随着 2014 年新型城镇化特别是城镇智能化，以及"中国制造 2025"等工业转型计划的开启，预计在接下来的 10 年里，洞庭湖总磷含量将趋于下降。

　　与表 5-2 类似，表 5-3 是对数据展开异方差和自相关检验的结果，明显偏误在模型估计中并没有出现，由此可见，估计结果还是较为稳健。模型"伪回归"检验结果表明表 5-3 估计结果不存在"伪回归"与较大偏误，结果可信。第二列至第六列数据分析结果显示出，各列估计结果 ln（gdp）变量及 ln（gdp）的变体估计系数显示不明显。因此，洞庭湖湿地总氮指标与人均 GDP 并没有存在环境库兹涅茨曲线效应。这可能是由于氮气和氮氧化物是洞庭湖湿地氮污染源，与化石燃料大量使用存在相关性，受空气、降水的小气候影响，因而表现出一定的随机属性，这也是表5-3中所有模型估计结果均不显著的关键原因。

表5-2 洞庭湖湿地环境库兹涅茨曲线效应检验（基于总磷数据）

自变量/因变量	TP	TP	TP	$\ln(TP)$	$\ln(TP)$	$\ln(TP)$
$\ln(gdp)$	0.710214 ** (0.268013)	0.915708 *** (0.250827)	19.05503 * (9.367735)	11.85228 *** (3.677534)	14.55108 *** (3.48945)	251.137 * (119.3471)
$\ln^2(gdp)$	−0.044123 ** (0.016941)	−0.057127 *** (0.015794)	−2.363752 * (1.170642)	−0.734902 *** (0.232456)	−0.904628 *** (0.219564)	−31.10156 * (14.90706)
$\ln^3(gdp)$			0.09748 * (0.048667)			1.280492 * (0.619401)
$D(TP)$		0.693559 *** (0.199514)	0.57455 *** (0.14863)		0.701635 *** (0.209487)	0.593133 *** (0.165972)
AR(1)			0.686305 *** (0.203408)			0.628303 ** (0.229632)
Constant	−2.754543 ** (1.055122)	−3.563757 *** (0.991619)	−50.97454 * (24.94204)	−50.01231 *** (14.47781)	−60.70763 *** (13.80514)	−676.5622 ** (317.8893)
Sample	25	24	23	25	24	23
Prob (F-statistic)	0.02378	0.002698	0.000594	0.00465	0.001196	0.000362
Adjusted R-squared	0.223445	0.424313	0.604733	0.330523	0.471038	0.712942
Durbin-Watson stat	0.888055	0.814915	1.273442	0.858458	0.765861	1.309359
残差(增广的ADF)平稳性检验统计值(概率值)	−2.240074 (0.1983)	−3.472177 (0.0190)	−3.097738 (0.0415)	−3.272941 (0.0284)	−3.590631 (0.0148)	−3.46202 (0.0195)
残差怀特异方差检验统计值(概率值)	3.941155 (0.0224)	2.120650 (0.1010)	0.321039 (0.9531)	8.172880 (0.0009)	4.049171 (0.0211)	1.770573 (0.1630)
残差自相关检验统计值(概率值)	6.299805 (0.0076)	12.47529 (0.0004)	3.834592 (0.0452)	6.643149 (0.0061)	13.67685 (0.0002)	2.778754 (0.0941)

注："***"、"**"和"*"表示在1%、5%和10%统计水平显著；括号内为标准差。

表 5 - 3　洞庭湖湿地环境库兹涅茨曲线效应检验（基于总氮数据）

自变量/因变量	TN	TN	TN	$\ln(TN)$	$\ln(TN)$	$\ln(TN)$
$\ln(gdp)$	- 1. 541928 (1. 225573)	- 18. 1065 (29. 04943)	- 57. 76158 (- 1. 098494)	- 0. 523962 (0. 765021)	- 9. 327589 (18. 17173)	- 42. 7895 (33. 21225)
$\ln^2(gdp)$	0. 123974 (0. 077468)	2. 234593 (3. 698848)	7. 089655 (6. 565965)	0. 04858 (0. 048357)	1. 170318 (2. 313797)	5. 25485 (4. 142762)
$\ln^3(gdp)$		- 0. 089349 (0. 156547)	- 0. 287212 (0. 272809)		- 0. 047486 (0. 097928)	- 0. 213457 (0. 171973)
$D(TN)$			0. 751513 (0. 169383)			0. 483536 (0. 098783)
$AR(1)$			0. 618912 (0. 211638)			0. 696159 (0. 172573)
Constant	6. 111934 (4. 824866)	49. 30634 (75. 8393)	157. 0897 (140. 1346)	1. 614509 (3. 011754)	24. 57118 (47. 44092)	115. 8052 (88. 62967)
Sample	25	25	23	25	25	23
Prob (F-statistic)	0. 000	0. 000	0. 000	0. 000	0. 000	0. 000
Adjusted R-squared	0. 825472	0. 819954	0. 895851	0. 802909	0. 79581	0. 882845
Durbin- Watson stat	1. 624679	1. 631272	1. 739126	1. 715075	1. 717648	1. 699832
残差(增广的 ADF)平稳性检验 统计值(概率值)	- 3. 862754 (0. 0075)	- 3. 914338 (0. 0067)	- 5. 437703 (0. 0003)	- 4. 062640 (0. 0048)	- 4. 097274 (0. 0044)	- 4. 343977 (0. 0026)
残差怀特异方 差检验统计值 (概率值)	0. 313229 (0. 8156)	0. 500698 (0. 7355)	0. 298039 (0. 9632)	0. 607386 (0. 6176)	0. 829988 (0. 5218)	0. 607386 (0. 6176)
残差自相关 检验统计值 (概率值)	1. 373544 (0. 2761)	1. 150579 (0. 3375)	4. 611512 (0. 0126)	1. 293397 (0. 2963)	1. 106240 (0. 3512)	1. 293397 (0. 2963)

注："＊＊＊"、"＊＊"和"＊"表示在 1%、5% 和 10% 统计水平显著；括号内为标准差。

总的来看，基于模型公式 5.1，依据参数估计值的显著性，回归过程中删减自变量，最终得到洞庭湖湿地水质库兹涅茨曲线（总磷）的估计公式：

$$\ln(TP) = -676.5622 + 251.137\ln(gdp) - 31.10156\ln^2(gdp) \\ + 1.280492\ln^3(gdp) + 0.593133\ln(TP) \tag{5.2}$$

估计结果显示，洞庭湖湿地水质变化曲线显示为"N"形特征。

第三节　洞庭湖湿地水质变化驱动因子贡献率分析

通过前面分析，笔者对洞庭湖湿地水质变化的驱动因素做了概括性描述。洞庭湖湿地水质库兹涅茨曲线分析结果表明，洞庭湖湿地水质中总磷库兹涅茨曲线呈现"N"形特征。下面将寻找并衡量影响洞庭湖湿地水质变化的各个驱动因子影响力，找到加快推动洞庭湖湿地水质拐点尽早到来的关键驱动因子，这是本节定量分析要解决的问题。

一　指标参数设置

基于与影响洞庭湖湿地水质的驱动因子比较的考量，在衡量洞庭湖湿地水质驱动因子可能影响力的基础上，再结合数据的可获得性，选择洞庭湖湿地产流量、人口规模、经济规模、经济结构、粮食产量等数据纳入计量模型。洞庭湖湿地产流量用洞庭湖湿地蒸发量与降雨量差值替代，采用符号 *wat* 表示；将环洞庭湖湿地区域人口总量作为人口规模代表，采用符号 *pop* 表示；经济规模由环洞庭湖湿地区域地区生产总值表达，采用符号 *gdp* 表示；第二产业产值占总产值的比例变化说明环洞庭湖湿地区域工业化进程和产业结构变化，采用符号 *ind* 表示；粮食产量用历史时期环洞庭湖湿地区域粮食总产量替代，在一定程度上反映环洞庭湖湿地区域第一产业内部结构的变动，采用符号 *food* 表示；洞庭湖湿地水质使用总磷浓度代表，采用符号 *TN* 表示（见表 5 – 4）。

表 5 - 4 驱动力分析中变量及符号设定

指标	变量	符号	单位
洞庭湖湿地产流量	洞庭湖湿地蒸发量 - 降雨量	wat	毫米
人口规模	环洞庭湖湿地区域年末户籍/常住人口	pop	万人
经济规模	环洞庭湖湿地区域地区生产总值	gdp	万元
经济结构	环洞庭湖湿地区域第二产业占比	ind	%
粮食产量	环洞庭湖湿地区域粮食总产量	$food$	万吨
洞庭湖湿地水质	洞庭湖湿地总磷浓度	TN	毫克/升

二 数据来源与描述

实证分析中环洞庭湖湿地区域年蒸发量和年降雨量数据来自调研数据。环洞庭湖湿地区域人口规模、经济规模、经济结构（第二产业产值占比）、粮食产量数据依据环洞庭湖湿地区域各市域历年统计年鉴以及历史时期《湖南经济社会发展 60 年》《湖南资料手册（1949~1989）》《常德地区志·人口志》《荆州地区四十年》《岳阳市农村经济年鉴 1949~1996》《望城县志》《望城县志 1988~2002》的数据整理获得，具体数据在第四章讨论水面变化的定量分析时做了描述。洞庭湖湿地总磷浓度根据调研数据进行处理获得。

三 计量模型选择

（一）向量自回归模型

基于研究洞庭湖湿地水质对各类驱动力脉冲的响应程度及各类驱动力在改变洞庭湖湿地水质的影响力的目的，仍然采用向量自回归模型考察洞庭湖湿地水质与经济发展的动态关系，洞庭湖湿地水质（总磷）与各类驱动力的 VAR 系统基本模型见公式 5.3 至 5.7。

$$\begin{bmatrix} TP_t \\ wat_t \end{bmatrix} = \begin{bmatrix} c_1 \\ c_2 \end{bmatrix} + \begin{bmatrix} a_{11}^{(1)} & a_{21}^{(1)} \\ a_{12}^{(1)} & a_{22}^{(1)} \end{bmatrix} \begin{bmatrix} TP_{t-1} \\ wat_{t-1} \end{bmatrix} + \cdots + \begin{bmatrix} a_{11}^{(p)} & a_{21}^{(p)} \\ a_{12}^{(p)} & a_{22}^{(p)} \end{bmatrix} \begin{bmatrix} TP_{t-p} \\ wat_{t-p} \end{bmatrix} + \begin{bmatrix} \varepsilon_{1t} \\ \varepsilon_{2t} \end{bmatrix} \quad (5.3)$$

$$\begin{bmatrix} TP_t \\ pop_t \end{bmatrix} = \begin{bmatrix} c_1 \\ c_2 \end{bmatrix} + \begin{bmatrix} a_{11}^{(1)} & a_{21}^{(1)} \\ a_{12}^{(1)} & a_{22}^{(1)} \end{bmatrix} \begin{bmatrix} TP_{t-1} \\ pop_{t-1} \end{bmatrix} + \cdots + \begin{bmatrix} a_{11}^{(p)} & a_{21}^{(p)} \\ a_{12}^{(p)} & a_{22}^{(p)} \end{bmatrix} \begin{bmatrix} TP_{t-p} \\ pop_{t-p} \end{bmatrix} + \begin{bmatrix} \varepsilon_{1t} \\ \varepsilon_{2t} \end{bmatrix} \quad (5.4)$$

$$\begin{bmatrix} TP_t \\ gdp_t \end{bmatrix} = \begin{bmatrix} c_1 \\ c_2 \end{bmatrix} + \begin{bmatrix} a_{11}^{(1)} & a_{21}^{(1)} \\ a_{12}^{(1)} & a_{22}^{(1)} \end{bmatrix} \begin{bmatrix} TP_{t-1} \\ gdp_{t-1} \end{bmatrix} + \cdots + \begin{bmatrix} a_{11}^{(p)} & a_{21}^{(p)} \\ a_{12}^{(p)} & a_{22}^{(p)} \end{bmatrix} \begin{bmatrix} TP_{t-p} \\ gdp_{t-p} \end{bmatrix} + \begin{bmatrix} \varepsilon_{1t} \\ \varepsilon_{2t} \end{bmatrix} \quad (5.5)$$

$$\begin{bmatrix} TP_t \\ ind_t \end{bmatrix} = \begin{bmatrix} c_1 \\ c_2 \end{bmatrix} + \begin{bmatrix} a_{11}^{(1)} & a_{21}^{(1)} \\ a_{12}^{(1)} & a_{22}^{(1)} \end{bmatrix} \begin{bmatrix} TP_{t-1} \\ ind_{t-1} \end{bmatrix} + \cdots + \begin{bmatrix} a_{11}^{(p)} & a_{21}^{(p)} \\ a_{12}^{(p)} & a_{22}^{(p)} \end{bmatrix} \begin{bmatrix} TP_{t-p} \\ ind_{t-p} \end{bmatrix} + \begin{bmatrix} \varepsilon_{1t} \\ \varepsilon_{2t} \end{bmatrix} \quad (5.6)$$

$$\begin{bmatrix} TP_t \\ food_t \end{bmatrix} = \begin{bmatrix} c_1 \\ c_2 \end{bmatrix} + \begin{bmatrix} a_{11}^{(1)} & a_{21}^{(1)} \\ a_{12}^{(1)} & a_{22}^{(1)} \end{bmatrix} \begin{bmatrix} TP_{t-1} \\ food_{t-1} \end{bmatrix} + \cdots + \begin{bmatrix} a_{11}^{(p)} & a_{21}^{(p)} \\ a_{12}^{(p)} & a_{22}^{(p)} \end{bmatrix} \begin{bmatrix} TP_{t-p} \\ food_{t-p} \end{bmatrix} + \begin{bmatrix} \varepsilon_{1t} \\ \varepsilon_{2t} \end{bmatrix} \quad (5.7)$$

公式 5.3 至 5.7 解释的五个 VAR 系统模型分别从洞庭湖湿地产流量、人口规模、经济规模、经济结构和粮食产量等维度分析其与洞庭湖湿地总磷浓度之间的动态影响。五个 VAR 系统模型的滞后阶数 p，在下文采用样本数据计算各个信息准则来获取。

（二）数据平稳性检验

平稳性检验数据（见表 5-5）表明，1991~2015 年的洞庭湖湿地总磷和产流量是平稳时间序列；人口规模、经济规模、经济结构和粮食产量是一阶单整序列。数据表明，尽管只有少数序列为平稳，但是只要这些变量之间维持较长时间的均衡关系（协整），本书实证结果依然是有价值的。为此，下文将基于 VAR 模型的平稳性检验进一步展开分析。

表 5-5　平稳性检验结果

变量	差分次数	ADF 值	临界值(1%)	临界值(5%)	检验结果(是/否)
$\ln(TP)$	0	-3.80801	-3.75295	-2.99806	通过
$\ln(wat)$	0	-4.41255	-3.73785	-2.99188	通过*
$\ln(pop)$	0	-1.30383	-3.75295	-2.99806	不通过
	1	-8.64176	-3.75295	-2.99806	通过
$\ln(gdp)$	0	-3.80801	-3.75295	-2.99806	不通过
	1	-3.89139	-3.75295	-2.99806	通过
$\ln(ind)$	0	-0.42813	-3.73785	-2.99188	不通过
	1	-3.29372	-3.75295	-2.99806	通过
$\ln(food)$	0	-0.76742	-3.73785	-2.99188	不通过
	1	-4.91984	-3.75295	-2.99806	通过

注："*"表明此变量在显著水平为 1% 的情形下未能通过检验，但在显著水平为 5% 的情形下能够通过检验。

（三）VAR 模型中滞后期数的选择

表 5 - 6 显示五个 VAR 系统模型最优滞后期数分析结果。基于 AIC 与 SIC 分析结果发现，洞庭湖湿地产流量、经济结构与洞庭湖湿地水质（总磷）组成的 VAR 系统滞后期数为 6 期；洞庭湖湿地人口、地区生产总值、粮食总产量 3 个因素与洞庭湖湿地水质组成的 VAR 系统滞后阶数为 2 期。

依据前文所述 VAR 系统的各个单位根均在单元圆内的事实，本研究判断洞庭湖湿地产流量、人口规模、经济规模、经济结构和粮食产量与洞庭湖湿地水质（总磷）构成的 VAR 系统为协整，各个驱动因素与洞庭湖湿地水质存在长期均衡关系。

表 5 - 5 平稳性检验数据分析结果表明，这些样本变量之间存在非同阶平稳。为此，本书有必要对样本数据展开 johansen 协整检验，借此探索并确定变量之间稳定的长期关系存在与否。协整检验分析结果见表 5 - 6 中给出的 johansen 协整检验 p 值估计。$\ln(TP)$ 和 $\ln(wat)$ 协整检验 p 值为 0.0524，该数值小于 5%，因此笔者认为二者至少存在一个协整关系。类似的分析适用于 $\ln(TP)$ 和 $\ln(pop)$、$\ln(TP)$ 和 $\ln(gdp)$、$\ln(TP)$ 和 $\ln(ind)$、$\ln(TP)$ 和 $\ln(food)$。

表 5 - 6　VAR 模型最优滞后期分析

VAR 系统包含变量	滞后阶数	AIC	SIC	存在一个协整关系的 johansen 协整检验 p 值
$\ln(TP)$ 和 $\ln(wat)$	4	- 0.43851	0.85388	0.0524
$\ln(TP)$ 和 $\ln(pop)$	2	- 4.378954	- 3.881088	0.2173
$\ln(TP)$ 和 $\ln(gdp)$	6			0.1627
$\ln(TP)$ 和 $\ln(ind)$	2	- 5.571075	- 5.073209	0.9880
$\ln(TP)$ 和 $\ln(food)$	2	- 2.655228	- 2.158155	0.5242

注：$\ln(TP)$ 和 $\ln(pop)$、$\ln(TP)$ 和 $\ln(ind)$、$\ln(TP)$ 和 $\ln(food)$ 进行 johansen 协整检验时设置为非约束性线性确定性趋势；$\ln(TP)$ 和 $\ln(gdp)$ 进行 johansen 协整检验时设置为约束性线性确定性趋势。

四　VAR 模型估计结果及脉冲响应分析

（一）VAR 模型估计结果

1991～2015 年，五个 VAR 系统估计结果见公式 5.8 至 5.16：

$$
\begin{aligned}
\ln(TP) = {} & 0.529988 \times \ln(TP)_{t-1} - 0.129333 \times \ln(TP)_{t-2} + 0.032854 \times \\
& \ln(TP)t - 3 - 0.251319 \times \ln(TP)_{t-4} - 0.169303 \times \\
& \ln(wat)_{t-1} - 0.075089 \times \ln(wat)_{t-2} + 0.089771 \times \\
& \ln(wat)_{t-3} - 0.002413 \times \ln(wat)_{t-4} - 1.00350
\end{aligned}
\tag{5.8}
$$

$$
\begin{aligned}
\ln(wat) = {} & -0.583920 \times \ln(TP)_{t-1} + 0.133003 \times \ln(TP)_{t-2} - 0.862384 \times \\
& \ln(TP)_{t-3} + 0.599382 \times \ln(TP)_{t-4} + 0.037582 \times \ln(wat)_{t-1} + \\
& 0.482790 \times \ln(wat)_{t-2} + 0.105894 \times \ln(wat)_{t-3} + \\
& 0.173929 \times \ln(wat)_{t-4} + 2.311709
\end{aligned}
\tag{5.9}
$$

$$
\begin{aligned}
\ln(TP) = {} & 0.810326 \times \ln(TP)_{t-1} - 0.358982 \times \ln(TP)_{t-2} - 1.206079 \times \\
& \ln(pop)_{t-1} - 1.887020 \times \ln(pop)_{t-2} - 6.734578
\end{aligned}
\tag{5.10}
$$

$$
\begin{aligned}
\ln(pop) = {} & -0.003744 \times \ln(TP)_{t-1} - 0.008104 \times \ln(TP)_{t-2} + 0.328202 \\
& \times \ln(pop)_{t-1} + 0.498229 \times \ln(pop)_{t-2} + 1.353570
\end{aligned}
\tag{5.11}
$$

$$
\begin{aligned}
\text{Dln}[(TP)] = {} & -0.752193 \times [\ln(TP)_{t-1} - 0.272565\ln(gdp)_{t-1} + \\
& 4.558956] + 0.543210 \times D[\ln(TP)_{t-1}] + 0.110993 \times \\
& D[\ln(TP)_{t-2}] + 0.269610 \times D[\ln(TP)_{t-3}] + 0.090296 \times \\
& D[\ln(TP)_{t-4}] - 0.286322 \times D[\ln(gdp)_{t-1}] - 1.062743 \times \\
& D[\ln(gdp)_{t-2}] - 0.170123 \times D[\ln(gdp)_{t-3}] - 1.109478 \times \\
& D[\ln(gdp)_{t-4}] + 0.195296(5-9a)D[\ln(gdp)] = --0.078568 \times \\
& [\ln(TP)_{t-1} - 0.272565 \times \ln(gdp)_{t-1} + 4.558956] + 0.014811 \times \\
& D[\ln(TP)_{t-1}] + 0.081740 \times D[\ln(TP)_{t-2}] + 0.005693 \times \\
& D[\ln(TP)_{t-3}] + 0.014744 \times D[\ln(TP)_{t-4}] - 0.038396 \times \\
& D[\ln(gdp)_{t-1}] + 0.280786 \times D[\ln(gdp)_{t-2}] - 0.112964 \times \\
& D[\ln(gdp)_{t-3}] - 0.067274 \times D[\ln(gdp)_{t-4}] + 0.074728
\end{aligned}
\tag{5.12}
$$

$$
\begin{aligned}
\ln(TP) = {} & 0.499054 \times \ln(TP)_{t-1} - 0.437041 \times \ln(TP)_{t-2} - 0.020401 \times \\
& \ln(TP)_{t-4} + 0.083285 \times \ln(TP)_{t-5} + 0.441132 \times \ln(TP)_{t-6} - \\
& 6.661473 \times \ln(ind)_{t-1} + 1.838208 \times \ln(ind)_{t-2} - \\
& 2.639464 \times \ln(ind)_{t-4} + 7.780758 \times \ln(ind)_{t-5} - \\
& 0.852530 \times \ln(ind)_{t-6} - 0.608602
\end{aligned}
\tag{5.13}
$$

$$
\begin{aligned}
\mathrm{D}[\ln(ind)] = {} & 0.002212 \times \ln(TP)_{t-1} + 0.057382 \times \ln(TP)_{t-2} - \\
& 0.001345 \times \ln(TP)_{t-4} + 0.0253479 \times \ln(TP)_{t-5} - \\
& 0.002854 \times \ln(TP)_{t-6} + 0.648041 \times \ln(ind)_{t-1} + \\
& 0.486522 \times \ln(ind)_{t-2} - 0.295442 \times \ln(ind)_{t-3} - \\
& 0.160519 \times \ln(ind)_{t-5} + 0.409987 \times \\
& \ln(ind)_{t-6} + 0.171391
\end{aligned} \tag{5.14}
$$

$$
\begin{aligned}
\ln(TP) = {} & 0.758775 \times \ln(TP)_{t-1} - 0.313020 \times \ln(TP)_{t-2} + 0.387709 \times \\
& \ln(food)_{t-1} + 0.728294 \times \ln(food)_{t-2} + 1.133440
\end{aligned} \tag{5.15}
$$

$$
\begin{aligned}
\ln(food) = {} & 0.043986 \times \ln(TP)_{t-1} - 0.025115 \times \ln(TP)_{t-2} + 0.860791 \\
& \times \ln(food)_{t-1} + 0.070022 \times \ln(food)_{t-2} + 0.559728
\end{aligned} \tag{5.16}
$$

（二）脉冲响应分析

脉冲响应函数响应时期数设定为 10 期，借助脉冲响应分析观察各类驱动力扰动洞庭湖湿地水质的动态影响。图 5 - 1（a）至图 5 - 1（e）给出多图形式脉冲响应函数。图中纵轴指示脉冲响应函数值，表示各驱动力变动对洞庭湖湿地水质冲击造成的反应，横轴表示的是冲击作用滞后期数。图中实线指示的是随着时间的变化，脉冲响应函数值相应的变化路径，虚线指示的是响应函数值增减 1 倍标准差置信带。

1. $\ln(TP)$ 和 $\ln(wat)$ 构成 VAR 系统脉冲响应函数

图 5 - 1（a）表明总磷对洞庭湖湿地产流量的一个标准差的响应，这表明，洞庭湖湿地水质第 1 期响应值是零。接着迅速下降为负值。发展到第三期，响应值数据达到峰值，数据为 - 0.058917。在这之后响应值开始呈现上升态势。发展到第五期后响应值变动方向转变，呈现为正值。第 7 期响应值数据达到峰值，数据为 0.123651。随后，响应值发展方向再次下降。发展到第 9 期，响应值数据呈现为负值。这表明，1991~2015 年，自然驱动因子对洞庭湖湿地总磷含量的变化表现出随机性，缺乏确定性趋势，这也意味着尽管降雨量的减少或者蒸发量的增多可通过降低溶剂量，进而提高污染浓度，使洞庭湖湿地水质趋于恶化，对洞庭湖湿地水质显现为一定程度的正向响应，但是自然因素对洞庭湖水质的影响极为微弱，整体趋于零效应，水质

更可能受到人文因素的影响。

2. ln（*TP*）和 ln（*pop*）构成 VAR 系统脉冲响应函数

图 5-1（b）表明总磷对人口规模的一个标准差的响应。该图表明洞庭湖湿地水质第 1 期响应值是基本为零，然后响应值发展方向迅速下降，数据呈现为负值。到第 2 期，响应值数据达到峰值，数据为 -0.031104。随后，响应值发展方向呈现上升态势。发展到第 4 期，响应值数据实现峰值，数值为 0.028695。随后响应值发展方向趋于下降。这表明，整体而言，1991~2015 年，人口对数标准差对总磷对数的累计效应为 0.101683，即为正效应。这表明尽管人口的增长对洞庭湖湿地总磷水质存在负面影响即提高水质磷含量，然而这种影响较为微弱。可能的解释是，环洞庭湖地区属于中部次发达地区，大量人口迁往长沙、武汉等内陆发展地区，或者深圳、广州的沿海发达地区，城镇化进程中的大规模人口迁移，降低了人口对出生地环境的负面效应。

3. ln（*TP*）和 ln（*gdp*）构成 VAR 系统脉冲响应函数

图 5-1（c）表明总磷对经济规模的一个标准差响应。整体而言，1991~2015 年，洞庭湖湿地水质对环洞庭湖湿地区域经济规模的扰动展现为正向响应，累计效应为 0.051673。环洞庭湖湿地区域经济规模增加一单位标准差将促使洞庭湖湿地水质恶化的响应值在第 3 期达到峰值为 -0.070906。这个时间段，仍是洞庭湖湿地水质库兹涅茨曲线随着经济发展呈现递减（也是水质出现改善）的阶段。之后一度出现短暂上升，然后再次下降，到第 6 期该响应值已经下降为峰值 -0.083655，这表明水质总磷含量在下降即水质在不断改善。然而，从第 7 期开始，响应值不断稳步上升。到第 9 期达到峰值 0.113269，这表明人均地区生产总值增长在不断恶化洞庭湖水质，这与本章第一节中表现的洞庭湖湿地总磷与人均地区生产总值存在库兹涅茨曲线效应（具体表现为"先增、后降、再增"的"N"形曲线）的研究结论相一致，进一步证实本文研究的结论一致性与稳健性。

4. ln（*TP*）和 ln（*ind*）构成 VAR 系统脉冲响应函数

图 5-1（d）表明总磷对经济结构的一个标准差的响应。整体而言，1991~2015 年，洞庭湖湿地水质对环洞庭湖湿地区域经济结构冲击的响应表现为正向

响应，即第二产业的快速发展加剧了洞庭湖水质总磷污染。在第 1 期，响应值基本为零。第 2 期快速下降。到第 3 期为 −0.095457，与前面其他脉冲相比，该数据较大。这表明第二产业即工业的快速发展，短期内对湖泊水质具有明显的正面效应，该效应更多的是挤出效应。这与环洞庭湖水域基本为农业种植大县有关，工业发展较为缓慢，洞庭湖污染主要为农业面源污染与生活污染。因此，农业污染份额的减少将降低湖泊中总磷含量。然而，从第 7 期开始，响应值为正。这表明工业占比增加的环境污染挤出效应逐步被工业自身的污染效应代替，最终加剧了湖泊总磷污染。在第 7 期这一效应达到峰值 0.141850。之后响应值虽所有下降，但基本保持正值。总体累计效应为 0.097627，说明第二产业占比上升会导致洞庭湖湿地水质恶化。然而 10 期内的累计效应为 0.102018，这表明洞庭湖区域工业对总磷污染的挤出效应小于自身污染效应，这与调查结论即洞庭湖湿地水质磷污染主要来源于工业而非农业与生活相一致。

5. ln（TP）和 ln（food）构成 VAR 系统脉冲响应函数

图 5 – 1（e）表明总磷对粮食产量的一个标准差的响应。整体而言，1991～2015 年，环洞庭湖湿地区域粮食产量一个标准差的长期累计效应为 −0.208483，表现为负效应，即增加粮食产量引发洞庭湖湿地总磷污染物下降，从而水质优化，尽管短期内增加粮食产量将增加总磷含量从而恶化水质。在第一期响应值为零，第 2 期实现最大值 0.025218。之后表现为下降趋势，到第 5 期达到峰值 −0.042888。可能的解释是，增加粮食生产必然增加总磷化肥等生产要素的投入，从而在短期内提高洞庭湖水质总磷含量，造成水质污染，之后整体表现为正效应。其间如第 5 期和第 6 期出现微弱的负值，可能的解释为较高的粮食生产表明该地区或该时段雨水较为丰富，即降水量较大，这部分稀释了粮食生产的负面效应，甚至成为主导效应，从而出现了长期的负效应。这与 1997 年以来的历史数据相吻合。

总体而言，洞庭湖湿地水质在 1991～2015 年对各类驱动力的脉冲响应横向比较数据表明，各类非自然驱动力对洞庭湖湿地水质变化的影响程度显然存在差距（见表 5 – 7）。影响洞庭湖湿地水质的各类非自然驱动力强弱排列依次为经济结构 > 经济规模 > 粮食产量 > 人口规模。这说明，

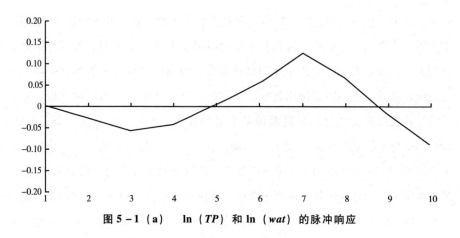

图 5 - 1 （a）　　ln（TP）和 ln（wat）的脉冲响应

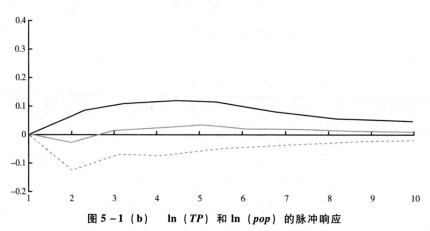

图 5 - 1 （b）　　ln（TP）和 ln（pop）的脉冲响应

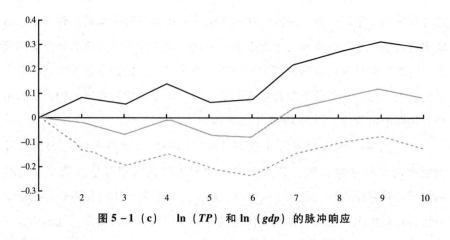

图 5 - 1 （c）　　ln（TP）和 ln（gdp）的脉冲响应

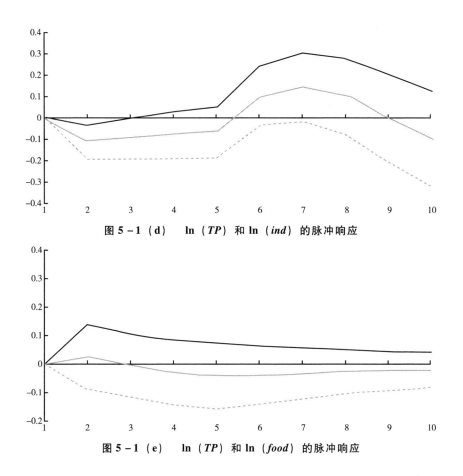

图 5 - 1 （d）　ln（TP）和 ln（ind）的脉冲响应

图 5 - 1 （e）　ln（TP）和 ln（food）的脉冲响应

经济结构（第二产业占比）对洞庭湖湿地水质恶化影响强度相比农业面源污染要强。

表 5 - 7　洞庭湖湿地水质对各类驱动力脉冲响应比较

驱动力	响应方向	第一期响应	峰值
洞庭湖湿地产流量	－	0.000	0.123651（7）
人口规模	＋	0.000	0.028695（5）
经济规模	＋	0.000	0.113269（9）
经济结构	＋	0.000	0.141850（7）
粮食产量	－	0.000	－ 0.042888（5）

　　注：表中响应均为针对各类驱动力一个单位标准差来说的；响应方面栏中，"＋"说明驱动力和洞庭湖湿地水质呈现正相关，"－"说明驱动力和洞庭湖湿地水质呈现负相关；峰值栏反映了洞庭湖湿地水质对各类驱动力的最大响应，峰值栏括号中的数据表明峰值产生的滞后期数，单位是"年"。

（三）方差分解分析

各类非自然驱动力冲击对洞庭湖湿地水质的贡献率（滞后期设置为50）依然通过上文所述五组VAR系统展开方差分解分析，1991～2015年各类驱动力贡献率详见表5-8。数据表明，各类非自然驱动力对洞庭湖湿地水质贡献率有差异，1991～2015年，洞庭湖湿地水质变化最主要驱动力是环洞庭湖湿地区域经济结构，其次是粮食产量，依据贡献率大小强弱排列次序为经济结构 > 经济规模 > 粮食产量 > 人口规模。

表5-8　各类驱动力对洞庭湖湿地水质变化的贡献率

单位：%

驱动力	方差贡献率	驱动力	方差贡献率
洞庭湖湿地产流量	26.76	经济结构	74.60
人口规模	3.31	粮食产量	5.52
经济规模	42.74		

注：VAR系统展开方差分解时，滞后期均设置为50期。

第四节　小结

本章对经济发展过程中洞庭湖湿地水质变化展开定量分析。第一节构建洞庭湖湿地水质变化模型，选择洞庭湖湿地水质指示性指标，进一步梳理了影响洞庭湖湿地水质变化的驱动因素。第二节分别选取1991～2015年洞庭湖湿地水体中总磷和总氮两个水质指标数据，判断其库兹涅茨曲线形态。计算表明，洞庭湖湿地总氮指标与人均地区生产总值并没有存在环境库兹涅茨曲线效应，洞庭湖湿地总磷指标与人均地区生产总值存在库兹涅茨曲线效应，具体表现为"N"形曲线，但是随着人均地区生产总值进一步增长，总磷指标再次呈现增长态势。第三节构建了1991～2015年各类驱动因子与洞庭湖湿地水质（以总磷为代表）的向量自回归模型，借助脉冲响应函数观察洞庭湖湿地水质对洞庭湖湿地产流量、人口规模、经济规模、经济结构和粮食产量等因素冲击的响应，分析结果表明非自然驱动力影响因子中，洞庭湖湿地水质对环洞庭湖湿地区域经济结构的冲击响应最为明显；借助方差分解分析判断各类驱动力影响力大小，分析结果表明非自然驱动力影响因子中，经济结构对洞庭湖湿地水质变化贡献最大。

第六章　洞庭湖湿地生物多样性
变动分析

第一节　洞庭湖湿地生物多样性变化模型构想
及生物多样性变化驱动力分析

一　洞庭湖湿地生物多样性变化模型研究的总体思路

环洞庭湖湿地区域可持续发展建立在洞庭湖湿地生态利用的基础上，评价生态利用水平首先需要选择可以表征生态利用主要特征的参数。[①] 环洞庭湖湿地区域可持续发展的核心就是维持和保护洞庭湖湿地生态系统，进而保护人类的生存环境。生态系统平衡和稳定的维系依赖多种因素，生物多样性不仅是影响因素，还是生态系统特征的反映。[②] 生物多样性的产生和维持是生态系统服务功能的重要内涵，[③] 生物多样性与人类社会文明共同进化。由此可见，生物多样性由于其多方面价值，与人类生活密切相关，既是人类生存和

---

① 曾德慧、姜凤岐、范志平等：《生态系统健康与人类可持续发展》，《应用生态学报》1999年第 6 期，第 751～756 页。

② 缪燕、陆骏：《生物多样性、生态平衡与人类可持续发展》，《资源开发与市场》2000 年第 1 期，第 34～36 页。

③ 欧阳志云、王如松：《生态系统服务功能、生态价值与可持续发展》，《世界科技研究与发展》2000 年第 5 期，第 45～50 页。

发展的资源基础，[①] 又是可持续发展的理论依据，[②] 也可成为度量人类社会发展健康与否的指标。[③] 因此，本章选择生物多样性来评价洞庭湖湿地生态利用水平，通过洞庭湖湿地生物多样性数据的定量分析来考察利用形态演变判断及其影响因素。为此，基于洞庭湖湿地生态利用历史描述，构建洞庭湖湿地生物多样性变化模型，即借鉴环境库兹涅茨曲线的研究思想，构建洞庭湖湿地生物多样性的库兹涅茨模型，拟合洞庭湖湿地生物多样性库兹涅茨曲线，考察环洞庭湖湿地区域经济发展与洞庭湖湿地生物多样性变化之间的关系。洞庭湖湿地生物多样性是洞庭湖湿地生物多样性变化模型研究的关键问题。

生物多样性是一定范围内各种各样活的有机体以一定的规律结合在一起，[④] 包括物种多样性、遗传多样性、景观多样性和生态系统多样性等若干层次内容。[⑤] 长期以来，研究者从不同维度对洞庭湖湿地生物多样性进行考察。但是基于不同视角，存在不同类型的生物多样性度量选择。洞庭湖湿地生物多样性度量适宜选择高营养级类群。这是因为营养级指数可以准确地反映营养层次的变化趋势，较好地指示生态系统完整性以及生物多样性给人类提供的产品和服务功能。[⑥] 当然，高营养级类群可以选择大型浮游动物、底栖动物，甚至水禽等，鱼类也是可行的选择，因为鱼类营养级在洞庭湖湿地食物网中处于较高等级，并且鱼类产生的下行效应涉及水体的理化特征、生物的组成分布、丰度乃至生物量的变化等，

---

① 张维平：《生物多样性与可持续发展的关系》，《环境科学》1998 年第 4 期，第 92～96 页。

② 王斌：《生物多样性与人类可持续发展》，《中国人口·资源与环境》1996 年第 2 期，第 8～10 页。

③ 缪燕、陆骏：《生物多样性、生态平衡与人类可持续发展》，《资源开发与市场》2000 年第 1 期，第 34～36 页。

④ 许建、徐键：《保护生物多样性的可持续发展》，《生物学杂志》1998 年第 4 期，第 7～8 页。

⑤ 许冬焱：《"生物多样性"与"可持续发展"关系初探》，《重庆三峡学院学报》2004 年第 5 期，第 105～107 页。

⑥ 杜建国、刘正华、余兴光等：《九龙江口鱼类多样性和营养级分析》，《热带海洋学报》2012 年第 6 期，第 76～82 页。

对湿地生态系统结构和功能的诸多方面都产生影响。[①] 事实上，鱼类在湖泊湿地生态系统中扮演重要角色，通过食物链影响整个湖泊湿地生态系统，因而学界对洞庭湖湿地关于下行效应研究较多的是鱼类。综上所述，本章选择考察鱼类生物多样性。衡量洞庭湖湿地鱼类生物多样性的标准有香农－威纳（Shannon-Wiener）指数、丰富度指数、均匀度（Pielou）指数等。研究表明，Shannon-Wiener 指数与丰富度指数、Pielou 指数呈现高度相关性，相关系数分别达到了 0.791 和 0.887，[②] 因此，本章选择 Shannon-Wiener 指数作为鱼类生物多样性度量标准，借此探索洞庭湖湿地生物多样性变动态势。历史时期洞庭湖湿地鱼类生物多样性数据根据湖南省水科所调研数据整理，据此勾勒 1986 年以来洞庭湖湿地鱼类生物多样性指数变化情况。

近年来，洞庭湖湿地鱼类物种数量呈减少态势。[③] 2002～2014 年，洞庭湖湿地鱼类多样性呈现下降趋势。因此，本书拟采用的鱼类生物多样性时空变化数据基本符合实际。与此同时，人与自然和谐相处观念引导下的洞庭湖湿地生态利用开启于 20 世纪 90 年代，本书拟采用的鱼类生物多样性数据时间跨度与本书要考察的洞庭湖湿地生态利用历程是吻合的，因此，鱼类生物多样性数据变动数据可以用于本书研究。

二　洞庭湖湿地生物多样性变化驱动力分析

借鉴相关文献研究成果，将洞庭湖湿地生物多样性变化的影响因子分为自然因子和社会因子。自然因子包括区域自然环境、气候等因素；环洞庭湖湿地区域农业结构调整、工业化和城镇化进程等因素是推动洞庭湖湿地生物多样性变化的人文驱动因素。

---

① 李传红：《鱼类对热带浅水湖泊的影响及其在湖泊修复中的意义》，博士学位论文，暨南大学，2008，第 19～24 页。

② 杨喜生、齐增湘、李涛：《洞庭湖鱼类群落结构和生物多样性分析》，《安徽农业科学》2016 年第 17 期，第 117～119 页。

③ 李杰钦、王德良、丁德明：《洞庭湖鱼类资源研究进展》，《安徽农业科学》2013 年第 9 期，第 3898～3900 页。

（一）自然驱动力

洞庭湖湿地生物多样性与地势、气候、水文等自然因素密切相关。环洞庭湖湿地区域位于亚热带湿润季风气候区，年均气温为 16.40℃～17.0℃，积温值域为 5200℃～5350℃，无霜期为 277 天,[1] 为洞庭湖湿地生物多样性和湿地生态系统丰富和稳定提供了良好环境条件。但是受全球气候变化影响，区域气候要素发生改变，极端降水、连续高温不断出现，改变了湖泊湿地的温度、氧气和溶解性物质及水文过程，不同程度地改变了洞庭湖湿地生物多样性。[2] 洞庭湖湿地特殊的水沙特性及其诱发的泥沙淤积复合效应制约了生物栖息繁衍空间，诱发了生物多样性的变动。[3]

（二）人文驱动力

基于洞庭湖湿地生物多样性研究的文献表明，洞庭湖湿地生物多样性变化的人文驱动力与人类活动相关，尤其是人口因素和经济发展因素。尽管近年来对洞庭湖生物资源增殖保护力度不断加大，区域间贸易的不断扩展使部分生物资源的消费可以通过贸易来解决，洞庭湖湿地生物多样性面临的压力相比 21 世纪初期有所缓解，但是人口的增长及其城乡结构诱致的消费结构的变动会通过提升洞庭湖鱼类等生态资源的消费量对洞庭湖湿地生态系统带来负向影响。显然，人口密度大，人类活动频繁，生态系统易受到人为干扰。城镇化进程加快，使大量面源污染转化为点源污染，生活污染和生产污染治理的效率提高，进而使人类生产生活产生的废弃物对洞庭湖湿地生物多样性造成的胁迫有所降低。随着环洞庭湖湿地区域经济的增长，经济结构发生变动，第二产业占比由 1991 年的 33.79% 增至 2015 年 47.74%。大量研究证实，洞庭湖湿地生态系统与环洞庭湖湿地区域社会经

---

① 廖伏初、何兴春、何望等：《洞庭湖渔业资源与生态环境现状及保护对策》，《岳阳纸业技术学院学报》2006 年第 12 期，第 32～37 页。

② 吴建国、吕佳佳、艾丽：《气候变化对生物多样性的影响：脆弱性和适应》，《生态环境学报》2009 年第 2 期，第 693～703 页。

③ 李景保、尹辉、卢承志等：《洞庭湖区的泥沙淤积效应》，《地理学报》2008 年第 5 期，第 514～523 页。

济系统要素之间存在显著相关。① 第二产业占比变动的结构态势对洞庭湖湿地生态系统存在重大影响。② 一方面，第二产业占比的增长使产业结构对洞庭湖湿地生态系统的依赖性逐渐减小，但是生态胁迫逐渐增大，产业污染呈现量的增长变化，影响洞庭湖湿地生物生长、繁殖及摄食等正常活动，直接或间接影响生物多样性；另一方面，第二产业占主导地位的结构形态有助于产业集聚程度的大幅提升，使产业污染治理的边际成本大幅降低，对洞庭湖湿地生物多样性的恢复和丰富、洞庭湖湿地生态系统的优化有正向效应。经济发展带动了环洞庭湖湿地区域第一产业内部结构的调整，进而使种植业、畜禽养殖业和水产养殖结构发生变动，这对洞庭湖湿地生态环境造成深刻的影响。经济发展过程中，工程建设活动对洞庭湖湿地生物多样的影响同样存在正负双向影响。工程建设项目会割裂原有生态系统，使栖息生境破碎化，但是如果工程建设坚持生态导向，有助于生物多样性的恢复和发展。本书已经讨论过水土流失治理等建设项目在一定程度上能够诱发生物多样性的改变。在环洞庭湖湿地区域发展进入新常态后，生态约束条件趋紧，洞庭湖湿地生物多样性面临的生态胁迫效应极其复杂。

第二节　洞庭湖湿地生物多样性变化
与经济发展关系的定量分析

依据前文分析，洞庭湖湿地生物多样性呈现波动性减少发展态势，这个过程是否呈现环境经济学家提出的环境库兹涅茨曲线特征，正是本节试图通过实证分析要解决的问题。

---

① 参见熊建新、陈端吕、彭保发等《洞庭湖区生态承载力及系统耦合效应》，《经济地理》2013 年第 6 期，第 155～161 页；韩峰、李浩《湖南省产业结构对生态环境的影响分析》，《地域研究与开发》2010 年第 5 期，第 89～98 页。
② 熊建新、陈端吕、彭保发等：《洞庭湖区产业结构变化对生态环境的影响评价》，《国土与自然资源研究》2014 年第 2 期，第 21～24 页。

一　指标参数设置与数据来源

本节采用洞庭湖湿地生物多样性指标来刻画历史时期洞庭湖湿地生态的变化，用 H_t 表示历史时期（t）洞庭湖湿地生物多样性指数，历史时期（t）环洞庭湖湿地区域经济发展状况用人均地区生产总值指代，采用 gdp_t 标识。洞庭湖湿地生物多样性数据在前文已有说明，在此不再赘述。

二　计量模型选择

本节试用三次多项式回归模型估计洞庭湖湿地生物多样性库兹涅茨曲线，模型见公式6.1：

$$H_t = \beta_0 + \beta_1 gdp_t + \beta_2 gdp_t^2 + \beta_3 gdp_t^3 + \varepsilon_t \tag{6.1}$$

公式6.1中，β_i（$i=1$，2，3）为模型参数，下标 t 代表年份，ε 为扰动项。

三　洞庭湖湿地生物多样性库兹涅茨曲线拟合结果及其分析

对洞庭湖湿地生物多样性和环洞庭湖湿地区域人均地区生产总值（依据当年价值计算）的时间序列数据展开平稳性检验，检验结果见表6-1。

表6-1　洞庭湖湿地生物多样性与环洞庭湖湿地区域
人均地区生产总值数据平稳性检验

变量	差分次数	ADF 值	临界值(1%)	临界值(5%)	通过检验（是/否）
gdp	0	7.585402	-3.67932	-2.96777	否
	1	-3.81505	-4.32398	-3.58062	是
$\ln(gdp)$	0	6.347724	-2.64712	-1.95291	否
	1	-4.816	-3.68919	-2.97185	是
$\ln^2(gdp)$	0	-0.29959	-4.30982	-3.57424	否
	1	-4.38578	-3.68919	-2.97185	是
$\ln^3(gdp)$	0	2.892973	-3.67932	-2.96777	否
	1	-3.93328	-3.68919	-2.97185	是
H	0	-4.07333	-4.30982	-3.57424	是
$\ln(H)$	0	-4.22335	-4.30982	-3.57424	是

数据显示，即使在做对数处理后，各项变量仍是一阶单整序列。依据平稳性检验是否通过的评判结果，拟合洞庭湖湿地生物多样性库兹涅茨曲线（见表6-2）。

表6-2　洞庭湖湿地环境库兹涅茨曲线效应检验（基于总磷数据）

自变量\因变量	H	H	$\ln(H)$	$\ln(H)$
$\ln(gdp)$	- 3.22117 * (1.894468)	- 1.864871 * (0.953204)	- 1.225477 * (0.674508)	- 0.722362 * (0.335466)
$\ln^2(gdp)$	0.177931 (0.121383)		0.066141 (0.043345)	
$\ln^3(gdp)$		0.007746 (0.00519)		0.002885 (0.001834)
Constant	16.50805 (7.350846)	13.07658 (4.930238)	6.320339 ** (2.611728)	5.050214 *** (1.733545)
Sample	30	30	30	30
Prob(F-statistic)	0.00002	0.000002	0.000001	0.000001
Adjusted R-squared	0.597004	0.598087	0.60701	0.607924
Durbin-Watson stat	1.501905	1.505725	1.557001	1.560529
残差（增广的 ADF）平稳性检验统计值（概率值）	- 4.126686 (0.0152)	- 4.133006 (0.0150)	- 4.223015 (0.0122)	- 4.229615 (0.0120)
残差怀特异方差检验统计值（概率值）	0.039926 (0.9891)	0.716692 (0.5885)	0.167932 (0.9170)	0.965732 (0.4436)
残差自相关检验统计值（概率值）	0.723172 (0.4951)	0.714202 (0.4993)	0.646451 (0.5324)	0.640613 (0.5354)

注：***、***和*表示在1%、5%和10%统计水平显著，括号内为标准差。

估计结果显示，洞庭湖湿地生物多样性不符合库兹涅茨曲线假说，由此可见，洞庭湖湿地生物多样性库兹涅茨曲线不存在。经济发展过程中，洞庭湖湿地生物多样性变化曲线依然呈现递减态势，即呈现恶化态势。

第三节　洞庭湖湿地生物多样性变化驱动因子贡献率分析

通过前面分析，笔者对洞庭湖湿地生物多样性变化的驱动因素做了概括性描述。洞庭湖湿地生物多样性库兹涅茨曲线分析结果表明，洞庭湖湿地生物多样性尚未出现库兹涅茨曲线。影响洞庭湖湿地生物多样性变化的各个驱动因子影响力如何，可否找到加快推动洞庭湖湿地生物多样性拐点尽早到来的关键驱动因子，是本节定量分析要解决的问题。

一　指标参数设置

基于与影响洞庭湖湿地水面、水质的驱动因子比较的考量，选择洞庭湖湿地产流量、人口规模、经济规模、经济结构、粮食产量等数据纳入计量模型。洞庭湖湿地产流量用洞庭湖湿地蒸发量与降雨量差值替代，采用符号 wat 表示；将环洞庭湖湿地区域人口总量作为人口规模代表，采用符号 pop 表示；经济规模用环洞庭湖湿地区域地区生产总值来表达，采用符号 gdp 表示；经济结构采用第二产业产值占总产值的比例，该指标变化说明环洞庭湖湿地区域工业化进程和产业结构变化，采用符号 ind 表示；粮食产量用历史时期环洞庭湖湿地区域粮食总产量替代，在一定程度上反映环洞庭湖湿地区域第一产业内部结构的变动，采用符号 $food$ 表示；洞庭湖湿地生物多样性指数，采用符号 H 表示（见表 6－3）。

表 6－3　驱动力分析中变量及符号设定

指标	变量	符号	单位
洞庭湖湿地产流量	洞庭湖湿地蒸发量－降雨量	wat	毫米
人口规模	环洞庭湖湿地区域年末户籍/常住人口	pop	万人
经济规模	环洞庭湖湿地区域地区生产总值	gdp	万元
经济结构	环洞庭湖湿地区域第二产业占比	ind	%
粮食产量	环洞庭湖湿地区域粮食总产量	$food$	万吨
洞庭湖湿地生物多样性	洞庭湖湿地鱼类 Shannon-Wiener 指数	H	—

二　数据来源与描述

环洞庭湖湿地区域人口规模、经济规模、经济结构、粮食产量数据依据历史时期《常德统计年鉴》《岳阳统计年鉴》《益阳统计年鉴》《荆州统计年鉴》《长沙统计年鉴》《望城统计年鉴》的数据整理获得，缺失数据通过

《湖南经济社会发展 60 年》《湖南资料手册（1949～1989）》《常德地区志·人口志》《荆州地区四十年》《岳阳市农村经济年鉴 1949～1996》《望城县志》《望城县志 1988～2002》的数据整理获得，具体数据在第四章讨论水面变化的定量分析时做了描述。洞庭湖湿地生物多样性指数根据调研数据处理获得。

三　计量模型选择

（一）向量自回归模型

本章尝试分析洞庭湖湿地生物多样性对各类驱动力脉冲响应程度，仍然采用向量自回归模型考察洞庭湖湿地生物多样性与经济发展的动态关系。洞庭湖湿地生物多样性与各类驱动力的 VAR 系统基本模型见公式 6.2 至 6.6。

$$\begin{bmatrix} H_t \\ wat_t \end{bmatrix} = \begin{bmatrix} c_1 \\ c_2 \end{bmatrix} + \begin{bmatrix} a_{11}^{(1)} & a_{12}^{(1)} \\ a_{21}^{(1)} & a_{22}^{(1)} \end{bmatrix} \begin{bmatrix} H_{t-1} \\ wat_{t-1} \end{bmatrix} + \cdots + \begin{bmatrix} a_{11}^{(p)} & a_{12}^{(p)} \\ a_{21}^{(p)} & a_{22}^{(p)} \end{bmatrix} \begin{bmatrix} H_{t-p} \\ wat_{t-p} \end{bmatrix} + \begin{bmatrix} \varepsilon_{1t} \\ \varepsilon_{2t} \end{bmatrix}$$

$$(6.2)$$

$$\begin{bmatrix} H_t \\ pop_t \end{bmatrix} = \begin{bmatrix} c_1 \\ c_2 \end{bmatrix} + \begin{bmatrix} a_{11}^{(1)} & a_{12}^{(1)} \\ a_{21}^{(1)} & a_{22}^{(1)} \end{bmatrix} \begin{bmatrix} H_{t-1} \\ pop_{t-1} \end{bmatrix} + \cdots + \begin{bmatrix} a_{11}^{(p)} & a_{12}^{(p)} \\ a_{21}^{(p)} & a_{22}^{(p)} \end{bmatrix} \begin{bmatrix} H_{t-p} \\ pop_{t-p} \end{bmatrix} + \begin{bmatrix} \varepsilon_{1t} \\ \varepsilon_{2t} \end{bmatrix}$$

$$(6.3)$$

$$\begin{bmatrix} H_t \\ gdp_t \end{bmatrix} = \begin{bmatrix} c_1 \\ c_2 \end{bmatrix} + \begin{bmatrix} c_1 \\ c_2 \end{bmatrix} + \begin{bmatrix} a_{11}^{(1)} & a_{12}^{(1)} \\ a_{21}^{(1)} & a_{22}^{(1)} \end{bmatrix} \begin{bmatrix} H_{t-1} \\ gdp_{t-1} \end{bmatrix} + \cdots + \begin{bmatrix} a_{11}^{(p)} & a_{12}^{(p)} \\ a_{21}^{(p)} & a_{22}^{(p)} \end{bmatrix} \begin{bmatrix} H_{t-p} \\ gdp_{t-p} \end{bmatrix} + \begin{bmatrix} \varepsilon_{1t} \\ \varepsilon_{2t} \end{bmatrix}$$

$$(6.4)$$

$$\begin{bmatrix} H_t \\ ind_t \end{bmatrix} = \begin{bmatrix} c_1 \\ c_2 \end{bmatrix} + \begin{bmatrix} a_{11}^{(1)} & a_{12}^{(1)} \\ a_{21}^{(1)} & a_{22}^{(1)} \end{bmatrix} \begin{bmatrix} H_{t-1} \\ ind_{t-1} \end{bmatrix} + \cdots + \begin{bmatrix} a_{11}^{(p)} & a_{12}^{(p)} \\ a_{21}^{(p)} & a_{22}^{(p)} \end{bmatrix} \begin{bmatrix} H_{t-p} \\ ind_{t-p} \end{bmatrix} + \begin{bmatrix} \varepsilon_{1t} \\ \varepsilon_{2t} \end{bmatrix}$$

$$(6.5)$$

$$\begin{bmatrix} H_t \\ food_t \end{bmatrix} = \begin{bmatrix} c_1 \\ c_2 \end{bmatrix} + \begin{bmatrix} a_{11}^{(1)} & a_{12}^{(1)} \\ a_{21}^{(1)} & a_{22}^{(1)} \end{bmatrix} \begin{bmatrix} H_{t-1} \\ food_{t-1} \end{bmatrix} + \cdots + \begin{bmatrix} a_{11}^{(p)} & a_{12}^{(p)} \\ a_{21}^{(p)} & a_{22}^{(p)} \end{bmatrix} \begin{bmatrix} H_{t-p} \\ food_{t-p} \end{bmatrix} + \begin{bmatrix} \varepsilon_{1t} \\ \varepsilon_{2t} \end{bmatrix}$$

$$(6.6)$$

公式6.2至6.6解释的五个 VAR 系统分别从洞庭湖湿地产流量、人口规模、经济规模、经济结构和粮食产量等维度分析其与洞庭湖湿地生物多样性之间的动态影响。五个 VAR 模型的滞后阶数 p，在下文采用样本数据计算各个信息准则来获取。

（二）数据平稳性检验

平稳性检验数据（见表6－4）表明，洞庭湖湿地产流量、人口规模、经济规模、经济结构和粮食产量为一阶单整序列。

表6－4 平稳性检验结果

变量	差分次数	ADF 值	临界值(1%)	临界值(5%)	检验结果(是/否)
$\ln(H)$	0	－ 4. 07333	－ 4. 30982	－ 3. 57424	是
$\ln(wat)$	0	6. 347724	－ 2. 64712	－ 1. 95291	否
	1	－ 4. 816	－ 3. 68919	－ 2. 97185 *	是
$\ln(pop)$	0	－ 3. 89375	－ 4. 30982	－ 3. 57424	是
$\ln(gdp)$	0	－ 0. 29959	－ 4. 30982	－ 3. 57424	否
	1	－ 4. 38578	－ 3. 68919	－ 2. 97185 *	是
$\ln(ind)$	0	－ 2. 79551	－ 4. 33933	－ 3. 58753	否
	1	－ 3. 65176	－ 3. 68919	－ 2. 97185 *	是
$\ln(food)$	0	－ 1. 51588	－ 4. 30982	－ 3. 57424	否
	1	－ 5. 45499	－ 3. 68919	－ 2. 97185 *	是

注：" * "表明此变量在1%的显著水平下没有通过平稳性检验，但在5%的显著水平下可以通过平稳性检验。

（三）VAR 模型中滞后期数的选择

表6－5对构建 VAR 模型的多组变量进行 johansen 协整检验，可以看到，$\ln(H)$ 和 $\ln(wat)$、$\ln(H)$ 和 $\ln(ind)$、$\ln(H)$ 和 $\ln(food)$ 等 johansen 协整检验设置为非受限制的线性确定性趋势；$\ln(H)$ 和 $\ln(pop)$ 等 johansen 协整检验设置为受限制的线性确定性趋势；$\ln(H)$ 和 $\ln(gdp)$ 等 johansen 协整检验设置为非限制的二次项确定性趋势。

针对非受限制 VAR 模型，通过 AIC 和 SIC 标准确定最优滞后阶数，以 $\ln(H)$ 和 $\ln(gdp)$ 为例。设定滞后9期，滞后1期至滞后9期的 AIC 值

分别为 - 0.063769、- 4.014006、- 3.698524、- 3.592256、- 3.693860、- 3.915685、- 4.637101、- 5.107941、- 8.371507，其中第 9 期 AIC 数值最小；滞后 1 期至滞后 9 期的 SIC 值各为 0.035709、- 3.715571、- 3.201132、- 2.895907、- 2.798555、- 2.821423、- 3.095233、- 3.416810、- 6.481418，其中第 9 期 SIC 最小。因此，基于 AIC 和 SIC 数值，选择最优滞后阶数为 9 期。同理，$\ln(H)$ 和 $\ln(wat)$、$\ln(H)$ 和 $\ln(ind)$ 和 $\ln(H)$ 和 $\ln(food)$ 选择最优滞后阶数均为 6 期。

针对限制性 VAR 模型，即通过向量误差修正模型（VEC）确定滞后阶数。对该类模型通常使用试错法，不断进行人工赋值以确认模型是否有效。例如，VEC 模型中的稳定性检验即 AR 单位根检验是否得到满足，在稳定性得到满足的前提下，尝试不同的滞后阶数，最后基于 Adj. R-squared、F-statistic、Log likelihood、Akaike AIC、Schwarz SC 等参数决定选择滞后期数。经检验，$\ln(H)$ 和 $\ln(pop)$ 的最佳滞后阶数均为 4 期。

表 6 - 5　VAR 模型最优滞后期分析

VAR 系统包含变量	滞后阶数	AIC	SIC	存在一个协整关系的 johansen 协整检验 p 值
$\mathrm{Ln}(H)$ 和 $\ln(wat)$	6	- 0.543118	- 0.248604	0.2029
$\mathrm{Ln}(H)$ 和 $\ln(pop)$	4			0.4063
$\mathrm{Ln}(H)$ 和 $\ln(gdp)$	9	- 8.371507	- 6.481418	0.3737
$\mathrm{Ln}(H)$ 和 $\ln(ind)$	6	- 4.328504	- 3.052279	0.1571
$\mathrm{Ln}(H)$ 和 $\ln(food)$	6	- 6.859214	- 4.969126	0.3360

注：$\ln(H)$ 和 $\ln(wat)$、$\ln(H)$ 和 $\ln(ind)$、$\ln(H)$ 和 $\ln(food)$ 等 johansen 协整检验设置为非受限制的线性确定性趋势；$\ln(H)$ 和 $\ln(pop)$ 等 johansen 协整检验设置为受限制的线性确定性趋势；$\ln(H)$ 和 $\ln(gdp)$ 等 johansen 协整检验设置为非限制的二次项确定性趋势。

（四）VAR 模型的平稳性检验

判断整个 VAR 模型是否平稳，只有将这个系统作为整体来进行考

量，才不会忽略系统中变量之间的相互关系。基于此，笔者利用 Eviews
软件带有的 AR Roots Graph 功能具备的 VAR 模型全部特征根和单位圆
曲线位置关系，来判断本文研究采用的向量自回归模型的平稳性，即要
做 ln（H）和 ln（wat）、ln（H）和 ln（pop）、ln（H）和 ln（gdp）、
ln（H）和 ln（ind）、ln（H）和 ln（$food$）构成的 VAR 系统，并根据上
述 VAR 系统的单位根是否在单位圆内的事实来判断。图 6 - 1（a）
显示，变量 ln（H）与变量 ln（wat）构建的 VAR 模型中，AR 特征根的
模 分 别 为 0.992586、0.977176、0.977176、0.970848、0.944151、
0.944151、0.931029、0.931029、0.871715、0.871715、0.823348、
0.823348，12 个 AR 单位根的绝对数均小于 1，表明变量 ln（H）与变
量 ln（wat），建立的 VAR 模型较为稳定，或者说无论是变量 ln（H），
还是变量 ln（wat）添加随机扰动不会改变 VAR 模型的均衡解，VAR 模
型最终将得到一致性收敛。图 6 - 1（b）至图 6 - 1（e）显示的数据分
析同理，此处不赘。由此可见，洞庭湖湿地产流量、人口规模、经济规
模、经济结构等变量与洞庭湖湿地生物多样性组成的 VAR 系统是协整
的，由此表明，各驱动因素与洞庭湖湿地生物多样性之间存在长期的均
衡关系。

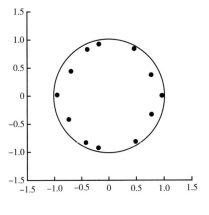 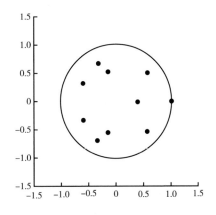

图 6 - 1（a）ln（H）和 ln（wat）　　图 6 - 1（b）ln（H）和 ln（pop）

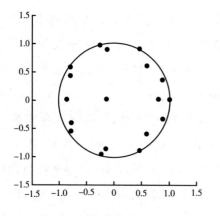

图 6-1 (c) ln (*H*) 和 ln (*gdp*)　　　　图 6-1 (d) ln (*H*) 和 ln (*ind*)

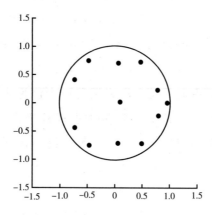

图 6-1 (e) ln (*H*) 和 ln (*food*)

四　VAR 模型估计结果及脉冲响应分析

（一）VAR 模型估计结果

1986~2015 年，五个 VAR 系统估计结果见公式 6.7 至 6.16。

（1）ln (*H*) 和 ln (*wat*)

$$\ln(H) = 0.485217 \times \ln(H)_{t-1} - 0.056791 \times \ln(H)_{t-2} + 0.669560$$
$$\times \ln(H)_{t-3} - 0.115333 \times \ln(H)_{t-4} - 0.177069 \times \ln(H)_{t-5}$$

(6.7)

$$\begin{aligned}&+ 0.012035 \times \ln(H)_{t-6} + 0.098079 \times \ln(wat)_{t-1} - 0.032500\\&\times \ln(wat)_{t-2} - 0.062140 \times \ln(wat)_{t-3} - 0.064136 \times \ln(wat)_{t-4}\\&+ 0.013939 \times \ln(wat)_{t-5} + 0.145288 \times \ln(wat)_{t-6} - 0.494075\end{aligned} \quad (6.7)$$

$$\begin{aligned}\ln(wat) =\ &0.363424 \times \ln(H)_{t-1} + 0.436272 \times \ln(H)_{t-2} - 0.597567\\&\times \ln(H)_{t-3} + 0.575677 \times \ln(H)_{t-4} + 0.420648 \times \ln(H)_{t-5}\\&+ 2.530943 \times \ln(H)_{t-6} - 0.480676 \times \ln(wat)_{t-1} - 0.275728\\&\times \ln(wat)_{t-2} - 0.405513 \times \ln(wat)_{t-3} - 0.034548\\&\times \ln(wat)_{t-4} - 0.187487 \times \ln(wat)_{t-5}\\&+ 0.120994 \times \ln(wat)_{t-6} + 11.123897\end{aligned} \quad (6.8)$$

（2）ln（H）和 ln（pop）

$$\begin{aligned}D[\ln(H)] =\ &-0.156426 \times [\ln(H)_{t-1} + 3.798688 \times \ln(pop)_{t-1}\\&- 30.980628] - 0.424168 \times D[\ln(H)_{t-1}] - 0.505284\\&\times D[\ln(H)_{t-2}] - 0.019998 \times D[\ln(H)_{t-3}] - 0.161715\\&\times D[\ln(H)_{t-4}] + 0.939651 \times D[\ln(pop)_{t-1}] + 1.580194\\&\times D[\ln(pop)_{t-2}] - 0.094302 \times D[\ln(pop)_{t-3}]\\&- 0.807587 \times D[\ln(pop)_{t-4}] - 0.032213\end{aligned} \quad (6.9)$$

$$\begin{aligned}D[\ln(pop)] =\ &-0.217047 \times [\ln(H)_{t-1} + 3.798688 \times \ln(pop)_{t-1}\\&- 30.980628] + 0.146346 \times D[\ln(H)_{t-1}] + 0.175491\\&\times D[\ln(H)_{t-2}] + 0.076709 \times D[\ln(H)_{t-3}] + 0.041943\\&\times D[\ln(H)_{t-4}] - 0.136643 \times D[\ln(pop)_{t-1}] + 0.138245\\&\times D[\ln(pop)_{t-2}] + 0.233974 \times D[\ln(pop)_{t-3}]\\&+ 0.077272 \times D[\ln(pop)_{t-4}] + 0.008860\end{aligned} \quad (6.10)$$

（3）ln（H）和 ln（gdp）

$$\begin{aligned}\ln(H) =\ &0.025539 \times \ln(H)_{t-1} + 0.186780 \times \ln(H)_{t-2} - 0.028296\\&\times \ln(H)_{t-3} + 0.117287 \times \ln(H)_{t-4} + 0.076750 \times \ln(H)_{t-5}\\&- 0.079190 \times \ln(H)_{t-6} - 0.230485 \times \ln(H)_{t-8} - 0.800337\\&\times \ln(H)_{t-9} - 0.722467 \times \ln(gdp)_{t-1} + 0.138654 \times \ln(gdp)_{t-2}\\&+ 1.040725 \times \ln(gdp)_{t-3} - 0.867283 \times \ln(gdp)_{t-4} - 1.195558\\&\times \ln(gdp)_{t-5} + 1.800666 \times \ln(gdp)_{t-6} - 0.858041\\&\times \ln(gdp)_{t-7} + 0.366789 \times \ln(gdp)_{t-8} + 3.846534\end{aligned} \quad (6.11)$$

$$
\begin{aligned}
\ln(gdp) &= 0.369139 \times \ln(H)_{t-1} - 0.278148 \times \ln(H)_{t-2} + 0.384356 \\
&\quad \times \ln(H)_{t-3} - 0.266093 \times \ln(H)_{t-4} - 0.090207 \times \ln(H)_{t-5} \\
&\quad - 0.553851 \times \ln(H)_{t-6} - 0.319093 \times \ln(H)_{t-7} + 0.357348 \\
&\quad \times \ln(H)_{t-8} + 0.654461 \times \ln(gdp)_{t-1} + 0.255510 \times \ln(gdp)_{t-2} \\
&\quad + 0.029486 \times \ln(gdp)_{t-3} - 0.203160 \times \ln(gdp)_{t-4} + 0.535610 \\
&\quad \times \ln(gdp)_{t-5} - 0.420974 \times \ln(gdp)_{t-6} + 0.297896 \\
&\quad \times \ln(gdp)_{t-7} - 0.211791 \times \ln(gdp)_{t-8} + 0.954747
\end{aligned}
\tag{6.12}
$$

（4）ln（H）和 ln（ind）

$$
\begin{aligned}
\ln(H) &= 0.373390 \times \ln(H)_{t-1} - 0.227545 \times \ln(H)_{t-2} + 0.439341 \\
&\quad \times \ln(H)_{t-3} + 0.032458 \times \ln(H)_{t-4} + 0.027144 \times \ln(H)_{t-5} \\
&\quad + 0.320778 \times \ln(H)_{t-6} - 0.028698 \times \ln(ind)_{t-1} - 0.269957 \\
&\quad \times \ln(ind)_{t-2} + 0.538216 \times \ln(ind)_{t-3} - 0.876225 \times \ln(ind)_{t-4} \\
&\quad + 1.380358 \times \ln(ind)_{t-5} - 0.351432 \times \ln(ind)_{t-6} - 1.486495
\end{aligned}
\tag{6.13}
$$

$$
\begin{aligned}
\ln(ind) &= -0.269224 \times \ln(H)_{t-1} + 0.079298 \times \ln(H)_{t-2} - 0.182581 \\
&\quad \times \ln(H)_{t-3} + 0.042698 \times \ln(H)_{t-4} - 0.224199 \times \ln(H)_{t-5} \\
&\quad + 0.291456 \times \ln(H)_{t-6} + 1.182770 \times \ln(ind)_{t-1} - 0.345219 \\
&\quad \times \ln(ind)_{t-2} - 0.142672 \times \ln(ind)_{t-3} - 0.076297 \times \ln(ind)_{t-4} \\
&\quad + 0.013926 \times \ln(ind)_{t-5} + 0.221852 \times \ln(ind)_{t-6} + 0.770148
\end{aligned}
\tag{6.14}
$$

（5）ln（H）和 ln（$food$）

$$
\begin{aligned}
\ln(H) &= 0.643196 \times \ln(H)_{t-1} - 0.318804 \times \ln(H)_{t-2} + 0.630596 \\
&\quad \times \ln(H)_{t-3} - 0.182956 \times \ln(H)_{t-4} + 0.115759 \times \ln(H)_{t-5} \\
&\quad + 0.095363 \times \ln(H)_{t-6} - 0.078379 \times \ln(food)_{t-1} + 0.428717 \\
&\quad \times \ln(food)_{t-2} - 0.618771 \times \ln(food)_{t-3} + 0.847924 \times \ln(food)_{t-4} \\
&\quad - 0.644044 \times \ln(food)_{t-5} + 0.112220 \times \ln(food)_{t-6} - 0.363107
\end{aligned}
\tag{6.15}
$$

$$
\begin{aligned}
\ln(food) &= 0.091779 \times \ln(H)_{t-1} - 0.071908 \times \ln(H)_{t-2} - 0.045627 \\
&\quad \times \ln(H)_{t-3} + 0.110083 \times \ln(H)_{t-4} - 0.072191 \times \ln(H)_{t-5} \\
&\quad - 0.317677 \times \ln(H)_{t-6} + 0.693028 \times \ln(food)_{t-1} + 0.151942 \\
&\quad \times \ln(food)_{t-2} - 0.250451 \times \ln(food)_{t-3} - 0.216376 \\
&\quad \times \ln(food)_{t-4} + 0.476570 \times \ln(food)_{t-5} - 0.215930 \\
&\quad \times \ln(food)_{t-6} + 2.913664
\end{aligned}
\tag{6.16}
$$

（二）脉冲响应分析

脉冲响应函数响应时期数设定为 10 期，借助脉冲响应分析观察各类驱动力扰动洞庭湖湿地生物多样性的动态影响。图 6 - 2（a）至图 6 - 2（e）给出多图形式脉冲响应函数。

1. $\ln(H)$ 和 $\ln(wat)$ 构成 VAR 系统脉冲响应函数

图 6 - 2（a）表明洞庭湖湿地生物多样性对洞庭湖湿地产流量一个单位标准差的冲击的响应。这表明，脉冲累计响应表现为正效应，数值为 0.046206。从第 1 期开始，响应值呈现快速增加态势。到第 2 期，响应值数值达到峰值，数值为 0.031605。随后的两期，响应值呈现下降的发展态势。响应值在第 4 期开始出现反弹，到第 6 期，响应值呈现正向发展态势。因此，无论是短期效应，还是长期效应，降水量增加将增加洞庭湖水体的生物多样性。并且，对比图 6 - 2（a）与图 6 - 2（b）、图 6 - 2（d）、图 6 - 2（e）分析，以降水为主的自然因素对洞庭湖生物多样性的影响基本与人口增长、产业结构变迁、粮食增产处于同一级数水平，自然因素仍旧存在一定影响。

2. $\ln(H)$ 和 $\ln(pop)$ 构成 VAR 系统脉冲响应函数

图 6 - 2（b）表明洞庭湖湿地生物多样性对人口规模一个单位标准差的冲击的响应。脉冲累计响应为表现为负效应，数值为 - 0.036792，其绝对值与降水因素基本一致（降水累计效应为 0.046206）。尽管前两期存在正效应，从第 3 期开始表现为负效应，并且一直持续到第 100 期。可能的解释是，短期人口增长可能得益于降水、阳光等较为适宜的气候，而这些因素同样导致自然界生物的多样性，但从长期而言，人口增长引发的消费需求诱致的各类人类活动强化了对洞庭湖湿地生物资源更多的消耗，从而增加生态系统压力，进而减少了生物多样性。

3. $\ln(H)$ 和 $\ln(gdp)$ 构成 VAR 系统脉冲响应函数

图 6 - 2（c）表明洞庭湖湿地生物多样性对经济规模一个单位标准差的冲击的响应。数据表明脉冲累计响应为表现为负效应，数值为 - 0.156217，远大于人口与降水因素（人口增长累计效应 - 0.036792，降水累计效应为

0.046206）。尽管图 6 - 2（c）在第 4 期、第 7 期和第 8 期出现短期正效应，但是这 3 期响应值均比较小，表明人均地区生产总值对生态多样性的正面效应相对有限。整体而言，无论是短期还是长期，洞庭湖湿地生物多样性库兹涅茨曲线随着经济发展呈现下降（恶化）的态势，人均地区生产总值的增长降低了洞庭湖水体生态系统的生物多样性，如果不改变原有传统粗放的经济增长模式，采取一系列制度设计和创新，洞庭湖湿地生物多样性恶化态势将难以扭转。

4. $\ln(H)$ 和 $\ln(ind)$ 构成 VAR 系统脉冲响应函数

图 6 - 2（d）表明洞庭湖湿地生物多样性对经济结构（第二产业产值占比）一个单位标准差的冲击的响应。这表明脉冲累计响应表现为累计负效应，数值为 - 0.170662，大小与符号基本与人均地区生产总值类似。工业占比在前 7 期基本为负，除了第 4 期响应值为 0.008091，但是该数值太小，接近于零效应。从第 8 期，响应值逐步增加，第 10 期到达峰值 0.083814。数据表明，尽管工业占比脉冲响应值在最后 3 期表现为正效应，但是整体而言为负效应，说明 1986～2015 年，第二产业的快速发展加速了洞庭湖湿地生物多样性的减少。

5. $\ln(H)$ 和 $\ln(food)$ 构成 VAR 系统脉冲响应函数

图 6 - 2（e）表明洞庭湖湿地生物多样性对粮食产量一个单位标准差的冲击的响应，表明脉冲累计响应数值为 0.040926，表现为正效应。粮食产量对生物多样性的脉冲影响表现出周期性。1986～2015 年，第 1 期响应值为零。之后下降，第 2 期实现负值为 - 0.004215。之后表现为上升趋势，到第 3 期实现正值为 0.017421，累计效应为 0.013207。继而再次经历"下降→上升"变化，在第 5 期达到峰值 0.022622，第 6 期累计效应为 0.041168，如此周而反复。此后，洞庭湖湿地生物多样性对粮食产量扰动的响应不再强烈，仅为 0.001889。可能的解释是，环洞庭湖湿地周边区域粮食生产技术的改进，改变了原有的扩展粮食生产面积以实现粮食增产的路径依赖，进而对洞庭湖湿地生境的干扰渐趋减弱。

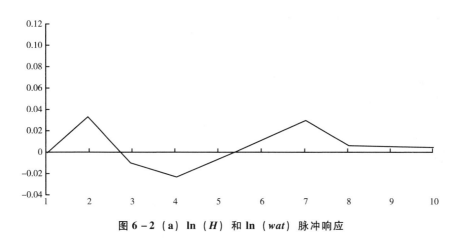

图 6 – 2 （a） **ln** （*H*） 和 **ln** （*wat*） 脉冲响应

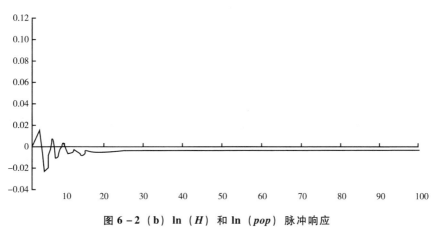

图 6 – 2 （b） **ln** （*H*） 和 **ln** （*pop*） 脉冲响应

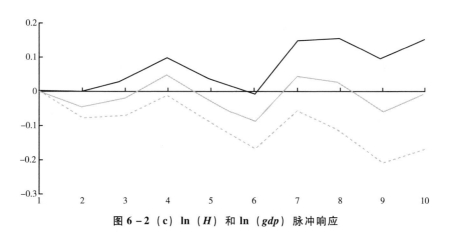

图 6 – 2 （c） **ln** （*H*） 和 **ln** （*gdp*） 脉冲响应

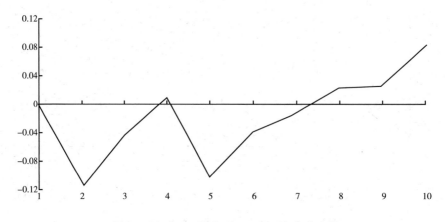

图 6 - 2（d）ln（*H*）和 ln（*ind*）脉冲响应

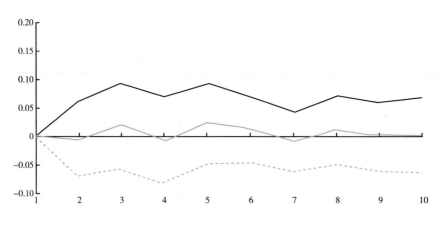

图 6 - 2（e）ln（*H*）和 ln（*food*）脉冲响应

　　洞庭湖湿地生物多样性在 1986～2015 年时间段对各类驱动力的脉冲响
应横向比较分析表明，各类驱动力对洞庭湖湿地生物多样性变化的影响程度
显然存在差距（见表 6 - 6）。影响洞庭湖湿地生物多样性的各类非自然驱动
力强弱排列依次为经济结构 > 经济规模 > 人口规模 > 粮食产量。这说明，经
济结构对洞庭湖湿地生物多样性恶化影响强度最大，其次是经济规模。比较
来看，以洞庭湖湿地产流量为表征的自然驱动力对洞庭湖湿地生物多样性影
响程度相比人类活动的干扰要弱。

表 6 - 6　洞庭湖湿地生物多样性对各类驱动力脉冲响应比较

驱动力	响应方向	次年响应	峰值
洞庭湖湿地产流量	+	0.000	0.031605(2)
人口规模	—	0.000	-0.025433(4)
经济规模	—	0.000	-0.090573(6)
经济结构	—	0.000	-0.115594(2)
粮食产量	+	0.000	0.022622(5)

注：表中响应均为针对各类驱动力一个单位标准差来说的；响应栏中，"＋"说明驱动力和洞庭湖湿地生物多样性呈现正相关，"－"说明驱动力和洞庭湖湿地生物多样性呈现负相关；峰值栏反映了洞庭湖湿地生物多样性对各类驱动力的最大响应，峰值栏括号中的数据表明峰值产生的滞后期数，单位是"年"。

（三）方差分解分析

各类驱动力冲击对洞庭湖湿地生物多样性的贡献率（滞后期设置为 50）依然通过上文所述五组 VAR 系统展开方差分解分析，1986～2015 年各类驱动力贡献率见表 6 -7。数据表明，各类非自然驱动力对洞庭湖湿地生物多样性贡献率有差异。1986～2015 年，洞庭湖湿地生物多样性变化最主要的驱动力是环洞庭湖湿地区域经济规模，其次是经济结构（第二产业产值占比），依据贡献率大小强弱排列次序为经济规模 > 经济结构 > 人口规模 > 粮食产量。

表 6 -7　各类驱动力对洞庭湖湿地生物多样性变动态势的贡献率

单位：%

驱动力	方差贡献率	驱动力	方差贡献率
洞庭湖湿地产流量	6.88	经济结构	50.50
人口规模	3.90	粮食产量	2.00
经济规模	77.29		

注：VAR 系统展开方差分解时，滞后期均设置为 50 期。

第四节　小结

本章对经济发展过程中洞庭湖湿地生物多样性变化展开定量分析。第一节构建洞庭湖湿地生物多样性变化模型，选择 Shannon-Wiener 指数作为洞庭湖湿地生物多样性指示性指标，进一步系统分析了洞庭湖湿地生物多样性变化驱动力。第二节选取 1986～2015 年洞庭湖湿地生物多样性指标数据，判断其库兹涅茨曲线形态。计算表明，洞庭湖湿地生物多样性指标与经济规模并没有存在环境库兹涅茨曲线效应，经济发展过程中，生物多样性维持减少态势。第三节构建了 1986～2015 年各类驱动因子与洞庭湖湿地生物多样性的向量自回归模型，借助脉冲响应函数观察洞庭湖湿地生物多样性对洞庭湖湿地产流量、人口规模、经济规模、经济结构和粮食产量等因素冲击的响应。分析结果表明，非自然驱动力影响因子中，洞庭湖湿地生物多样性对环洞庭湖湿地区域经济结构（第二产业产值占比）的冲击响应最为明显。借助方差分解分析判断各类驱动力影响力大小，分析结果表明，非自然驱动力影响因子中，经济规模对洞庭湖湿地生物多样性变化贡献最大。

第七章　洞庭湖湿地利用转型：
理论解释与战略选择

第一节　洞庭湖湿地利用转型：理论解释

一　洞庭湖湿地利用结构演变：基于比较优势的理论视角

正如杨小凯对爱因斯坦名言的引用所言："不是经验观察为理论研究提供基础，而是理论研究决定我们可观察到什么。"[①] 本研究选择比较优势理论体系作为反思湖泊湿地利用转型问题的理论框架，秉持"比较优势"的分析逻辑观察湖泊湿地资源变动及其利用结构演变。这属于发展经济学强调经济结构特征的研究范畴。

处于不同经济发展阶段的居民对湖泊湿地资源的需求存在差异，会基于发展需要对湖泊湿地资源系统各类资源进行选择性利用，进而会影响某类资源的利用强度。当然，人类需求变动和湖泊湿地资源变化是相互的。人类对湖泊湿地资源系统中某类资源的利用超过一定强度时，这类资源数量因阈值范围的突破发生质变，反而会作用于人类对这类资源的需求，迫使人类在替代利用、继续利用或保护型利用中做出抉择。替代利用就意味着新资源、新技术、新产业的开启，使这类资源得以恢复；继续利用就意味这类资源的枯

[①]　参见 Werner Heisenberg, *Physics and Beyond*：*Encounters and Conversations*, Trans. Arnold Pomerans, New York：Harper & Row, 1971。

竭，甚至诱致整个湖泊湿地资源系统发生"量变→质变"；保护型利用则是控制这类资源的利用强度，将资源的利用限制在生态阈值范围内，并推动这类资源的修复，意味着这类资源可以得到恢复。

随着人类收入水平的变化，人类需求偏好改变，需求结构问题开始凸显。需求结构发展变化，呈现经济发展中的动态演化，不断升级，也反映出人类需求成长的质变过程。随着收入水平的提高，人类需求结构朝着更高级、更优化的方向发展。由生存型占主导地位向机能型、发展型阶段转变，人类对生活环境和生活质量的需求大幅提升，最终导致湖泊资源利用结构的演变，进而诱致湖泊湿地资源特征演变。需求结构是湖泊湿地利用结构变化的根本动因。经济发展过程中，人类会基于比较优势做出理性选择，需求结构呈现为鲜明的层次性和阶段性特征，湖泊湿地利用结构也会呈现阶段性的变化。

二　洞庭湖湿地利用结构演变的解释

基于洞庭湖湿地利用的历史描述和模型分析显示，在不同时间段，洞庭湖湿地水面、水质和生物多样性变化存在差异。环洞庭湖湿地区域居民对洞庭湖湿地水面进行改造，转化成土地要素，促进粮食生产，推动了区域经济增长，有效地满足了人类的物质需求。但是鉴于水面的不完全商品属性，只有实现劳动力和资本的持续投入，才能实现水面的有效产出，这种对经济增长的贡献是较低水平的。

随着经济的增长，人类认识到洞庭湖湿地水资源降解能力对产业发展的贡献，开始充分利用洞庭湖湿地丰富的水资源禀赋、低廉的要素价格着力发展工业。由此可见，人类不再单纯依赖水面的商品性转化来发展经济，人均地区生产总值达到1150.92元时，水面面积不再维系减少态势。洞庭湖湿地水环境功能利用的比较优势凸显，环境功能利用逐渐占据主导，并开始对围垦利用的替代。

人类利用洞庭湖湿地资源过程中，水面的减少降低水环境容量，影响水资源降解能力；水环境污染对环境质量造成负面效应；洞庭湖湿地生物多样性也受到胁迫。经济发展是经济系统的动态过程，人类需求由满足基本生存需要的"必需品"向"奢侈品"移动，人类对良好环境质量等"奢侈品"产生需求。基于对洞庭湖湿地系统生态服务的再认识，人类开启了对洞庭湖湿地的生态利用。在这个过程中，洞庭湖湿地水质（总磷）库兹涅茨曲线呈现为"N"形特征，即在人均地区生产总值达到 2162 元时，洞庭湖湿地水质（总磷）得到改善。但是在人均地区生产总值达到 4982 元时，洞庭湖湿地水质（总磷）又开始趋于恶化，这表明洞庭湖湿地环境功能利用仍在延续。与此同时，基于环境库兹涅茨曲线的洞庭湖湿地生物多样性变动态势表明，洞庭湖湿地生物多样性不符合库兹涅茨曲线假说，由此可见，洞庭湖湿地生态利用尚未实现对环境功能利用的替代。从中还可以发现，要素价格扭曲是洞庭湖湿地利用结构未能优化的因素之一，降低了洞庭湖湿地资源利用效率。

基于洞庭湖湿地利用结构演变与人类需求结构演变升级的分析，可以发现以下几个特征。一是需求结构演变升级与洞庭湖湿地利用结构演变引起的综合效应是复杂的，在经济运行中不断变化。二是经济产业结构的变迁和升级是基于资源要素禀赋及其结构态势，沿着动态比较优势揭示的方向，持续创新的过程。资源要素禀赋和比较优势均是动态的，在持续发展和变化。洞庭湖湿地利用结构演变是人类基于资源比较优势做出的理性选择，是客观存在的，并在持续发展中。[①] 洞庭湖湿地利用结构的演变本质上就是经济结构的演变，经济结构的转换和优化恰恰不是一日之功，需求的成长和演变具有长期性。三是一个经济体的要素禀赋结构会随着发展阶段的不同而不同，一个经济体的产业结构也会随着发展阶段的不同而不同。四是洞庭湖湿地利用结构演变态势，尤其是洞庭湖湿地环境功能利用状态下呈现"N"形的库兹涅茨曲线，蕴含了一个需求结构合理化与需求结构高级化的问题。尽管满足需求结构高级化成为环洞庭湖湿地区域发展的努力方向，但是，环洞庭湖湿

[①] 邝奕轩：《湿地利用转型研究：基于发展经济学的视角》，《农村经济》2013 年第 9 期，第 21~25 页。

地区域为了实现经济快速、持续增长，更多地考虑了需求结构合理化问题。

洞庭湖湿地利用的历史描述和模型分析，不仅为探索洞庭湖湿地利用转型提供了借鉴，也是洞庭湖湿地利用转型导向下的环洞庭湖湿地区域可持续发展战略的出发点，正如基思·格里芬所言："每一种发展战略都有其自己的内在逻辑。"①

第二节　洞庭湖湿地利用转型：共识和理念

思路决定出路。洞庭湖湿地利用转型的关键在于推动环洞庭湖湿地区域转型发展。当前，我国进入新时代，大环境下的环洞庭湖湿地区域既要深度认识洞庭湖湿地生态价值和生态环境的战略地位，又要精准识别环洞庭湖湿地区域发展面临的机遇和挑战，正确处理环洞庭湖湿地区域发展与洞庭湖湿地保护的关系，科学推动环洞庭湖湿地区域转型发展，进而实现洞庭湖湿地利用转型成功。这就要形成发展共识。

一　洞庭湖湿地利用转型发展共识

环洞庭湖湿地区域与太湖地区相比，在经济总量、工业化、城镇化等方面存在明显差距，2016 年，环洞庭湖湿地区域经济总量、第二产业占比和城镇化率分别为 9849.49 亿元、45.55% 和 51.81%，分别低于当期太湖地区 72.93%、5.19 个百分点和 27.85 个百分点。② 就环洞庭湖湿地区域自身发展而言，区域辐射能力偏弱，平江县、安化县还是国家级贫困县，在区域发展中的短板效应明显。与此同时，环洞庭湖湿地区域后发优势明显，一方面，洞庭湖湿地资源对环洞庭湖湿地区域经济发展的生态贡献显著；另一方面，环洞庭湖湿地区域具有融入"一带一部"和"长江经济带"的区位优

---

① 基思·格里芬：《可供选择的经济发展战略》，倪吉祥译，经济科学出版社，1992，序言第 1~3 页。

② 根据苏州市、常州市、嘉兴市、湖州市、无锡市、益阳市、岳阳市、常德市、荆州市和望城区 2016 年度国民经济和社会发展统计公报数据整理得出。

势。由此可见，经济新常态下，环洞庭湖湿地区域务必形成发展共识，发挥后发优势，推进洞庭湖湿地利用转型。

（一）洞庭湖湿地是价值洼地

一是"美丽中国"愿景下，洞庭湖湿地作为长江中游城市群的"生态蓄水池"，能为环洞庭湖湿地区域乃至长江中游地区提供水资源蓄积、碳汇等诸多生态服务。洞庭湖湿地调蓄量多年平均值达 14580 亿立方米，[①] 湿地生物资源丰富多样，共计 80 余种沼泽鸟和水泊鸟类、35 种水生植物、568 种草本植物、20 种竹类植物、129 种藤本植物和 658 种木本植物，洞庭湖湿地生态资源价值凸显。[②] 这是环洞庭湖湿地区域后发崛起的比较优势。二是环洞庭湖湿地区域区位优势日益凸显。[③] 优良的地缘优势有助于环洞庭湖湿地区域充分吸纳长株潭城市群和武汉城市圈两型社会建设的宝贵政策、技术经验，有助于推进环洞庭湖湿地区域经济增长与生态保护协调一致，更有效地释放洞庭湖湿地的生态红利。三是环洞庭湖湿地区域发展条件得到明显改善。近年来，政府加大了对环洞庭湖湿地区域的建设和投入力度，推动实施临湘至岳阳高速公路，常德至安化高速公路，岳阳至望城高速公路，沅水、浦市至常德航道建设工程，澧县、安乡至茅草街航道建设工程，岳阳港城陵矶港区（松阳湖）二期工程等重大交通项目建设，[④] 环洞庭湖湿地区域交通、城建等基础设施条件显著改善，这有助于放大环洞庭湖湿地区域生态环境和资源禀赋的比较优势。

（二）洞庭湖湿地利用转型与环洞庭湖湿地区域转型发展耦合

洞庭湖湿地资源禀赋优良，能够为适应社会日趋增长的安全、生态产品

---

① 黄群、孙占东、赖锡军等：《1950s 以来洞庭湖调蓄特征及变化》，《湖泊科学》2016 年第 3 期，第 676～681 页。

② 邝奕轩：《洞庭湖生态经济区转型发展与绿色发展探论》，《武陵学刊》2017 年第 3 期，第 15～19 页。

③ 环洞庭湖湿地区域地处长江中游，南边为长株潭城市群两型社会建设综合配套改革试验区，北边为武汉城市圈两型社会试验区，环洞庭湖湿地区域位于中间节点位置。

④ 交通运输部长江航务管理局：《长江航运发展报告》（2014 版），人民交通出版社，2015，第 15 页。

需求提供资源条件，而环洞庭湖湿地区域发展转型所需产业发展条件日趋成熟。环洞庭湖湿地区域现代农业取得进展，农业"接二连三"发展较快，品牌农业发展已有一定基础，形成金健米业等多个省级以上品牌产品；乡村旅游发展形势喜人，新型工业化发展取得一定成效。借此，环洞庭湖湿地区域可以改变传统发展路径，基于洞庭湖湿地生态资源比较优势，探索新型发展路径，洞庭湖湿地利用转型与环洞庭湖湿地区域转型发展是耦合的。

二 洞庭湖湿地利用转型发展理念

"我们要建设的现代化是人与自然和谐共生的现代化。"[①] 因此，洞庭湖湿地利用转型要走生态系统综合效益最佳的可持续发展道路，就务必贯彻落实"创新、协调、绿色、开放、共享"的发展理念。

一是坚持创新发展理念，会聚生态经济发展新动能。洞庭湖湿地利用转型可持续发展就是要走经济增长和生态建设"双满意"道路，其核心是使经济增长与生态建设达到最佳均衡状态。依赖技术创新和制度革新实现集约化内涵式发展是优选路径。要发展符合生态经济区定位的现代产业发展新体系。在适应和引领新常态的过程中，要创新体制机制，优化洞庭湖湿地利用转型体系总体设计，对原有体系进行全方位的系统改革和创新，提供适应环洞庭湖湿地区域可持续发展的，包括正式制度、非正式制度和实施机制在内的一系列有关规则，重构较为合理的生态利益格局和较为健全的利益协调机制，安排洞庭湖湿地生态系统资源合理配置的动力结构，着力解决配套制度不完善以及由此导致的激励机制扭曲等问题，激发市场活力和社会创造力，鼓励环洞庭湖湿地区域先行先试，加快生态文明建设。相关研究表明，环洞庭湖湿地区域发展水平差异性呈现上升趋势，[②] 如果协同发展制度框架缺位，不可避免会产生短板效应，将制约环洞庭湖湿地区域可持续发展，因

---

① 《决胜全面建成小康社会夺取新时代中国特色社会主义伟大胜利——习近平同志代表第十八届中央委员会向大会作的报告摘登》，《人民日报》2017年10月19日。

② 熊建新、陈端吕、彭保发等：《洞庭湖区两型社会发展水平时空分异》，《经济地理》2014年第8期，第156~161页。

此，优化环洞庭湖湿地区域协同发展制度框架是制度创新的重要内容，有助于优化环洞庭湖湿地区域发展环境。事实上，德国鲁尔大都市发展的成功就是例证。① 为此，环洞庭湖湿地区域要坚持"区域合作共赢、协同发展"原则，坚持"中央指导、区域协调"导向，积极探索构建科学合理的区域协同发展制度框架。②

二是坚持协调发展理念，开拓发展新境界。面对环洞庭湖湿地区域社会利益关系日趋多元化现实，要推进生态利益配置的帕累托改进，③ 要着力化解矛盾，实现不同利益主体在洞庭湖湿地生态系统利用中的平衡性、协调性和可持续性。因此，当前及未来一段时期，环洞庭湖湿地区域可持续发展的重要任务就是解决农业农村发展滞后、区域产业结构趋同且同质化竞争日趋激烈等一系列问题，要立足环洞庭湖湿地区域内各行政区域地域相连、资源优势互补的环境条件，协调不同群体分歧性的多元价值、利益需求，推动环洞庭湖湿地区域协同发展。在这个过程中，应着力强化基于生态文明引领的新型城镇化统筹发展，优化环洞庭湖湿地区域人居环境。新型城镇化有利于改善环洞庭湖湿地区域民生福祉，要着力构建新型城镇体系，优化产业空间布局及资源合理配置。与此同时，应积极探索推进城乡一体化发展，扭转长期以来形成的只注重城镇区发展的传统思路，实现镇村二元统筹发展，实现镇村体系网络化、协同发展，增强城乡综合承载能力和服务能力，提高城乡一体化发展质量。④ 促进各种社会力量在洞庭湖湿地生态系统资源分配中的良性互动。这就既要解决好把洞庭湖湿地生态系统的生态红利这个"蛋糕做大"的问题，又要着力实现"做大蛋糕、做好蛋糕"和"分好蛋糕"的

---

① 楚静、薛姝：《湖南新型城镇化推进模式及政策选择》，《城市学刊》2015 年第 4 期，第 61～65 页。

② 邝奕轩：《洞庭湖生态经济区转型发展与绿色发展探论》，《武陵学刊》2017 年第 3 期，第 15～19 页。

③ 邝奕轩：《洞庭湖生态经济区转型发展与绿色发展探论》，《武陵学刊》2017 年第 3 期，第 15～19 页。

④ 邝奕轩：《洞庭湖生态经济区转型发展与绿色发展探论》，《武陵学刊》2017 年第 3 期，第 15～19 页。

辩证统一。

三是坚持绿色发展理念，推进生态文明建设。对绿色发展实质的认识是完善洞庭湖湿地生态系统可持续利用、有序推动洞庭湖湿地利用转型的首要问题。坚持绿色发展，有助于优化环洞庭湖湿地区域经济系统。这就要通过模式变革，实现从"黑色发展"向"绿色发展"变革，把发展引向以可更新自然资源为基础。① 环洞庭湖湿地区域构建现代产业体系是实现环洞庭湖湿地区域绿色发展、洞庭湖湿地利用转型的核心内容。第一，立足洞庭湖湿地资源优势，加快推进农业现代化。环洞庭湖湿地区域县域政府要将实施生态品牌战略的认识提升至推进发展模式转型的高度。第二，基于产业发展基础，抓主要产业，加快推动新型工业化。依托洞庭湖湿地作为"两型洼地"的优势，吸纳两个"两型"社会建设试验区的制度、技术禀赋和优势，构建大循环经济体系。第三，依托洞庭湖湿地生态资源和秀美风光，整合洞庭湖水文化、名水、名山、名楼和名人资源，推动第三产业生态化建设。第四，坚持"生态建设"与"产业发展"双轮驱动，强化生态建设，探索优化湿地资源配置的制度创新，优化环洞庭湖湿地区域生态系统，提高洞庭湖湿地生态资源存量，提升洞庭湖湿地乃至整个环洞庭湖湿地区域的生态支撑能力。② 推动环洞庭湖湿地区域生态建设与经济发展、社会进步的统一协调；推进生态修复工程建设，改进河湖关系，探索环洞庭湖湿地区域生态补偿的完善路径，实现生态环境损害行为"零容忍"和洞庭湖湿地生态系统生态红利持续释放，着力形成循环化发展格局。

四是坚持开放发展理念，融入"一带一部"和长江经济带。洞庭湖湿地是难得的价值洼地，环洞庭湖湿地区域具有"一带一部"区位优势，③ 又

---

① 邝奕轩：《洞庭湖生态经济区转型发展与绿色发展探论》，《武陵学刊》2017 年第 3 期，第 15～19 页。

② 邝奕轩：《洞庭湖生态经济区转型发展与绿色发展探论》，《武陵学刊》2017 年第 3 期，第 15～19 页。

③ 《以"一带一部"新战略提升湖南发展新优势》，《湖南日报》2016 年 10 月 10 日，第 3 版。

处于武汉城市圈和长株潭城市群这两个"两型"综合配套改革试验区的价值洼地。① 这就要着力推进与长株潭城市群、武汉城市圈的合作发展，强化在水利工程建设领域的合作，重塑现代产业发展格局，形成对周边城市群的产业补充。与此同时，开展洞庭湖湿地生态系统保护跨行政区域合作。

五是坚持共享发展理念，开创发展新局面。新常态下，环洞庭湖湿地区域发展进入新阶段，生态环境问题依然凸显，"公地悲剧"仍时有发生。洞庭湖湿地生态系统是区域共有的生产要素，落实资源共享原则已经成为环洞庭湖湿地区域提高社会生产效率、推动社会公平的重要因素。因此，环洞庭湖湿地区域可持续发展的核心是要调整利益关系，应强化以人为本的发展理念，纠正以人的工具性替代人的目的性的现实偏差，这就要坚持从环洞庭湖湿地区域矛盾最突出的利益问题入手，推进产业供给侧改革，拓宽民众致富渠道，建设"幸福洞庭"；推进新型城镇化建设，推进城乡一体化发展，提升基本公共服务均等化水平，建设"宜居洞庭"；推进生态建设，推进血吸虫病防治，打造"美丽洞庭"。

---

① 邝奕轩：《洞庭湖生态经济区转型发展与绿色发展探论》，《武陵学刊》2017 年第 3 期，第 15～19 页。

第八章　环洞庭湖湿地区域新型工业化发展——基于包容性增长视角

推动洞庭湖湿地利用转型，就必须正视环洞庭湖湿地区域工业化发展。新型工业化可以强健环洞庭湖湿地区域经济骨架。环洞庭湖湿地区域应抓住区域洞庭湖湿地资源富集的比较优势，瞄准环境友好、区域协调发展目标，推动新型工业化包容性发展、跨越式发展。

第一节　环洞庭湖湿地区域工业化发展现状及发展进程评述

准确把握环洞庭湖湿地区域工业化发展态势，精准把握工业化发展程度，可以聚焦短板，科学有效地推进新型工业化提质增效。

一　环洞庭湖湿地区域工业化发展现状

（一）环洞庭湖湿地区域工业化经济总量水平

从地区生产总值来看，2015 年，环洞庭湖湿地区域地区生产总值达到9060.61 亿元，同比增长 8.03%，相比 2010 年增长 156.9%。其中，2015年，荆州市、岳阳市、常德市、益阳市和望城区地区生产总值同比分别增长8.5%、8.7%、8.7%、8.4%和 12%。

从人均地区生产总值来看，2015 年，环洞庭湖湿地区域人均地区生产总值达到40956 元，同比增长 7.86%，相比 2010 年增长 154.05%。其中，2015 年，荆州市、岳阳市、常德市、益阳市和望城区人均地区生产总值同比分别增长 8.15%、7.47%、7.5%、7.62% 和 9.27%。

从工业增加值来看，2015 年，环洞庭湖湿地区域地区工业增加值达到 3837.07 亿元，同比增长 4.07%，相比 2010 年增长 86.91%。其中，2015 年，荆州市、岳阳市、常德市、益阳市和望城区全部工业增加值同比分别增长 8.15%、7.47%、7.5%、7.62% 和 9.27%。

以上分析表明，环洞庭湖湿地区域工业化总水平是在提升的，但是与湖南、湖北全省平均水平仍有差距。其中，2015 年环洞庭湖湿地区域地区生产总值增长水平比湖南省、湖北省同期增长水平分别低 0.57 个和 0.87 个百分点；2015 年环洞庭湖湿地区域人均地区生产总值增长水平比湖南省、湖北省平均水平分别低 4.36 个和 18.89 个百分点；2015 年环洞庭湖湿地区域工业增加值增长水平比同期湖南省、湖北省增长水平分别低 52.12 个和 45.73 个百分点。

（二）环洞庭湖湿地区域工业化结构水平

从产业结构来看，2015 年，环洞庭湖湿地区域第二产业占比为 47.74%，同比增长 3.96%，环洞庭湖湿地区域第三产业占比为 37.73%，同比增长 7.8%，三次产业结构为 14.53∶47.74∶37.73，相比 2014 年环洞庭湖湿地区域三次产业结构（19.09∶45.92∶34.99）有所优化，第一产业占比降低。其中，荆州市产业结构由 2010 年的 27.6∶38.9∶33.5 变动至 2015 年 22.2∶43.7∶34.1；岳阳市产业结构由 2010 年的 14∶54.2∶31.8 变动至 2015 年的 11∶38.9∶50.1；常德市产业结构由 2010 年的 18.8∶45.9∶35.3 变动至 2015 年的 13.1∶45.7∶41.2；益阳市产业结构由 2010 年的 22.8∶40.5∶36.7 变动至 2015 年的 18.6∶42.1∶39.3；望城区产业结构由 2010 年的 8.5∶70.0∶21.5 变动至 2015 年的 7.6∶72.2∶20.2。数据表明，环洞庭湖湿地区域市县三次产业结构都得到优化，2015 年荆州市、益阳市和望城区第二产业占比相比 2010 年均有所提高，但岳阳市、常德市第二产业占比却呈现降低态势。值得关注的是，岳阳市第三产业占比显著提升，产业结构持续优化。

从就业结构来看，2015 年，环洞庭湖湿地区域三次产业就业人数构成为 38.0∶22.56∶39.34，相比 2014 年环洞庭湖湿地区域三次产业就业人数构成（38.63∶22.52∶38.85）有所优化。2015 年环洞庭湖湿地区域第一产业就业人数占比相比 2010 年减少了 8.16 个百分点，2015 年环洞庭湖湿地区域第二产业就业人数占比相比 2010 年增加了 1.9 个百分点，环洞庭湖湿地区域第三产业就业人数占比相比 2010 年高出 6.25 个百分点。

从工业内部结构水平来看，2015 年，环洞庭湖湿地区域轻重工业比重为 48.1∶51.9，重工业比重达到 51.90%，同比减少 3.24 个百分点，相比 2010 年减少了 9.06 个百分点，轻重工业失衡的格局得到扭转。分析数据表明，2015 年环洞庭湖湿地区域重工业总产值为轻工业总产值的 1.08 倍，相比 2010 年降低了 18.18%。

（三）环洞庭湖湿地区域工业化基本条件状况

在对外开放水平方面，本书从出口总额指标来分析，2015 年，环洞庭湖湿地区域出口总额达到 31.16 亿美元，同比增长 18.75%，相比 2010 年增长 110.05%。其中，2015 年，岳阳市、常德市、益阳市和望城区对外出口总额同比分别增长 59.2%、8.8%、68.54% 和 57%，但荆州市对外出口总额同比下降了 18.2%。

在工业化科技发展水平方面，环洞庭湖湿地区域科技水平有所提升，[①]2015 年环洞庭湖湿地区域专利申请量达到 9988 项，相比 2010 年增长 158.28%。其中，2015 年环洞庭湖湿地区域发明专利申请量达到 2541 项，相比 2010 年增长 197.88%；2015 年环洞庭湖湿地区域实用新型申请量达到 4686 项，相比 2010 年增长 186.25%；2015 年环洞庭湖湿地区域外观设计申请量达到 2468 项，相比 2010 年增长 94.48%。2015 年环洞庭湖湿地区域企业专利申请量达到 4231 项，相比 2010 年增长 141.35%。2015 年环洞庭湖湿地区域专利授权量达到 6881 项，相比 2010 年增长 175.68%，2015 年环洞庭湖湿地区域专利申请通过率达到 68.89%，较 2010 年环洞庭湖湿地区域专利申请通过率高 4.35 个百分点。科技发展水平提升有助于推进工业化进程。

---

① 环洞庭湖湿地区域各市县专利申请量和专利授权量根据湖北省知识产权局、湖南省知识产权局调研数据整理获得。

在优势行业发展方面，经过多年发展，环洞庭湖湿地区域已经形成优势行业。[①] 以荆州市和常德市为例，荆州市形成农副食品加工业（29.48%）、化学原料和化学制品制造业（10.78%）、纺织业（6.76%）、汽车制造业（6.27%）、金属制品业（5.19%）及橡胶和塑料制品业（4.77%）六大优势行业；常德市形成烟草制造业（21.93%）、农副食品加工业（14.93%）、有色金属冶炼和压延加工业（7.21%）、非金属矿物制造业（6.2%）、化学原料和化学制品制造业（5.62%）及纺织业（4.46%）六大优势行业。若从整个区域比较来看，环洞庭湖湿地区域六大优势行业分别为农副食品加工业（15.01%），木材加工和木、竹、藤、棕、草制造业（6.26%），化学原料和化学制品制造业（6.10%），纺织业（5.73%），计算机、通信和其他电子设备制造业（5.37%）及有色金属冶炼和压延加工业（4.59%）。这表明环洞庭湖湿地区域工业化进程对洞庭湖湿地资源有很强的依赖性，尤其是洞庭湖湿地水资源丰富、降解能力强，有利于支持发展化学制品制造业。计算机、通信和其他电子设备制造业占比表明，区域工业结构得到一定优化，但是一些市（区）传统优势行业在整个区域工业化发展中并不凸显，如常德市烟草制品业，在区域工业总产值中的比重仅为1.92%，这也提醒我们，环洞庭湖湿地区域工业化发展过程中，应聚焦关键行业，推动区域协同，避免恶性竞争。

二　环洞庭湖湿地区域工业化进程评述及启示

（一）工业化进程评述

依据相关研究成果，将工业化进程可以划分为五个时期。[②] 为准确判断环洞庭湖湿地区域工业化进程，本书借鉴相关研究成果，选择相应的指标构建环洞庭湖湿地区域工业化评价体系。表8-1指标设置表明，采用人均地区生产总值衡量环洞庭湖湿地区域经济发展水平；采用第一、第二、第三产

---

①　根据2015年环洞庭湖湿地区域各市区统计年鉴数据进行整理。

②　黄群慧：《中国的工业化进程：阶段、特征与前景》，《经济与管理》2013年第7期，第5~11页。

业增加值比重衡量区域产业结构水平；区域工业结构水平、空间结构水平和就业结构水平分别采用制造业增加值占总商品生产部门增加值的比重、城市化率和第一产业就业占比来进行衡量。[①]

表 8 - 1　环洞庭湖湿地区域工业化评价体系

衡量指标	前工业化	工业化进行			后工业化
	阶段(1)	初期(2)	中期(3)	后期(4)	阶段(5)
经济发展水平:2015 年人均地区生产总值(美元)	898 ~ 1797	1797 ~ 3594	3594 ~ 7188	7188 ~ 13473	> 13473
产业结构水平:三次产业增加值结构(A,一次产业;I,二次产业;S,三次产业)	A > I	A > 20%,且 A < I	A < 20%,I > S	A < 10%,I > S	A < 10%,I < S
工业结构水平:制造业增加值占总商品生产部门增加值的比重(%)	< 20	20 ~ 40	40 ~ 50	50 ~ 60	> 60
空间结构水平:城市化率(%)	< 30	30 ~ 50	50 ~ 60	60 ~ 75	> 75
就业结构水平:第一产业就业人口占三次产业就业人口的比重(%)	> 60	45 ~ 60	30 ~ 45	10 ~ 30	< 10

　　基于表 8 - 1 指标设置，对指标进行无量纲化处理，采用综合指数来划分工业化阶段（见表 8 - 2）。

　　指标权重详见表 8 - 3。

表 8 - 2　环洞庭湖湿地区域工业化水平综合指数

单位：%

工业化阶段	前工业化	工业化初期		工业化中期		工业化后期		后工业化时期
		前半阶段	后半阶段	前半阶段	后半阶段	前半阶段	后半阶段	
指数	0	1 ~ 16	17 ~ 33	34 ~ 50	51 ~ 66	67 ~ 83	84 ~ 99	100

---

① 参见陈佳贵、黄群慧、钟宏武《中国地区工业化进程的综合评价和特征分析》，《经济研究》2006 年第 6 期，第 4 ~ 15 页；黄群慧《中国的工业化进程：阶段、特征与前景》，《经济与管理》2013 年第 7 期，第 5 ~ 11 页。

表 8 – 3　环洞庭湖湿地区域工业化指标权重

单位：%

工业化指标	人均地区生产总值	三次产业结构	制造业占比	城市化率	第一产业就业人口占比
权重系数	36	22	22	12	8

采用上述方法，对环洞庭湖湿地区域、岳阳市、益阳市、常德市、荆州市和望城区工业化水平进行综合测算。[①] 研究数据分析表明，[②] 无论是从区域整体来看，还是从市域比较来看，其均未能进入后工业化阶段，与此同时，环洞庭湖湿地区域及各市（区）工业化阶段存在差异。环洞庭湖湿地区域工业化综合指数为 64，环洞庭湖湿地区域处于工业化中期后半段。基于市域（区）比较分析，岳阳市、常德市、益阳市、荆州市和望城区工业化综合指数分别为 68、63、52、49 和 87。岳阳市迈入工业化后期前半段。常德市和益阳市依然停留在工业化中期后半段。荆州市处于工业化中期阶段。望城区较为特殊，虽然为县级行政区域，但是其工业化综合水平指数为 87，处于工业化后期后半段，相比其他市域工业化综合水平较高。

（二）环洞庭湖湿地区域工业化进程评述启示

一是环洞庭湖湿地区域工业化差异发展。基于资源禀赋利用差别及不同历史条件影响，环洞庭湖湿地区域各市域工业化进程水平是不同的，这是客观存在的事实，因此，推动环洞庭湖湿地区域新型工业化不能盲目推进，应有的放矢，应允许、鼓励环洞庭湖湿地区域各市域新型工业化实现差异性发展。

二是环洞庭湖湿地区域工业化发展成绩斐然。尽管环洞庭湖湿地区域是传统农区，但经过多年的努力，环洞庭湖湿地区域及各市域工业化水平有所提升。在市域城市里，岳阳市三次产业结构为 10.99：50.13：38.88，第一产业在国民生

---

①　数据根据环洞庭湖湿地区域各市（区）2016 年统计年鉴数据进行整理。

②　鉴于望城区不属于环洞庭湖湿地区域其他市域行政区，因此，做比较分析时，将望城区纳入范围。

产总值中的占比均低于湖南省（11.5%）和湖北省（11.2%）平均水平，第二产业在国民生产总值中的占比均高于湖南省（44.6%）和湖北省（45.7%）平均水平；县域城市里，望城区三次产业结构水平为 7.57：72.23：20.20，第一产业在国民生产总值中的占比低于湖南省（11.5%）、湖北省（11.2%）乃至全国平均水平（9.0%），第二产业在国民生产总值中的占比均高于湖南省（44.6%）、湖北省（45.7%）乃至全国平均水平（40.5%）。由此可见，环洞庭湖湿地区域仍有一些市（县、区）实体经济得到发展。

三是推动环洞庭湖湿地区域新型工业化发展有积极意义。环洞庭湖湿地区域工业化综合指数分析表明，总体上，环洞庭湖湿地区域产业结构水平相比其他城市群（武汉城市圈、长株潭城市群）要低。但是，加快推进区域新型工业化进程符合区域可持续发展和洞庭湖湿地生态系统保护要求。第一，有利于弥补区域发展短板。环洞庭湖湿地区域是湖南、湖北两省的次中心区域，有丰富的农业资源，农业产业在空间上有一定集聚特征，特色鲜明的工业基础较为扎实，但存在地域差异。例如，在益阳市，电气机械产业发展较为成熟；在常德市，烟草制造业是骨干产业。加快对这些传统优势产业的升级，有助于湖南、湖北两省补短板。第二，有利于推动环洞庭湖湿地区域与长株潭城市群和武汉城市圈产业实现链接。环洞庭湖湿地区域处于长株潭城市群和武汉城市圈交会处，加快推进新型工业化，提升工业基础能力，有助于为两大城市群提供产业协作配套，实现协同发展。第三，有利于保护洞庭湖湿地生态系统、维系区域生态安全。抛弃黑色发展模式，加快推进新型工业化，充分汲取比邻的"两型社会试验区"先进产业技术，探索实现工业经济发展与洞庭湖湿地生态系统保护的双赢路径，进而助推湖南、湖北两省"两型社会"建设。

第二节　环洞庭湖湿地区域新型工业化
发展 SWOT 分析及路径选择

环洞庭湖湿地区域新型工业化发展不能随意投放有限资金，务必对当前面临的发展态势有清醒的认识，有基本准确的判断，才能抓住要害、做出准确的选择。

一　环洞庭湖湿地区域工业化发展 SWOT 分析

（一）优势分析

一是形成综合实力较强的工业体系。环洞庭湖湿地区域工业经过多年发展，已经形成农副食品加工业、木材加工等特色支柱产业的工业体系。环洞庭湖湿地区域一些产业与湖北、湖南相比，比较优势较为明显。二是区域产业集聚形成一定规模。环洞庭湖湿地区域园区发展提质提速，例如，岳阳市岳阳经济技术开发区、云溪工业园、汨罗循环经济工业园、湘阴工业园、岳阳县工业园、临湘工业园、华容县工业园 7 个园区产值过百亿元。[①] 三是资源禀赋比较优势明显。环洞庭湖湿地区域内洞庭湖湿地资源丰富，为区域轻工业发展提供良好的资源条件。水资源相对丰富，年径流量 2832 亿立方米。[②] 不仅自然资源等生产要素丰富，劳动力资源也丰富，区域常住人口占湖北、湖南两省常住人口总和的 17.48%。四是区域优势凸显。环洞庭湖湿地区域水网密布，水运交通发达。岳阳城陵矶港通过洞庭湖湿地带动"四水"，辐射 74 个县市，并开通直航东盟、澳大利亚水运航线，推动水运"国内段"与"国际段"链接。[③] 区域内岳常高速、大岳高速、长常高速和京港澳高速形成环洞庭湖高速圈。[④] 五是区域产业合作机遇大。环洞庭湖湿地区域可以积极承接相邻两大"两型"城市圈产业转移，推进区域工业转型升级。此外，食品、轻纺等消费品工业作为环洞庭湖湿地区域主要支柱工业，已经形成一定规模的消费品工业集群，可以与武汉城市圈、长株潭城市

---

① 梁志峰、唐宇文主编《湖南产业发展报告（2015）》，社会科学文献出版社，2015，第 144~145 页。

② 梁亚琳、黎昔春、郑颖：《洞庭湖径流变化特性研究》，《中国农村水利水电》2015 年第 5 期，第 67~71 页。

③ 《对准坐标弄大潮——"一带一部"助推湖南开放发展》，《湖南日报》2016 年 11 月 1 日。

④ 《环洞庭湖高速圈将成闭环——大岳高速（不含洞庭湖大桥）月底通车》，《湖南日报》2016 年 11 月 8 日。

群的装备制造工业集群深度发展相互配套与协作关系，有助于优化湖北、湖南两省工业结构。

（二）劣势分析

一是综合实力相对偏弱。受限于区域内行政区域壁垒，环洞庭湖湿地区域尚未建立有效的协同发展机制。区域内尚未建成现代化、网络化交通运输干线，石门、湘阴和安化尚未进入省级高速公路网，洞庭湖水运潜力尚未得到充分挖掘。二是产业链短，附加值未能深度挖掘。环洞庭湖湿地区域诸如石化工业和烟草工业等颇具特色的产业，没有拉长拓宽延伸产业链。三是生产要素集聚能力偏弱。环洞庭湖湿地区域毗邻长株潭城市群和武汉城市圈，这两大城市群对环洞庭湖湿地区域形成极强的虹吸效应，使相当部分优质生产要素向这两大城市群会聚。与此同时，区域内本科高校数量相对偏少，校企合作创新能力偏弱，对环洞庭湖湿地区域战略性新兴产业发展造成不利影响。

（三）机遇分析

一是国家政策红利释放。在已有国家政策支持下，近年来，相继出台《洞庭湖生态经济区规划》《关于加快推进洞庭湖生态经济区建设的实施意见》等政策，环洞庭湖湿地区域入围首批国家现代农业科技示范区，政策机遇叠加，有助于推进环洞庭湖湿地区域新型工业化进程。二是"一带一部"战略提供发展契机。中央提出"一带一部"战略，拓宽了环洞庭湖湿地区域开放合作空间。环洞庭湖湿地区域具有良好的经济坐标，承接南北，连通东西，可以在更大范围与"珠三角"、"长三角"、中西部地区开展合作，为环洞庭湖湿地区域构筑开放合作大平台提供战略机遇。

（四）威胁分析

一是世界经济风险加剧。当前，世界经济维持长周期、低增长和弱复苏发展态势，"逆全球化"不断涌现，全球化陷入迷途，全球经济发展呈现深层次的"结构性悖论"。这就加大了中国参与国际竞争的难度。环洞庭湖湿地区域工业化整体实力显著落后于沿海发达地区，毫无疑问，环洞庭湖湿地区域工业化跨越发展将面临更加艰巨的挑战。二是中国经济受"L"形增长走势困扰。当前，中国经济呈现"L"形的长期经济增长轨迹，不可能出现"V"形复苏，中国经济依然面临巨大的压力，总需求低迷格局不会发生根本改变。受此大环境影响，环洞庭湖湿地区域经济增速将放缓。三是传统路径依赖惯性犹存。尽管环洞庭湖湿地区域生态建设需求表现强盛，但是区域尚未形成强大的生态合力，与此同时，环洞庭湖湿地区域存在对传统经济增长模式的惯性依赖，仍然存在单纯追求速度而加剧生态风险的态势。环洞庭湖湿地区域保护与发展的矛盾未能得到科学、有效的缓解，制约了工业化进程。

二　新型工业化与包容性增长

"我国经济已由高速增长阶段转向高质量发展阶段，正处在转变发展方式、优化经济结构、转换增长动力的攻关期，建设现代化经济体系是跨越关口的迫切要求和我国发展的战略目标。"① 在这种大环境下，环洞庭湖湿地区域为追求高增长率，继续走与生态环境相矛盾的传统工业化道路，就是舍本逐末的行为。毫无疑问，环洞庭湖湿地区域工业化历史面临重大转折，能否摆脱传统粗放增长模式，实现工业化的"绿色"发展，不仅是关系环洞庭湖湿地区域工业现代化的重大战略问题，还是关系洞庭湖湿地利用转型能否有序推进的战略问题。在中国工业增长转向消费、投资和出口相对平衡的发展方式的大环境下，未来环洞庭湖湿地区域新型工业化要走包容性道路，洞庭湖湿地生态环境保护导向的发展理念成为区域工业化发展的根本指引，"稳中求进"应成为环洞庭湖湿地区域工业化的基本政策取向。

三　基于包容性增长视角的环洞庭湖湿地区域新型工业化发展理念

包容性，是坚持以人为本，实现发展与保护的协调，工业化成果惠及所

---

① 《决胜全面建成小康社会　夺取新时代中国特色社会主义伟大胜利——习近平同志代表第十八届中央委员会向大会作的报告摘登》，《人民日报》2017 年 10 月 19 日。

有群体。① 环洞庭湖湿地区域新型工业化应以充分发挥洞庭湖湿地生态优势为主轴，树立人本思想，走包容性增长道路，注重经济增长的质量和"包容性"，将工业发展牵回人类幸福指数增加的正道上。

（一）走统筹城乡发展的新型工业化道路

环洞庭湖湿地区域应以人与自然和谐为发展理念，加速产业结构优化进程，推动产业结构优化，提升整体工业化水平；发展壮大县域经济，弥合城乡信息差距，降低城乡协同发展成本。

（二）走彰显生态魅力的新型工业化道路

环洞庭湖湿地区域应深刻认识工业化与生态化协同推进是区域现代化的题中之义，务必推动工业文明和生态文明同步建设，着力推动低碳化消费品工业产业集群的培育和发展，用生态文明的创新理论弥补新型工业化的生态缺口。

（三）走实现机会均等的新型工业化道路

环洞庭湖湿地区域应牢固树立"政府乃社会守夜人"理念，当好市场主体的"守夜人"，做好新型工业化发展的制度构建者，优化企业市场环境；创新政府公共服务供给考核方式，厘清政府公共服务供给责任。

（四）走民生型新型工业化道路

中国已经到了"刘易斯拐点"，环洞庭湖湿地区域新型工业化应让更多民众分享工业化成果。因此，环洞庭湖湿地区域新型工业化道路，应遵循有利于增加就业的路径选择，着力解决农村剩余劳动力就业问题，缩小城乡居民收入差距；创新机制，优化中小企业成长环境，鼓励社会资本的生产性投资，促进中小企业就业比重的提高。

（五）走复合型新型工业化道路

环洞庭湖湿地区域新型工业化不仅要解决传统工业化的诸多矛盾，还要着力推进工业化的包容性增长。这就要将工业转型和提质、传统农业改造、新型城镇化、信息化建设、改革红利共享融合起来。

---

① 金碚：《包容性增长：对"人类之问"的启发性应答》，《北京日报》2017年6月12日。

第三节　基于包容性增长视角的环洞庭湖
湿地区域新型工业化发展对策

　　环洞庭湖湿地区域新型工业化要走包容性增长的道路。研究者基于不同视角提出许多建设性的对策，本书在前人研究的基础上，聚焦当前环洞庭湖湿地区域新型工业化面临的主要矛盾，提出四点对策建议。

一　完善产业体系

　　一是加大技术改造投入。支持校企、产研合作，加快科技成果转化；鼓励运用现代新型工业化的大生产方式来改造环洞庭湖湿地区域传统落后的手工农业。二是积极培育新的主导产业。着力推动计算机、通信和其他电子设备制造业发展壮大，延伸上下游产业链，推动信息产业"弯道超车"。着力引进发展新材料、节能环保、先进装备制造、文化创意等战略性新兴产业。引导区域内环境产业企业瞄准石化工业、造纸业等重点污染行业，开展技术创新和产品创新；充分发挥环洞庭湖湿地区域的"洼地效应"，鼓励节能环保等环境产业企业利用地处"两型"社会试验区交会处的地缘优势，积极吸纳先进的环境技术，推动适应"两型"社会试验区需求的环境产品开发和环境技术创新。三是提升企业智能化管理水平。着力推动制造装备数字化。四是推动基地建设。推进速生丰产林基地建设，建设茶叶、优势水稻等绿色产品生产基地，提高原料保障能力。五是推动建立企业联盟。引导、支持龙头企业打破行政区划限制，强强联手，推进上下游一体化，放大同业合力效应，凸显比较竞争优势。采用减免税等多元方式支持民营企业做大做强，提升企业区域辐射带动力。

二　推动绿色工业发展

　　一是环洞庭湖湿地区域协同制定区域绿色工业发展规划。基于洞庭湖湿地生态系统与环洞庭湖湿地区域经济系统相互联系，按照保护区、限制发展区、集约发展区性质优化功能区划,① 明确不同区划的产业准入标准和目录,建立绿色产业清单,鼓励发展环境产业。二是推动多层次循环发展。微观层面,以造纸业、化学原料和化学制品制造业为重点,依据清洁生产国家标准,瞄准龙头企业,重塑企业生态链,规范企业生产。中观层面,聚焦工业园区生态化改造,瞄准塑料回收加工,引导、支持汨罗循环经济产业园区等循环园区的升级。宏观层面,推动循环型社区建设,建设社会"大循环"。三是实施清洁生产。加强化学制品制造业以及有色金属冶炼加工业企业节能减排工作,增加节能技术改造投资,推进清洁生产技术应用。四是优化政策体系设计。推进科学技术、绿色标准、评价指标、经济政策和法规政策这五类政策平衡发展。构建工业绿色发展监察长效机制,规范工业绿色发展监察体系。

三 推进"工""信"深度融合

一是加快传统产业信息化改造。环洞庭湖湿地区域应强化政策和资金激励,着力推动关键性共性技术的创新和应用。实施传统产业差别化、信息化改造。二是着力推动"互联网 +"。环洞庭湖湿地区域应依据《国家信息化发展战略纲要》和《"十三五"国家信息化规划》,制定实施细则,优化产业政策,创新机制,着力推进"互联网 + 两化融合",推动物联网、云计算技术的应用,着力打造区域工业云与智能服务平台。三是培育智能制造模式。以农副食品加工业、纺织业等支柱产业为重点,着力培育流程型制造、远程运维服务等智能制造新模式,提高智能工厂普及率和关键工序数控化率。四是推动企业信息化建设。环洞庭湖湿地区域应创新机制,引导龙头企

---

① 本书认为,基于洞庭湖湿地生态系统保护要求,绿色工业发展对区域进行合理分类。第一层次是湖体保护区。湖体保护区应以丰水季节的积水面积为主要依据,重点要保护好水体面积、水体质量、水生资源、水生动物多样性、渔业、鸟类、旅游资源,加强污染防治,保护和疏浚航道等,还洞庭湖"烟波浩渺,岸芷汀兰、沙鸥翔集、锦鳞游泳"的本来面目。第二层次是限制发展区。可将沿湖 10 千米范围规划为核心功能区,在核心功能区范围内,加强污染治理,淘汰有污染的工业企业。第三层次是集约发展区。要按生态经济区发展要求,对这一区域进行整体规划、合理布局、总体优化,全面提质。

业和企业联盟将"两化融合"纳入企业发展战略体系，建立"数字企业"。五是建立"工""信"深度融合评价体系。定期对区域层面及各市域"工""信"融合状态进行定量精准评价，为优化政策设计提供指引。六是开展"工""信"深度融合管理体系贯标工作。环洞庭湖湿地区域依据国家两化融合管理体系要求和工作指南，推动、推广企业贯标试点。

四　优化激励政策

一是完善环境保护政策体系。对现有环境保护政策体系进行梳理，制定适应环洞庭湖湿地区域绿色工业发展需求的制度体系，突出生态定位。[①] 严格环境保护标准，破解"多头管理"弊端，明确要求企业提交年度环境风险报告，提高破坏环境的违法成本。二是建立健全生态补偿机制。瞄准区域造纸业、化学制品制造业和有色金属冶炼加工业等行业企业，改革核算机制，优化企业成本核算体系，充分考量生态修复成本。建立绿色财政补偿政策机制，采用财政直接补贴、绿色环保采购等多元方式，对企业绿色生产活动给予支持，改变"市场失灵"。三是建立健全绿色金融机制。对投融资领域的法规、部门性文件进行修改，加入"绿色"元素，明确加大对新型工业化绿色发展的融资投入。引导金融机构发展绿色金融产品和服务，推动企业破坏环境的隐性成本显性化。

---

① 胡新良：《加快洞庭湖生态经济区科学发展的思考》，《湖南行政学院学报》2015 年第 1 期，第 75～79 页。

第九章　环洞庭湖湿地区域新型城镇化发展——基于城乡统筹视角

新型城镇化描述的是生态优美、城乡和谐、经济健康可持续发展的美好愿景。[①] 环洞庭湖湿地区域应走新型城镇化道路，提高城镇化质量，推动洞庭湖湿地利用转型，实现洞庭湖湿地资源的优化配置。这就要求环洞庭湖湿地区域以发展权为核心，着力构建可持续的新型城乡关系，实现城乡共享发展成果。

第一节　环洞庭湖湿地区域新型城镇化发展现状

经济新常态下，合理引导环洞庭湖湿地区域城镇化的健康发展，就要总结、反思环洞庭湖湿地区域快速城镇化的绩效，进而准确把脉环洞庭湖湿地区域新型城镇化战略。[②]

一　环洞庭湖湿地区域新型城镇化发展基本状况

（一）城镇化水平不断提升

环洞庭湖湿地区域着力推动新型城镇化进程，2015 年环洞庭湖湿地区

---

① 单卓然、黄亚平：《"新型城镇化"概念内涵、目标内容、规划策略及认知误区解析》，《城市规划学刊》2013 年第 2 期，第 16 ~ 22 页。

② 如未做特别说明，本章数据根据环洞庭湖湿地区域荆州市、益阳市、岳阳市、常德市和望城区相关年度统计局调研数据整理获得。

域新型城镇化率达到 50.62%，相比全国、湖北省和湖南省平均水平分别低 5.48 个、6.28 个和 0.27 个百分点，但是 2000~2015 年，环洞庭湖湿地区域城镇化率提升 29.74 个百分点，相比全国、湖北省和湖南省城镇化率增长水平分别高出 9.86 个、13.04 个和 8.6 个百分点。

城镇综合实力增强。2015 年，环洞庭湖湿地区域固定资产投资为 7869.24 亿元，同比增长 19.18%，"两房两棚"配套投入增加，环洞庭湖湿地区域完成农村危房改造 14600 户，农垦危房改造 19337 户，城市棚户区改造 54752 户，国有矿工棚户区改造 2035 户，保障性住房 109867 套。城镇基础设施建设升温，天然气管网覆盖面扩大，区域新增城镇管输天然气用户 125096 户；区域城市道路面积达到 4460 万平方米，同比增长 3.8%；区域城市绿地面积为 139.39 平方千米，同比增长 8.19%，其中，公园绿地面积为 38.47 平方千米，同比增长 16.22%；[①] 荆州市、岳阳市、常德市和益阳市污水处理厂集中处理率分别为 88.24%、88.27%、86.09% 和 93.00%，相比 2010 年分别增加 10.40 个、29.81 个、73.29 个和 35.61 个百分点；区域内县以上城镇生活垃圾无害化处理率均超过 90%；[②] 环洞庭湖湿地区域各市域积极推动海绵城市建设试点。

（二）城镇空间体系逐步完善

环洞庭湖湿地区域共有 Ⅱ 型大城市（100 万~300 万人口）3 个，中等城市（50 万~100 万人口）1 个（见表 9-1），地级市规模整体有所提高。

---

① 因数据缺失，未统计望城区城市道路面积和绿地面积。

② 事实上，环洞庭湖湿地区域各市（区）环境指标存在差异。其中，常德市县以上城镇污水处理率达到 87%，县以上城镇生活垃圾无害化处理率达到 90%；岳阳市县以上城镇污水处理率达到 89%，县以上城镇生活垃圾无害化处理率达到 98%；荆州市县以上城镇污水处理率达到 67.52%，县以上城镇生活垃圾无害化处理率达到 100%；益阳市 2015 年县以上城镇污水集中处理率达到 92%，县以上城镇生活垃圾无害化处理率达到 93%；望城区建成区污水处理率达到 100%，农村集镇生活污水处理率达到 95%，城镇生活垃圾无害化处理率达到 100%。

表 9 – 1 环洞庭湖湿地区域市域城镇化情况

地区	常住人口（万人）	城镇（万人）	城镇化率（%）	城区	
				常住人口（万人）	人口密度（人/平方千米）
荆州市	569.79	302.62	53.11	67.56	282.56
岳阳市	562.92	304.02	54.01	109.68	776.22
常德市	584.39	278.13	47.59	140.05	557.97
益阳市	441.02	204.58	46.39	136.23	735.98

（三）基础设施向农村延伸

环洞庭湖湿地区域城镇化进程中，基础设施向农村延伸。一是投资快速增长。2015 年，环洞庭湖湿地区域基础设施投资快速增长，荆州市、岳阳市、常德市、益阳市和望城区基础设施投资同比分别增长 20.1%、28.7%、21.9%、24.0% 和 10.4%。其中，水利设施投资增长迅速，尤其是荆州市和岳阳市水利设施投资比上年分别增长 36.1% 和 58.7%，高于同期基础设施投资增长水平。2015 年，环洞庭湖湿地区域开工水利工程 119948 处，完成水利工程土石方 32390 万立方米。二是农村通信条件得到改善。区域内基本实现"村村响"目标，加快推进农村信息化建设，其中，益阳市光网覆盖了 60% 的行政村。① 环洞庭湖湿地区域城乡基础设施统筹建设，为区域新型城镇化奠定物质基础。

（四）城乡社会事业协调发展

环洞庭湖湿地区域积极推动社会事业发展，让农民分享城镇化发展成果。一是城乡教育均衡发展有序推进。一般公共预算支出中，教育支出逐年增加，2015 年环洞庭湖湿地区域教育支出总额为 208.78 亿元，比上年增长 9.77%。区域重视新型职业农民培训，依托域内高校积极开展职业培训，以岳阳市为例，培训生产经营型职业农民 1800 人，专技型、经营型、服务型

---

① 《政府工作报告——2016 年 1 月 12 日在益阳市第五届人民代表大会第五次会议上》，《益阳日报》2016 年 2 月 18 日。

职业农民 2600 人，累计培训新型职业农民 4400 人。① 二是城乡医疗卫生条件得到改善。2015 年。环洞庭湖湿地区域共有乡镇卫生院 608 个、村卫生室 11660 个，基层医疗卫生机构床位数达到 31341 张，相比 2010 年增长 45.45%，基本形成以县、乡、村医疗卫生机构为主体的城乡医疗卫生服务体系。三是就业事业快速发展。面对经济下行压力较大的态势，环洞庭湖湿地区域 2015 年实现新增城镇就业 275701 人，转移农村劳动力 213200 人，扶持创业主体 107183 户。其中，常德市年末城镇登记失业率为 2.58%，低于湖北、湖南两省平均水平，创新创业成为促进区域城乡就业的新动能。

（五）民生城镇化成为主流

环洞庭湖湿地区域城镇化进程中，民生保障和民生服务得到改善。一是城乡社保范围持续扩大。例如，2015 年，荆州市社保基金收入达到 66.94 亿元，相比 2010 年增长 86.82%；参加城乡居民社会养老保险的人数达到 230.84 万人，相比 2010 年增长 177.78%。常德市失业保险参保职工为 29.2 万人，相比 2010 年增长 30.94%；享受政府最低生活保障的城乡居民为 37.28 万人，相比 2010 年增长 18.35%。二是脱贫攻坚大步推进。环洞庭湖湿地区域各市域积极采取措施推动脱贫攻坚工作。常德市围绕"五个精准到户"，瞄准 9.5 万户贫困对象实施产业扶贫，对 1.07 万户、2.56 万贫困人口开展"两线合一"兜底保障，对 1.33 万贫困人口进行就业培训，对 2.9 万名贫困学生建档立卡、实施帮扶，改造 18755 户贫困对象的危房。② 岳阳市锁定"四张清单"，抓好"四个统筹"，破解"四个难题"，实施 5000 个脱贫攻坚项目，使 8.12 万人脱离贫困，贫困发生率仅为 6%，相比同期湖北省（14.7%）、湖南省（7.84%）平均水平较低。③ 民生型城镇化逐渐成为主流，有助于城镇化数量与质量的均衡发展。

---

① 徐颖：《新型职业农民破解"谁来种田"难题》，《岳阳日报》2016 年 3 月 7 日。

② "五个精准到户"是指生产发展到户、社会保障到户、技能培训到户、教育助学到户和危房改造到户；"两线合一"是指低保和扶贫标准合一。

③ "四张清单"是指严格核定对象清单、明确分解任务清单、科学划定规划清单、严格落实责任清单；"四个统筹"是指统筹帮扶政策、统筹帮扶项目、统筹帮扶平台、统筹帮扶规划；"四个难题"是指产业发展难题、基础设施难题、群众安居难题、政策兜底难题。

二 环洞庭湖湿地区域新型城镇化发展态势

近年来，环洞庭湖湿地区域着力优化城乡空间格局，推动区域新型城镇化有序发展，呈现鲜明的发展特征。

（一）城乡一体化成为重要内容

第一，在城乡空间一体化方面，城乡之间基础设施条件得到显著改善，尤其是区域内所有行政村接通水泥路，扭转了城乡地理分割态势。第二，在城乡经济一体化方面，环洞庭湖湿地区域人均地区生产总值实现 37971 元，相比 2010 年增长 135.54%，同期湖北、湖南两省人均地区生产总值相比 2010 年分别增长 84% 和 78.25%。数据表明，环洞庭湖湿地区域人均地区生产总值增速显著高于湖北、湖南两省人均地区生产总值增速，区域城乡经济发展活力强劲。与此同时，环洞庭湖湿地区域荆州市、岳阳市、常德市、益阳市和望城区的城乡居民收入比分别由 2010 年的 2.29:1、2.89:1、2.78:1、2.74:1 和 1.9:1 降至 2015 年的 1.85:1、2.08:1、2.09:1、1.83:1 和 1.45:1。显然，环洞庭湖湿地区域城乡经济发展已经由对立向融合转变。第三，在城乡生态一体化方面，区域城乡生态环境整治有序推进，地质灾害防治、耕地重金属污染综合治理、重要水源地保护取得进展。例如，荆州被列为国家生态文明先行示范区；常德市被列为全国"海绵城市"试点；岳阳市专门为重要水源地设立水资源生态保护专项资金，努力供应"放心水"。

（二）区域一体化成为发展方向

环洞庭湖湿地区域着力构建区域协同的新型城镇化体系空间，加快培育荆州经济技术开发区、岳阳长江新区和津澧新城。培育荆州经济技术开发区，推动城市综合功能改造，优化生产生活生态空间配置，打造"产城融合美丽园、转型升级示范区"。推动长株潭融合发展，培育岳阳长江新区、培育津澧新城。环洞庭湖湿地区域以推进生态旅游一体化为抓手，着力构建滨湖生态城镇体系，为环洞庭湖湿地区域产城融合、城乡统筹提供有利条件。

（三）乡村文化回归和城市文明扩张并存

环洞庭湖湿地区域新型城镇化进程中，现代城市文明不断扩张，交通堵塞、管理粗放、环境污染等"城市病"伴随现代工业文明的扩张向乡村渗透。[①]"空心村"态势日渐明显，"三缺"、"三化"和"三留守"问题凸显，[②] 传统意义上的乡规民约日渐式微，乡愁模糊不清了，淳朴的味道日渐淡薄了。2013 年，中央明确提出"让城市居民望得见山、看得见水、记得住乡愁"，环洞庭湖湿地区域积极行动起来，着力推进美丽乡村建设，留住乡愁。第一，推进传统村落文化保护。截至 2014 年底，区域内共计 8 个传统村落得到中央财政补助，[③] 其中，安化县东坪镇黄沙坪村、岳阳县张谷英镇张谷英村进入省级层面集中成片传统村落保护名单。第二，着力建设特色小城镇。环洞庭湖湿地区域有 3 个小城镇进入中国特色小镇名单，[④] 有 26 个小城镇进入省级层面特色小镇规范建设范围。[⑤] 政府、市场和民间力量形成合力，推动小城镇特色、健康发展，让"乡之首、城之尾"的小城镇鲜活起来，有效破解"千镇一面"发展困局。第三，推进农村文化建设。环洞庭湖湿地区域农村地区初步建立公共文化服务体系，并且亮点纷呈，环洞庭湖湿地区域传统乡村文化回归态势显现。

三　环洞庭湖湿地区域新型城镇化发展主要问题

环洞庭湖湿地区域新型城镇化发展取得丰硕成果，但也要清醒地认识

---

① 陈文胜、王文强、陆福兴等编著《湖南城乡一体化发展报告（2016）》，社会科学文献出版社，2016，第 24～25 页。

② "三缺"是指农业生产缺人手、新农村建设缺人才、抗灾救灾缺人力；"三化"是指农业兼业化、农村空心化、农民老龄化；"三留守"是指农村留守儿童、留守妇女、留守老人。

③ 环洞庭湖湿地区域中国传统村落名单：岳阳市岳阳县张谷英镇张谷英村、益阳市安化县东坪镇黄沙坪老街、益阳市安化县马路镇马路溪村、益阳市安化县东坪镇唐家观村、益阳市安化县江南镇洞river社区、益阳市安化县江南镇梅山村、益阳市安化县古楼乡新潭村樟水凼、益阳市安化县南金乡将军村滑石寨。

④ 中国特色小城镇名单：荆州市松滋市沱水镇、常德市临澧县新安镇、岳阳市华容县东山镇。

⑤ 省级层面特色小镇名单：松滋市运动度假小镇、监利县食品工业小镇、瞿家湾镇水乡园林古镇、松滋市康养度假小镇；望城区乔口镇、平江县伍市镇、平江县长寿镇、岳阳县麻塘镇、华容县注滋口镇、汨罗市汨罗镇、临湘市羊楼司镇、湘阴县鹤龙湖镇、桃源县陬市镇、汉寿县罐头嘴镇、汉寿县太子庙镇、石门县皂市镇、临澧县新安镇、临澧县合口镇、澧县大堰垱镇、津市市保河堤镇、安乡县黄山头镇、安化县梅城镇、桃江县灰山港镇、赫山区沧水铺镇、沅江市草尾镇、南县茅草街镇。依据湖北、湖南两省建设厅内部资料进行整理。

到，新型城镇化建设过程中，仍有亟待解决的矛盾和问题需要积极应对。

（一）城乡改革顶层设计存在缺陷

近年来，环洞庭湖湿地区域积极贯彻中央政策，推动新型城镇化综合配套改革，尽管取得一定成效，但是鉴于改革的复杂性、系统性，环洞庭湖湿地区域因地制宜落实中央政策时仍面临一些矛盾。一是新型城镇化在细化政策上取得的进展不多。湖北、湖南两省依据中央文件相继出台了本省新型城镇化发展规划和推进新型城镇化建设的若干意见。但从环洞庭湖湿地区域县域调研情况来看，基层政府改革面临难题，缺失农业转移人口落户与城镇建设用地增加规模挂钩的实践路径。这些制度缺失影响了区域新型城镇化有效推进。二是农村改革配套政策建设滞后。尽管中央提出系列改革措施，环洞庭湖湿地区域基层政府在推进农村改革时亟待解决的问题颇多。农民宅基地权利分置处理办法缺失，农民很难以宅基地为抵押品进行贷款申请，农民抵押贷款实质还是信用贷款。金融机构在实施产权抵押融资时，还要求政府以财政资金做风险抵押担保，这就增大了产权抵押融资的不确定性，尽管出现诸如"政府信托"等土地权变模式，但是改革进展缓慢。这些问题在一定程度上阻碍了区域新型城镇化实践。

（二）城镇化质与量失衡

从非农化水平和人均地区生产总值发展水平来看，环洞庭湖湿地区域城镇化质量存在缺陷。区域农业产值在地区生产总值中的占比由 2001 年的 25.96% 降至 2015 年的 15.06%，区域农业就业人数占比由 2001 年的 79.1% 降至 2015 年的 36.78%，尽管区域农业产值占比和农业从业人员占比差值表现为收敛趋势，但依然保留 21.72 个百分点的差距。而环洞庭湖湿地区域人均地区生产总值超过 1000 美元均值时，城镇化率只有 37.2%，相比钱纳里模型 63.4% 的设想值低了 26.2 个百分点。[①] 显然，尽管环洞庭湖湿地区域城镇化水平达到 50.62%，但是区域城镇化质量并未实现与城镇化规模和数量的匹配发展。

---

① 杨芳：《加快推进环洞庭湖区新型城镇化进程的探索》，《城市学刊》2016 年第 1 期，第 9 ~ 14 页。

（三）土地城镇化加速推进

现阶段环洞庭湖湿地区域房地产化俨然成为区域城镇化的主角。环洞庭湖湿地区域城镇人口由 2010 年的 942.15 万人增至 2015 年的 1109.37 万人，年均增速为 3.32%。同期，环洞庭湖湿地区域城市建成区面积却以高出城镇人口年均增速 0.85 个百分点的速度增长，年均增速达到 4.17%。在这个过程中，房地产在城镇经济增长中占据主导地位，间接削弱了其他产业的培育和发展，这种城镇化表现为以房地产为代表的物化。物化的城镇化与人的城镇化存在发展偏差，导致城镇空间无序蔓延，只会导致城镇产业空心化，损害城镇化的健康发展。

（四）城镇化结构聚集效应偏弱

环洞庭湖湿地区域城镇建设依然以外延为主，产业布局较为分散，城镇化内生动力仍显不足。环洞庭湖湿地区域第一产业占比为 14.53%，相比湖北省（11.20%）、湖南省（11.47%）两省水平分别高出 3.33 个和 3.06 个百分点，但是第一产业从业人员占从业人员比重均高于湖南、湖北两省第一产业占比同期水平。毫无疑问，环洞庭湖湿地区域经济结构呈现为典型的"粮猪型"特征，城镇化结构集聚效应未能有效发挥，城镇对农村的辐射带动效能有限。①

（五）城乡协调发展不足

受现行行政管理体制制约，"城"重"乡"轻的投资惯性依然存在，优质资源要素向城镇流动态势仍在延续，城乡发展失衡现象仍然明显。从环洞庭湖湿地区域固定资产投资情况来看，2015 年区域固定资产投资为 9060.61 亿元，第一产业投资仅为 213.45 亿元，仅占固定资产投资总额的 2.36%，明显低于区域第一产业增加值占比水平。从环洞庭湖湿地区域基础设施建设情况来看，区域市县政府强化城镇化的公共投入，农村公共投入更多的是依赖国家和省级层面的财政资金。受此投资总量不足的影响，环洞庭湖湿地区

---

① 杨芳：《加快推进环洞庭湖区新型城镇化进程的探索》，《城市学刊》2016 年第 1 期，第 9~14 页。

域教育领域与城市地区相比，农村学生流失、辍学率相对偏高，留守儿童教育矛盾突出；城乡公共卫生条件差距较大。此外，环洞庭湖湿地区域仍需要加大力气推进农村公共文化基础设施建设。

（六）城镇综合承载能力下降

环洞庭湖湿地区域城镇土地利用效率不高，存在土地资源过度消耗现象。城镇土地立体空间不够，城镇密度偏低，与区域人多地少的情况不符。水、电和气等资源供给系统设施建设未能与城镇规划整合，呈现滞后发展态势，降低了城镇综合承载能力，加剧了区域城镇环境保护压力。当前，环洞庭湖湿地区域荆州市、岳阳市、常德市、益阳市和望城区的城镇生活污水处理率分别为 88.4%、88.88%、85.9%、95% 和 94%，仍有部分城镇生活污水未能得到充分有效的治理。

第二节　环洞庭湖湿地区域新型城镇化发展路径选择

"他山之石，可以攻玉"。比较典型国家城镇化发展经验，可以从中获得启示，结合环洞庭湖湿地区域特质，探索环洞庭湖湿地区域新型城镇化发展的理性视角。

一　典型国家城镇化发展经验及启示

城镇化是历史发展必然阶段。国外城镇化进程不一，存在多种模式。发达国家和发展中国家城镇化进程存在差异。[①] 对发达国家而言，农村城镇化是主要方式，西方发达国家采用非均衡发展模式，重点建设资源禀赋较好的城镇，同时兼顾农村地区的发展，农村地区公共品供给质量得到改善，尤其是重视农民教育培训。美国颁布《摩雷尔法案》以来，先后多次制定并完

---

① 参见孟祥林《城镇化进程模式：从发达国家的实践论我国存在的问题》，《广州大学学报》（社会科学版）2010 年第 4 期，第 25~31 页；黄俊、贾煜、桂梅《国外城市发展模式选择对中国新型城镇化的启示》，《重庆邮电大学学报》（社会科学版）2015 年第 4 期，第 110~115 页。

善职业教育制度安排，强化农民教育；日本颁布《学制》《实业学校令》等律令指导农民教育。① 因此，发达国家城镇化水平提高的过程也是城乡居民不平等消除的过程，有效地降低了城乡之间要素流动的社会成本。发达国家城镇化进程中出现了"城郊化"现象，既要看到"城郊化"地区在城市和农村之间形成的连接桥梁作用，也要看到"城郊化"过度发展，诱致城市中心的"空洞化"，进而引起紊乱。当前，发达国家城镇化进程没有停止，反而因为科技的进步和需求层次的提高，追求生态化、低碳化和智能化。比较而言，拉美国家相对更容易出现"贫民窟"，这是因为在城市人口未能实现充分就业情况下，大量农村人口向城镇迁移，一方面加剧已有城镇就业压力，另一方面使农村地区"空心化"日趋严峻，农村地区的发展呈现"马太效应"。

典型国家城镇化比较为环洞庭湖湿地区域新型城镇化建设带来启示。一是处理好政府和市场的关系。经济新常态下，环洞庭湖湿地区域既要发挥市场机制对城乡要素的优化配置作用，也要发挥政府"守夜人"作用，建立政府科学引导的调控型城镇化战略，积极提供公共产品。二是环洞庭湖湿地区域新型城镇化要以产业转型升级发展为先导。如果为了城镇化而推动城镇化，纯粹追求城镇化率，那是舍本逐末。毫无疑问，城镇化健康发展就要充分考虑人口城市化和产业集聚的协同。三是环洞庭湖湿地区域新型城镇化要妥善处理好城乡关系。鉴于农村教育是城镇化的推动器，政府应担负起提供教育培训公共产品职能。四是环洞庭湖湿地区域新型城镇化要优化城市空间格局和管理架构。中心城市要素集聚能力强，边际成本低，而小城镇是城乡接合点。因此，环洞庭湖湿地区域既要形成中心城市的核心增长极，也要着力提高小城镇承载力，并要积极应对日趋严峻的城市管理挑战。强化安居工程建设也是降低进入城镇门槛的重要抓手。五是环洞庭湖湿地区域新型城镇化要保护地域特色文化。城镇化是一种历史积淀，具有传统文化影响的城区

---

① 韩新宝、刘志红、王鹏程：《城镇化进程中新型农民培养问题研究——基于发达国家经验的视角》，《江苏农业科学》2013 年第 7 期，第 415～417 页。

是历史的记忆，应给予妥善的保护、继承和发展。六是环洞庭湖湿地区域新型城镇化要有前瞻性，着力培育后现代化特质。城镇化与信息化、生态化协调发展，是未来大趋势。在生态建设方面，环洞庭湖湿地区域应清醒认识到，发达国家城镇化进程经历的先污染后治理的历程并不是必然路径，要着力推动城镇化与生态建设同步，重视城镇生态建设。

二 环洞庭湖湿地区域新型城镇化发展：基于城乡统筹视角

基于应对未来不确定性的视角，经济新常态下，出口型增长的路径依赖将日渐式微，城镇化模式要向内向型转折，刺激内需是要务，启动内需农村则是关键。基于对传统城镇化模式的反思，对农业经济的漠视、对城市空间管治的缺失、对创新刺激的不足，均影响城镇化的健康，新型城镇化要走结构优化、绿色集约的道路。从城镇化国际比较分析来看，新型城镇化建设应追求质量而不是速度，应实现"要素驱动→创新驱动"的变革、"城市维度→城乡维度"的转变，[1] 规避"中等收入陷阱"。

基于上述分析，针对环洞庭湖湿地区域这个传统农区，新型城镇化是实现洞庭湖湿地有效保护与区域经济社会协同发展的重要路径，走城乡统筹发展的道路则是关键。一是城乡统筹发展是环洞庭湖湿地区域新型城镇化的客观要求。这个过程要求城乡互动、协同发展，要求农村地区演进升级，进而统筹城镇和农村发展。二是城乡统筹发展是环洞庭湖湿地区域新型城镇化的关键落脚点。三是城乡一体化是环洞庭湖湿地区域新型城镇化的终极目标。

第三节 城乡统筹视角下环洞庭湖湿地区域新型城镇化对策

城乡统筹视角下，环洞庭湖湿地区域新型城镇化建设应突出改革顶层设计，着力培育中心城市，优化城镇经济发展战略，完善城镇基础设施建设，

---

① 仇保兴：《新型城镇化：从概念到行动》，《行政管理改革》2012年第11期，第11～18页。

坚持绿色城镇化道路，强化新型城镇化空间效应，推动公共产品供给侧改革，推进区域城乡一体化进程。

一　突出改革顶层设计

新型城镇化需要正确处理政府与市场的关系，更需要实现政府与市场双轮驱动，这就要做好顶层设计，优化环洞庭湖湿地区域新型城镇化整体布局。一是做好区域新型城镇化的制度创新。基于环洞庭湖湿地区域新型城镇化水平低于湖北、湖南两省平均水平和区域辐射能力有限等特点，将新型城镇化放在经济新常态下转型发展、全面建成小康社会、脱贫攻坚等战略高度来谋划，将推进城乡统筹作为区域全面建成小康社会的战略举措，作为脱贫攻坚的重要支撑，作为新型城镇化建设的重要途径，优化顶层制度创新，全力缩小城乡差距。二是做好城乡统筹发展的政策支持。前文分析，环洞庭湖湿地区域依然呈现城乡分割态势。这就要求区域依据中央新型城镇化以及统筹城乡发展的精神，出台推进环洞庭湖湿地区域城乡统筹发展的新型城镇化建设政策，制定城乡统筹发展的新型城镇化工作实施方案，优化政策激励，明确政策落实的责任主体，厘清分类考核、科学奖惩的保障机制；积极推动城乡统筹试点，发挥示范效应。三是区域协同，城乡统筹差异化发展。环洞庭湖湿地区域着力建构"中心城市－核心县－中心镇"发展体系；着力打破区域内县域行政分割困局，基于资源禀赋、历史文化、区位优势和产业集聚等因素考量，强化县域层面的合作发展，实现县域经济社会协同发展。

二　培育中心城市

中心城市是区域内具有较强虹吸、服务能力的城市，[1] 是整合区域资源的依托，对区域具有"磁效应场"和示范带动效应作用。[2] 培育中心城市，

---

[1]　国家计委国土开发与地区经济研究所课题组：《对区域性中心城市内涵的基本界定》，《经济研究参考》2002 年第 52 期，第 2 ~ 13 页。

[2]　郭宝华、李丽萍：《区域中心城市机理分析》，《重庆工商大学学报》（西部论坛）2007 年第 2 期，第 35 ~ 38 页。

就是经济新常态下推进区域新型城镇化建设的战略着力点。一是着力建设市域中心城市。提升公共产品供给水平。二是着力打造县域城市中心。环洞庭湖湿地区域应着力将沅江市打造成辐射洞庭湖湿地的枢纽县城；以津市市为依托，推动津澧融城，将其打造成连接湘鄂、衔接山区和湖区的澧水中下游中心城市；将安化县打造成连接环洞庭湖湿地区域与湘中地区、大梅山文化区的核心县域；将平江县打造成连接湘鄂赣的城乡统筹引领区和精准脱贫示范区；将石首市打造成连接环洞庭湖湿地区域与长江经济带的关键县域。支持县域中心城市改革创新，编制县域政府"三清单"，① 实施清单动态管理，强化县域中心城市资源要素整合与优化。强化对县域中心城市的激励型公共财政转移支付，推进县域中心城市共享型基础设施建设和市场体系的完善。三是支持县域中心城市推进新型城镇化建设。优化新型城镇化规划，引导县域中心城市构建与周边县域功能互补的城镇体系。② 四是推动县域中心城市优化产业结构。鼓励县域产业结构向地域文化、地域格局和地域要素深度融合层面拓展，构建以县域中心城市为核心、与周边县域互补的区域产业分工合作新格局。五是创新金融体系。以构建县域中心城市为目标，出台支持政策，引导县域中心城市建设金融产权交易平台和城市建设股权交易中心，着力构建县域中心城市向外延伸的区域资本市场。推进金融产品创新，强化对县域中心城市建设的金融支持。

三　走绿色城镇化道路

环洞庭湖湿地区域新型城镇化建设应坚持绿色低碳、智能理念，提升城镇生态质量。一是引入生态文明理念。环洞庭湖湿地区域用生态文明理念引领绿色城镇建设，科学划定城市生态红线，推进海绵城市建设，实施绿色建筑行动计划，加快推进城镇垃圾分类处理。二是综合整治城镇环境。完善城镇环境治理多元投融资机制。强化城镇环境污染成本核算，在现行城镇废弃

---

① "三清单"是指政府工作部门权力清单、责任清单和外商投资准入负面清单。
② 陈文胜、王文强、陆福兴等编著《湖南城乡一体化发展报告（2016）》，社会科学文献出版社，2016，第43～44页。

物、排污等治理中引入市场机制。强化城镇生态修复，为新型城镇化建设创造优质生态条件。在海绵城市建设引领下，健全城镇生态网络。三是建设智慧型城镇。第一，建构软硬件支撑体系，重点发展云计算服务，推动城镇信息一体化，并积极向农村地区延伸。第二，高度整合各类信息平台，夯实智慧型城镇建设的数据基础，全力推广智能网格化应用。第三，着力推动绿色化与信息化的协同，构建绿色城镇和智慧城镇有机衔接的长效机制，用人工智能、大数据等信息技术揭示新型城镇化建设中城镇体系的生态脆弱性，鼓励绿色智慧建造方式的探索和推广应用。

四　强化新型城镇化空间效应

一是建构城镇合作平台。环洞庭湖湿地区域内各类城镇优化新型城镇化建设政策，将空间效应纳入考量，促进基于竞合状态的城镇合作平台的建构。二是强化城镇间的协调沟通。区域内各类城镇共建协商机制，定期举行负责人会议，协同制定有利于新型城镇化空间效应提升的政策机制，提高信息透明度，将城镇之间存在的正向空间效应转化成发展力。三是建构城镇间横向网络。当前，环洞庭湖湿地区域城镇之间合作较弱，城镇独立发展是主要趋势，这就要求区域重塑联通网络，密切区域内城镇之间的横向联系。第一，建构城镇间信息化网络。构建城镇之间互联互通的信息网络体系，实现各类政策信息在城镇之间共享，化解信息不对称诱致的"负和博弈"或"零和博弈"。第二，建构城镇间生态保护网络，推动城镇之间生态预警、生态监测和生态建设的协同。四是健全区域城镇集群结构。构建区域城镇合作体制，推动环洞庭湖湿地区域城镇群体建构和发展，优化区域城镇地域结构。

第十章　环洞庭湖湿地区域现代农业可持续发展——基于农业供给侧结构性改革视角

农业"短板"一直困扰环洞庭湖湿地区域经济发展。中央提出实施乡村振兴战略，为环洞庭湖湿地区域着力补齐农业"短板"提供了指引。

第一节　环洞庭湖湿地区域现代农业发展概况与难点透视

环洞庭湖湿地区域是典型的传统农业区，坚持改革创新，推动现代农业发展，补齐农业发展"短板"，对洞庭湖湿地利用转型和区域协调可持续发展具有重要意义，精准把握环洞庭湖湿地区域农业发展概况及关键难点是题中应有之义。

一　环洞庭湖湿地区域现代农业发展概况

（一）农业经济稳步增长

2015 年，环洞庭湖湿地区域第一产业产值达到 2191 亿元，相比 2014 年增长 6.59%。其中，农业产值为 1003.3 亿元，增长 5.44%；林业产值为 51.55 亿元，增长 5.74%；畜牧业产值为 677.96 亿元，增长 5.29%；渔业产值为 404.09 亿元，增长 8.31%。

（二）农业生产总体向好

2015 年，环洞庭湖湿地区域惠农政策力度继续加大，农产品生产稳定增长。环洞庭湖湿地区域农作物播种面积达到 40791.1 平方千米，其中，粮食作物播种面积达到 23860.4 平方千米，相比 2014 年增长 1.67%，总产量达到 1411.78 万吨，相比 2014 年增长 2.14%；油料作物播种面积为 8391.4 平方千米，相比 2014 年减少 0.55%，但是油料总产量依然达到 166.46 万吨，相比 2014 年增长 0.78%；蔬菜播种面积为 4386.8 平方千米，相比 2014 年增长 2.28%，而蔬菜总产量达到 1356.67 万吨，相比 2014 年增长 30.37%，蔬菜生产水平显著提升。2015 年，水果生产总量为 269.82 万吨，高于 2014 年生产水平。畜禽和水产品中，牛存栏头数增长，2015 年存栏量为 142.32 万头，相比 2014 年增长 2.23%；水产品 2015 年总产量为 277.27 万吨，相比 2014 年增长 5.58%；相反，生猪出栏量由 2014 年的 2519.51 万头降至 2015 年的 2469.4 万头，下降了 1.99%。这也间接说明，城乡居民对传统肉类产品的需求开始发生变化。[①]

（三）农产品加工业发展较快

一是环洞庭湖湿地区域农产品加工业产值稳中有进。荆州市农产品加工业产值与农业总产值之比为 2.4:1，高于同期全国农产品加工业产值与农业总产值之比。二是环洞庭湖湿地区域农产品加工业依托洞庭湖湿地丰富的农业资源展开布局的特征较为明显。三是农产品加工业带动作用显现。以汇美农业科技有限公司和金健米业股份有限公司为例，汇美农业科技有限公司基于"公司＋基地＋农户"经营形式，发展朝鲜蓟种植面积 2 万多亩；金健米业股份有限公司与农户签订优质稻购销合同，负责种子供应、技术指导以及保护价收购，发展 50 多万亩优质稻订单，农户收入可观。

（四）"农业＋旅游"融合发展

"农业＋旅游"作为农业"接二连三"的融合体，发展迅速，在促进环洞庭湖湿地区域农业提质提效、农民增收，传承中华农耕文化等方面发挥了积极作用。20 世纪 90 年代，环洞庭湖湿地区域乡村旅游开始发展，主要是以"渔家乐""花家乐"为主体的初级形式。进入 21 世纪以来，"农业＋旅

---

① 如未做特别说明，本章数据皆根据环洞庭湖湿地区域四市一区统计部门调研数据整理获得。

游"获得新发展，进入政府引导阶段。例如，益阳市着力打造风格独特的乡村旅游品牌；望城区打造以"湘江古镇游"和"乡村休闲游"为龙头产品的"农业＋旅游"格局。当前，为推进"农业＋旅游"深度融合，环洞庭湖湿地区域在政府相关部门的指导下结合自身实际，因地制宜发展乡村旅游。

（五）农业生产条件逐步改善

一是农村水利电力设施得到改善。环洞庭湖湿地区域清淤疏浚 2540 千米大型沟渠、4170 千米中型沟渠、17425 千米小微沟渠、20721 口堰塘，累计清淤 2.2 亿立方米，洞庭湖区水系功能初步得到恢复，调蓄和灌排能力得到提升。① 环洞庭湖湿地区域高标准基本农田土地整治规模新增 27.63 万亩耕地。② 农村用电量达到 466748 万千瓦时，同比增长 3.62%。二是农业机械化快速推进。2015 年，环洞庭湖湿地区域机耕面积为 34204.9 平方千米，同比增长 7.11%。

二　环洞庭湖湿地区域现代农业发展难点透视

（一）环洞庭湖湿地区域粮食供给压力日益增大

当前，生产环节面临"两板挤压""红灯限行"的尴尬局面，③ 粮食流通环节呈现"两少两高"的态势。一方面，企业加工量走低，粮食"走出去"减少，域内粮食库存不断增加，而另一方面，外来粮食日益持续增加。以常德市为例，该市 2015 年加工成品粮为 30.95 万吨，相比 2014 年降低了 7.63%，相比 2012 年降低了 23.76%，部分企业已是"不闻机器声，只见仓库满"；2015 年外销原粮、成品粮为 20 万吨，相比 2012 年减少 22.08%；常德市只有 6 个品牌的大米进入常德市城区大型超市卖场，其余品牌是柬埔寨、越南、泰国等国外粮和省外粮，与此同时，常德市域

---

① 《洞庭湖区水系功能初步恢复》，《湖南日报》2017 年 5 月 25 日。
② 《湖南整治土地 1100 余万亩惠及农民 1300 万人》，《湖南日报》2015 年 5 月 13 日。
③ "两板挤压"，是指生产受到生产成本"地板"持续抬高和产品价格"天花板"不断下移的挤压，生产的利润空间日益减小。"红灯限行"，是指农业生产的资源环境恶化态势没有扭转，并对农业生产造成不良影响。

内直属库和粮食企业库存 145.5 万吨托市粮。事实表明，有效"降成本、去库存"，着力提升农产品市场竞争力，成为环洞庭湖湿地区域现代农业发展的核心任务。

（二）环洞庭湖湿地区域农产品结构性失衡日益凸显

近年来，环洞庭湖湿地区域农业持续丰收，温饱型农产品总量充足，基本实现供需平衡，但是农产品供给结构与需求结构的偏差日趋明显，已成为影响农业增产增效和农民增收的主要矛盾。一是农产品结构性矛盾较为突出。总体来看，环洞庭湖湿地区域养殖业"一猪独大"、种植业"一粮独大"等结构性矛盾日益凸显。二是农产品量多、品牌少。环洞庭湖湿地区域农作物进入《2015 年度全国名特优新农产品目录》的较少。粮油类，环洞庭湖湿地区域仅有桃源大米、乌山贡米、澧县紫米和澧县大米入选，占全国 142 个品牌总量的 2.81%；蔬菜类，环洞庭湖湿地区域仅有春华牌杏鲍菇和三益莲藕入选，在全国 181 个品牌总量的占比为 1.1%；果品类，环洞庭湖湿地区域水果品类多，但仅有澧康葡萄、阿香柑橘和石门柑橘入选，占全国 225 个品牌总量的 1.33%；茶叶类，环洞庭湖湿地区域在全国品牌总量中的占比相对较好，达到 5.52%，有石门银峰等 10 个品牌产品入选。①三是农业多初级产品，少精深加工产品。"十二五"期间，湖南优势农产品生产区域中心向环洞庭湖湿地区域集中，但受限于龙头企业"散小差"、产业链条短、基地建设滞后等因素，环洞庭湖湿地区域农产品主要是初级产品，难进高端消费市场，外销难，出口难，利润低。例如，环洞庭湖湿地区域水稻产量在全省第一，水稻品名不少，但仅有金健、口口香等叫得响的品牌；区域内茶叶品种很多，但叫得响的王牌很少。四是农产品供给多，需求少。如前文所述，环洞庭湖湿地区域农产品大多处于中低端层次，另外，生产环节化肥农药施用量大，加工环节添加剂使用量多，区域内初级农产品及加工品质量受到威胁。与此同时，城乡居民农产品消费意识发生根本性改变，

---

① 进入《2015 年度全国名特优新农产品目录》的茶品牌共计 10 个，为兰岭绿茶、桃源茶叶、石门银峰、双上绿芽茶、荷香茯砖茶、天尖茶、千两茶、手筑茯砖、天尖茶和湘益茯砖茶。

膳食结构趋于平衡，农产品供给并不适应市场需求。由此可见，环洞庭湖湿地区域农产品质量、品牌地位与农产品数量、产量地位明显不对等。当农产品供给未能有效适应消费求的变化并进行及时调整时，农业经济发展就会停滞不前。因此，结构调整成为环洞庭湖湿地区域现代农业发展首要问题。

（三）环洞庭湖湿地区域农业可持续发展难度增大

近年来，环洞庭湖湿地区域农业农村经济不断发展，与此同时，农业资源与环境约束日趋严重。当前，环洞庭湖湿地区域农业投入品过度化学化，以化肥投入为例，2015 年，区域内耕地面积在全省耕地面积的占比为 27.9%，[①] 而化肥施用量达到 32.57 万吨，占全省化肥施用量的 32.54%，较耕地面积占比高出 4.64 个百分点。其中，益阳市每公顷耕地年施化肥（纯量）达到 794 千克，高出国际施肥安全上限的 3.5 倍。与此同时，大量旧秧盘、农药袋、农药瓶等农资废弃物被丢弃在农田、地头、池塘、湖库边，分布具有广泛性和随意性，导致大量农药、重金属等污染源产生并渗入土壤。据统计，污染环洞庭湖湿地区域耕地的重金属种类就有镉、铜、银、汞、铬、铅、锌、镍等，[②] 洞庭湖湿地土壤镉（Cd）含量已经超高就是例证。[③] 毫无疑问，环洞庭湖湿地区域农业生态环境"紧箍咒"趋紧，耕地重金属污染等生态透支问题俨然成为环洞庭湖湿地区域农业发展短板，这个短板务必在农业发展方式转变中补齐。

（四）环洞庭湖湿地区域农民持续增收困难加大

一是"两板挤压"是全国性的态势，农民经营性收入增加的难度加大，[④]

---

① 区域内耕地面积和化肥施用量数据仅统计环洞庭湖湿地区域湖南境内行政区域的相关数据，数据来源于 2016 年度湖南省统计年鉴。

② 董萌、赵运林、雷存喜等：《南洞庭湖洲垸土壤中四种重金属分布特征及污染状况评价》，《土壤》2010 年第 3 期，第 453～458 页；王月容、卢琦、周金星等：《洞庭湖退田还湖不同土地利用方式下土壤重金属分布特征》，《华中农业大学学报》2011 年第 6 期，第 734～739 页。

③ 周小梅、赵运林、董萌等：《镉胁迫对洞庭湿地土壤微生物数量与活性的影响》，《土壤通报》2016 年第 5 期，第 1148～1153 页。

④ 和龙、葛新权、刘延平：《我国农业供给侧结构性改革：机遇、挑战及对策》，《农村经济》2016 年第 7 期，第 29～33 页。

环洞庭湖湿地区域也难以避免。"卖难""价贱伤农"现象时有发生。二是当前及未来一段时期国家经济增长形态或表现为"L"形，经济增长速度将维持在 6.5% 左右，提供的就业岗位相对减少，农民工的需求以及农民工的工资水平均呈现下降态势，农民工资性收入难以继续维持增长态势。2015年，外出农民工人均月收入为 3596 元，增幅为 7.5%，相比同期农村居民人均可支配收入增幅低 1.8 个百分点。三是财政收入增速的放缓使持续加大对"三农"的投入变得更加困难，短期内限制了农民转移性收入的持续增长。四是农户财产性收入增加不足。在全面建成小康社会背景下，环洞庭湖湿地区域农民增收问题不仅是经济文章，还是政治文章，需要探寻实现农民持续增收的关键路径。

（五）环洞庭湖湿地区域城乡公共服务公平度低下

尽管环洞庭湖湿地区域着力推动城乡一体化发展，但区域内各级政府留存了二元治理模式的操作惯性和路径依赖，土地、资本等生产要素单向流向城市，而农业农村从工业化和城市发展中所获取的红利不足。与此同时，城乡公共服务供给依然失衡。从农业发展基础设施建设事业来看，环洞庭湖湿地区域农业发展基础设施建设有所加强，但是仍不能满足现代农业发展需求。以益阳市、荆州市为例，市域内"五小"水利工程存在不配套、功能老化等问题，农业科技水平也不高，农村信息化建设存在信息网络基础设施建设不足、农业信息资源分散等问题。从社会事业来看，环洞庭湖湿地区域小城镇综合承载能力较弱。以益阳市为例，该市 12 个国家重点镇中，只有 7 个小城镇建成污水处理设施，30% 的乡镇仍然缺少垃圾中转设施，部分小城镇医疗卫生和文化教育等公共服务配套缺失。荆州市农村地区虽然构建了户村乡县的垃圾收集处理体系，却由于缺乏运行保障机制及垃圾清理专项资金而不能正常运转。环洞庭湖湿地区域需要加快农业经济增长，以获取更多的资本来补齐基本公共服务短板。

第二节　环洞庭湖湿地区域现代农业发展的路径选择

当前，环洞庭湖湿地区域现代农业发展问题的根源在于供给侧，属于结构性障碍，破解环洞庭湖湿地区域农业发展难题，化解上述问题诱发的短板效应，就要认真落实中央一号文件精神，从供给侧的结构性改革着力，推进现代农业可持续发展。

一 供给侧结构性改革与现代农业发展

（一）供给侧结构性改革内涵

环洞庭湖湿地区域农业供给侧结构性改革既有改革的共性，也有其特殊性。环洞庭湖湿地区域农业发展面临的主要矛盾不再是总量不足，而是农业的结构性矛盾，因此，环洞庭湖湿地区域农业供给侧结构性改革是要改变长期以来形成的要素依赖性经济增长模式，强调提高全要素生产力。但是，农业供给侧结构性改革不等于农业结构调整，与以往的农业结构调整存在差别，不再是以往关注量的问题，而是着力解决农业的效益、质量、竞争力和可持续性。此外，尽管环洞庭湖湿地区域农业供给侧结构性改革既是调整生产关系，也是创新制度，但是要明确环洞庭湖湿地区域保障国家粮食安全的目标不能变，有效供给重要农产品的目标不能变，在此基础上再来思考如何调整变革生产关系，优化资源配置效率。

（二）供给侧结构性改革重要性

一是农业供给侧结构性改革是环洞庭湖湿地区域现代农业发展演进的客观要求。随着经济社会发展和居民收入的不断提高，农产品消费结构已经发生改变，客观上要求优化农业结构、推动农业提质提效。因此，环洞庭湖湿地区域应不断开发农业多功能，提高现代农业供给质量，适应市场消费结构变化。二是农业供给侧结构性改革是环洞庭湖湿地区域优化农业资源配置的急切需求。环洞庭湖湿地区域需要通过供给侧结构性改革，发挥比较优势，破解"三量齐增"难题，破解农业内部产业资源配置扭曲难题。三是环洞庭湖湿地区域推动农业供给侧结构性改革，发展生态循环型农业、节约农业，提高现代农业的绿色含量和科技含量，就是做好农业消耗的"减法"。

二　环洞庭湖湿地区域农业供给侧结构性改革面临新机遇

当前，环洞庭湖湿地区域农村经济社会深刻变革，农村利益格局深刻调整，农村社会结构深刻变动，为经济新常态下区域农业供给侧结构性改革带来良好机遇。

（一）社会各界形成共识是农业供给侧结构性改革的内在推动力

党中央高度重视农业供给侧结构性改革，认为这是厚植农业发展比较优势、破解农业发展瓶颈的有效途径，为环洞庭湖湿地区域农业供给侧结构性改革塑造宏观环境。学界大量研究成果表明，当前环洞庭湖湿地区域现代农业发展面临瓶颈，进而制约了环洞庭湖湿地区域美丽乡村建设和农民持续增收，迫切需要推动农业供给侧结构性改革，这就为环洞庭湖湿地区域农业供给侧结构性改革做好了理论准备。环洞庭湖湿地区域农村社会深刻认识到，农村发展实现由满足"量"的需求到关注"质"的需求的转变已经刻不容缓，亟须为实现农业供给侧结构性改革奠定微观基础。显然，推进环洞庭湖湿地区域农业供给侧结构性改革，扩大结构合理、保障有力的农产品有效供给已经成为社会各界的共识。

（二）居民消费结构升级是农业供给侧结构性改革的强大虹吸力

经过长期努力，我国进入新时代，居民消费结构也随之升级。全国层面，2015～2016年粮食食用消费总量为26566万吨，相比2012～2013年消费量降低了7.3%。人均口粮消费数据表明，2013～2015年，居民人均粮食消费量维持降低态势，年均下降4.9%，2015年农村居民和城镇居民人均消费猪羊牛肉数量分别达到23.09千克和24.64千克，相比2000年分别增长60.4%和23.2%。城乡居民对原粮的消费转移至对速冻/方便食品、面包和米粉等加工制品的消费。[①] 环洞庭湖湿地区域内，荆州市、常德市、益阳市和岳阳市的农村居民消费水平稳步提高。与此同时，城镇化水平持续提高，相当一部分农村居民成为城镇居民后，生产生活方式发生

---

① 傅兆翔：《中国粮食消费现状分析及展望》，《农业展望》2017年第5期，第91～94页。

变化，消费结构也向城镇市民看齐，促进了居民农产品消费结构进一步升级，这就为环洞庭湖湿地区域推动农业供给侧结构性改革提供了现实基础。

（三）农业科技持续进步是农业供给侧结构性改革的重要驱动力

环洞庭湖湿地区域着力推动农业发展方式转变，基本建立农业科技支撑体系，推动"互联网＋"与现代农业融合，积极实施机械化水平"四个提升"，① 对农业发展实现由"生产要素驱动、投资驱动"到"创新驱动"的转变起了积极的作用，成为区域内农业供给侧结构性改革的有力引擎。

（四）"四化"同步发展是农业供给侧结构性改革的外在牵引力

环洞庭湖湿地区域新型工业化水平的提高，推动产业技术进步和产业发展模式的改进，不仅为区域农业供给侧结构性改革做好现代物质技术准备，还有助于农业供给侧结构性改革纵深发展。农业现代化发展水平提高，农业发展新理念、新技术以及经营管理新模式涌现，为广大农村干部群众参与农业供给侧结构性改革做好思想准备提供了有效的平台，对农业供给侧结构性改革起到"润滑剂"作用。新型城镇化的不断推进带来城镇人口的不断增加以及更多技术的应用，对多品种、高质量农产品的市场需求不断增长，诱致农业供给侧结构性改革。信息化水平的大幅提升，使农业产业流程更加智能，有助于借助现代信息技术打破政府、企业与农户的沟通障碍。

（五）农村改革深入推进是农业供给侧结构性改革的活力之源

现阶段，环洞庭湖湿地区域着力推进农村改革，市场活力持续释放。一是继续推进完善农村基本经营制度。特别是在桃江县、澧县等县市开展整县推进试点工作，农村土地"流转"出新活力。二是加大农业支持保护力度，改善农村金融生态环境。以益阳市为例，涉农贷款余额达到 427.71 亿元，同比增长 21.89%，相比上年度增长率高出 6.69 个百分点，有力地增强了

---

① "四个提升"是指提升水稻生产全程机械化水平、油菜生产全程机械化水平、经作林果业机械化水平、农机制造业水平。

县域农业金融投放。三是培育新型农业经营主体，创新农村"三资"管理，推动农村"三资"规范管理。常德市武陵区推进农村集体产权制度改革试点，① 益阳市出台《益阳市农村村民住房建设管理办法》。② 这些市县创新"三资"管理的努力，激发了现代农业活力。四是稳步推进水利改革。水利改革方面，以岳阳铁山灌区为试点平台，创新体制机制，推进农业水价综合改革；构建多元化投融资机制，支持安化垸等9个蓄洪垸加固堤防工程和大通湖东、共双茶、钱粮湖3个蓄洪垸安全建设。③ 环洞庭湖湿地区域农村全面深化改革为农业供给侧结构性改革带来活力。

三　环洞庭湖湿地区域农业供给侧结构性改革思路与重点

环洞庭湖湿地区域现代农业生产受限于洞庭湖湿地资源环境，有特定的生产周期，产业性质迥异于其他产业。与此同时，又与其他产业关联度很高，改革要考虑的因素多。因此，环洞庭湖湿地区域农业供给侧结构性改革是个系统工程，需要瞄准短板，明确发展理念，精准聚焦重点。

（一）基于五大发展理念的农业供给侧结构性改革思路

1. 农业供给侧结构性改革应遵循创新理念

一是创新农业要素制度，提高农业供给侧配置效率。加快推进农业生产要素市场化改革，核心要务是创新农地产权制度，探索"三权分离"的优化机制。从中短期来看，治理结构改革可以保护农民权益，但是从长期来看，产权结构改革才是农民权益得到保障的根本出路，而产权的界定和保护需要集体行动。④ 当前及未来一段时期，环洞庭湖湿地区域应着力"巩固和

---

① 张振中：《农村集体产权改革示范先行全域推进——湖南省常德市武陵区推进农村集体产权制度改革试点调查》，《农民日报》2016 年 9 月 30 日。

② 《农村建房不可再"任性"益阳市农村村民住房管理办法实行》，《湖南日报》2016 年 7 月 4 日。

③ 刘世奇、柳德新、姚造等：《改革洪流汇洞庭——深化水利改革的湖南探索》，《湖南日报》2016 年 4 月 18 日。

④ 〔日〕速水佑次郎：《发展经济学——从贫困到富裕》，李周译，社会科学文献出版社，1998，第 23 ~ 24 页。

完善农村基本经营制度，深化农村土地制度改革，完善承包地'三权'分置制度"，确立"三权分置"制度框架，从而加快诱致性创新的速度。破除土地确权与承包经营权能障碍的机制创新是核心问题，扩展、完善土地承包经营权能，着力探索解决两个方面的障碍，一方面是基于制度创新完善农地承包经营权权能，另一方面是基于操作层面，完善农地抵押、农地入股等制度设计。① 鉴于环洞庭湖湿地区域不同于其他区域，具有其独特的经济特征，因此，农地产权制度改革应有重点、分层次推进，制度安排应遵从环洞庭湖湿地区域内不同资源禀赋、不同经济发展程度的县域的农民的不同需求。农地产权制度创新催生的农民获得感才是环洞庭湖湿地区域农地产权制度创新有成效的重要标尺。二是创新农业科技。农业科技创新极易出现"市场失灵"，但大多数应用研究成果具有私人产品特性，这类创新产品的供给应遵循市场规律。因此，应实现强制性制度供给和诱致性市场创新的良性互动，推动农业科技创新，提高农业科技进步贡献率。与此同时，还要以系统的观点认知科技创新与技术服务创新之间的辩证关系。创新和推广农业科技应以"需求"为中心，既要着力提供具有一定数量和质量的农业科技，也要着力化解农业科技服务供需矛盾突出、供给结构失衡、供给不足等难题。② 三是创新"互联网 +"红利释放机制。对环洞庭湖湿地这个传统农区而言，"互联网 +"是动力与引擎，"互联网 +"对农业具有"兼容"效应和"集聚"效应，即农业供给侧结构性改革涉及产前、产中、产后农业生产全过程所有环节，而"互联网 +"能够渗透农业生产全过程，特别是能较为有效地将农户分散的个性化供给和需求收敛起来，可以获得规模集聚效应。故而环洞庭湖湿地区域农业供给侧结构性改革要有互联网思维，以"互联网 +"架构为主体，创新机制体制，全面改造区域内传统农业的设施、技术、经营方式、组织形态和产业生态。

---

① 曾福生：《推进土地流转发展农业适度规模经营的对策》，《湖南社会科学》2015 年第 3 期，第 154～156 页。
② 樊英、李明贤：《洞庭湖区现代农业科技服务组织创新研究》，《武陵学刊》2012 年第 2 期，第 41～46 页。

2. 农业供给侧结构性改革应遵循协调理念

一是推动农业"接二连三"。产业融合可以是三次产业融合中关键环节发生地，这意味着农村地区经济效益的增长依赖基于农业基础的三次产业合作、联合和整合。因此，环洞庭湖湿地区域应着力探索延伸产业链，拓展产业范围，进而推动环洞庭湖湿地区域农村三次产业链接和整合。多功能需求日趋旺盛，工商资本涌入农业。这些都为三次产业融合提供条件。二是着力实现农业现代化与新型工业化、新型城镇化协同。农业现代化、新型工业化和新型城镇化本质上是"三位一体"的系统工程，三者之间相互耦合、紧密联系，构成现代化建设体系，可发挥三者之间的协同效应。环洞庭湖湿地区域农业供给侧结构性改革应秉持产业集聚、产城互动和城乡统筹的发展路径。

3. 农业供给侧结构性改革应遵循绿色理念

水土资源及环境质量亟待提高，农产品质量安全亟待强化，农产品竞争力亟待提升，这些问题交织在一起，影响农业可持续发展，"绿色"农业发展也亟待破题。特别是经济新常态下，"绿色"农业既是农村生态文明建设的重要抓手，还是农业"接二连三"的主战场，"绿色"农业发展自然而然就成为农业供给侧结构性改革题中之义。因此，"绿色"农业发展既是环洞庭湖湿地区域永续发展的必然选择，也是在经济新常态下，环洞庭湖湿地区域抢占制高点有效应对区域竞争，实现后发赶超的必然要求，[①] 还将为我国传统农业区的现代化发展提供经验借鉴。

4. 农业供给侧结构性改革应遵循开放理念

环洞庭湖湿地区域作为长江中游城市群、长江经济带乃至"一带一路"建设的关键区域节点，其农业发展应具有广阔的视野，要在开放条件下，在更长的历史时期内有节奏地"去库存"，并精准把握区域农业发展比较优势，将有限的生产资源和要素用于放大区域农业比较优势的生产结

---

① 杨灿、朱玉林：《论供给侧结构性改革背景下的湖南农业绿色发展对策》，《中南林业科技大学学报》（社会科学版）2016 年第 5 期，第 1~5 页。

构调整。

5. 农业供给侧结构性改革应遵循共享理念

农业供给侧结构性改革必然带来利益格局的深刻调整，协调农业发展各个环节多元力量的利益关系。实现各类利益主体共享改革成果是环洞庭湖湿地区域农业供给侧结构性改革题中应有之义。当然，这就要求正确认知改革成果共享。一是要正确认知改革成果共享理念。农业供给侧结构性改革本质上是建构利益结构优良的共同体，通过各类利益主体协商，实现利益分配的帕累托改进。二是要正确认知改革成果共享的地位。改革成果共享有其独特的价值取向，纯粹从经济利益视角认知改革成果共享是失之偏颇的。三是要正确认知改革成果共享的范围。共享不够的原因不仅是农民收入不足，还有农民的经济和社会功能受限的生存状态。因此，农民不仅要承担相应的改革成本，还要能共享改革实惠和红利，改革成果共享就成为一种生产力。四是要正确认知改革成果共享的参与主体。改革成果应是农业发展领域所有利益主体共同参与创造，共享既然是在一定的利益格局调整中实现，就必然存在利益差别。当然，鉴于农民的利益在共享中的关键地位，优先满足农民的共享成果需求是毋庸置疑的。五是要正确认知改革成果共享与利益共享的差别。改革成果共享不能用利益共享来简单代替。改革成果共享致力于建立全新协同的利益配置格局的同时，要确保各类利益主体能共享农业发展实现的利益增量，也更加关注农民的利益诉求，而且这个过程是动态变化的，强调各类利益主体的"正和博弈"。

（二）农业供给侧结构性改革重点

环洞庭湖湿地区域现代农业发展既有全国现代农业发展的共性，也有其特性。因此，深化环洞庭湖湿地区域农业供给侧改革，就要遵循五大发展理念，瞄准区域现代农业发展的关键问题，从供给侧入手，抓住改革重点。

1. 以农产品精深加工为抓手去库存

环洞庭湖湿地区域农产品加工水平较高的荆州市，其农产品产值与加工产值比虽然达到 2.45∶1，但仍低于发达国家水平，附加值低，许多产品依然处于消费链的低端。所以说，环洞庭湖湿地区域农业供给侧结构性改革的重点之一也是去库存，核心要务就是以农产品加工业为抓手，着力发展农产品精深加工，深化农产品资源转化，加快部分低端农产品消化和运营。

2. 以农业社会化服务为重点降成本

改革是要解放发展生产力，降成本对现代农业来说是极其重要的，通过农业社会化服务，加强土地托管和流转服务，加大节药、节肥、节种技术的提供，提高资金投入效率，加大政策和法律服务供给，加大信息服务供给，进而降低农业生产物化成本、生态成本等多元成本。

3. 以质量管理体系为依托提品质

基于公众对农产品的数量之忧向安全之虑的转变，提品质成为环洞庭湖湿地区域现代农业发展的关键环节，应将农产品全面质量管理与农业供给侧结构性改革紧密结合起来。

4. 以区域地标品牌为战略调结构

环洞庭湖湿地区域农业供给侧结构性调整主攻方向就是扶持、发展区域地标的农产品品牌，[①] 发展区域地标品牌，就是要充分用活区域内外两个市场，充分发挥洞庭湖湿地资源的比较优势。若从农产品存量变化角度来看，"调结构"也是一种"去库存"，共同点是探索如何更好地适应市场需求的变动态势；不同点在于，"去库存"是探索农产品精深加工路径，涉及如何降低现有低端农产品存量，而"调结构"是发展区域地标品牌，涉及如何调整不具比较优势的农产品生产。尽管两者存在差异，但是对环洞庭湖湿地区域来说，都是不可或缺的手段。

5. 以"互联网＋"引领农村产业统管理

一方面，环洞庭湖湿地区域要加强农业生产设施建设，着力推动高标准农田和水利设施建设；另一方面，以"互联网＋"系统改造环洞庭湖湿地

---

①　陈文胜：《论中国农业供给侧结构性改革的着力点——以区域地标品牌为战略调整农业结构》，《农村经济》2016 年第 11 期，第 3～7 页。

区域传统农业的生产设施、技术装备，重构"从田间到餐桌"的新流通体系，牢筑以"网、云、端"装备区域现代农业的新基础。

6. 以"旅游+"引领农村产业促融合

环洞庭湖湿地区域农业供给侧结构性改革应遵循协调发展理念，实质就是推动农业产业"接二连三"，在这个过程中，基于洞庭湖湿地资源的比较优势，应着力做好"旅游+"这篇大文章，整合、发挥农业的经济、社会、生态和文化等多元功能。以"旅游+"为导向，发展"旅游+"多元模式，推动农业生产（第一产业）、农产品加工（第二产业）和文化创意（第三产业）融合，创新环洞庭湖湿地区域农村地区城镇化新途径。

第三节　供给侧结构性改革视域下环洞庭湖湿地区域现代农业发展对策

"农业农村农民问题是关系国计民生的根本性问题。"[①] 环洞庭湖湿地周边区域必须把解决好"三农"问题作为区域协调发展的重中之重，应基于农业供给侧结构性改革视角，推进现代农业发展，这就要把握历史契机，秉持五大发展理念，抓住关键短板，聚焦发展重点，分类定向施策。[②]

一　培育区域地标品牌，发展精品农业

环洞庭湖湿地区域应立足洞庭湖湿地资源比较优势，充分用好"洞庭

---

① 《决胜全面建成小康社会夺取新时代中国特色社会主义伟大胜利——习近平同志代表第十八届中央委员会向大会作的报告摘登》，《人民日报》2017 年 10 月 19 日。

② 本书多次提到，环洞庭湖湿地区域各市县应充分协商，形成共识，只有形成一个完整的利益共同体，才能使环洞庭湖湿地区域各项制度、措施有效实施，才能分享发展红利，才能共享洞庭湖湿地生态红利。因此，基于供给侧结构性改革视角的环洞庭湖湿地现代农业发展面临同样的需求，这样可以避免搭便车。在经济新常态下，在中央及地方各级政府已经认识到区域协同对经济发展的贡献情况下，尤其是在大尺度上，有京津冀一体化发展、粤港澳大湾区、长江中游城市群的努力实践；在小尺度上，有长株潭城市群、武汉城市圈的协同发展。国务院批复同意《洞庭湖生态经济区规划》后，环湖两省四市积极推动。这些都表明，环洞庭湖湿地区域协同发展是共享洞庭湖湿地生态红利、改革红利的必由之路。

湖"这个生态牌，着力发展农产品区域地标品牌群落，整合现有品牌，推进品牌共享，避免市域之间重复建设、无效竞争，助力推动环洞庭湖湿地区域这个传统农区的现代农业向精品农业跨越。

（一）建立区域地标品牌多元主体参与创建和经营机制

鉴于农产品区域地标品牌准公共产品属性[①]制约了单个企业或农户创建、维护区域地标品牌的行为，集体行动成为区域地标品牌建设较优选择。环洞庭湖湿地区域应建立政府、行业协会或农民合作组织、龙头企业多元参与的创建和经营机制。政府有效处理政府与市场的关系，制定具有引领性的区域地标品牌支持政策，明确政府在区域地标品牌建设中的主体地位；理性介入区域地标品牌建设，政府制定总体战略，明确区域地标品牌培育方向，致力于协调、服务、管理和监督工作，优化区域地标品牌发展环境，并引导各类利益相关主体采取集体行动；完善区域地标品牌科技服务体系，加强区域地标品牌农产品生产、加工、仓储、流通等环节的技术创新，为区域地标品牌农产品品质提供有效保障。

（二）推动农产品生产集群发展

一是推动区域地标品牌农产品集群化。对于环洞庭湖湿地区域尚未形成产业集群的地区，引导其集约利用土地等资源。二是洞庭湖湿地优良的生态

---

① 农产品区域地标品牌属于准公共物品，农产品区域地标品牌具有一定的非竞争性，区域内的经济主体使用该品牌不影响他人使用，新增加的使用者并不会使品牌的建设维成本增加，但是如果区域内的经济主体发生造假等损害区域品牌形象的行为，会增加品牌的维护成本，所以增加一个消费者既不意味着区域地标品牌构建者的边际生产成本为零，也不意味着消费者的边际拥有成本为零。与此同时，农产品区域地标品牌一般是区域内同一产品的共有品牌，所有产品均可共享，导致外部性，即其他经济主体的经济行为会给区域地标品牌带来正或负的效应。由此可见，农产品区域地标品牌会因为非排他性，产生"公地悲剧"；品牌使用主体行为的负外部性，会产生"株连效应"，增大农产品区域地标品牌形象维护成本；农产品质量的隐蔽性会造成生产经营主体和消费主体间的信息不对称，产生逆向选择，进而使区域地标品牌落入"柠檬市场"困境。这些市场失灵存在的现实说明，农产品区域地标品牌不能单独由私人主体来经营，会因为"搭便车"因素，最终导致没有私人经济主体愿意单独经营这种公共品牌，也不能单独由政府经营，政府财政资金有限，极易导致区域地标品牌这种公共物品有效供给不足，但是政府在区域地标品牌构建和维护中可以积极作为。

资源禀赋是区域地标品牌农产品的核心市场竞争力。要推动区域农产品规模化生产转向农产品特色化，注重对环洞庭湖湿地区域独特资源、传统文化和工艺的挖掘。三是以产业集群发展为导向。支持在环洞庭湖湿地区域科学布局集成科研、加工和销售过程的精品农业园区，鼓励多元化电商平台入园发展，实现电子商务与农产品实体交易充分融合发展。

（三）建构区域地标品牌质量标准体系

完善农产品质量追溯体系，特别是强化洞庭湖湿地区域县乡层级区域地标品牌农产品质量监管。完善政府对区域地标品牌的管制行为，将农产品质量安全评价和区域地标品牌管理绩效纳入政绩考核体系，有效配置政府管制资源，发挥政府管制在维护区域地标品牌声誉中的应有作用。

（四）构建区域地标品牌发展和保护体系

着力打造一批彰显洞庭湖湿地资源、人文特色的"中国名牌""驰名商标"。基于环洞庭湖湿地农业资源评价，培育、开发彰显洞庭湖湿地资源优势、比较竞争力强的区域地标品牌农产品，构建"一村一品、一县一业、一市多集群"的发展格局。着力实施环洞庭湖湿地区域地标品牌产品清单。积极注册域名。实施地标品牌诚信动态管理机制，积极打造区域地标品牌诚信"金"。

（五）构建文化融合机制

环洞庭湖湿地区域应深度挖掘区域地标品牌文化内涵，为区域地标品牌农产品注入文化特征，赋予其鲜明的文化价值，塑造品牌不可替代性，形成其他区域同类农产品无法复制的特性优势，塑造出环洞庭湖湿地独特的区域地标品牌。

（六）构建区域地标品牌整合营销体系

洞庭湖湿地这个生态蓄水池就是环洞庭湖湿地区域农产品区域地标品牌的最大亮点，要善于打生态牌。环洞庭湖湿地区域政府及区域内各类品牌使用主体不仅要运用电视、报纸等传统媒体进行宣传，还要善用微信、微博等新媒体技术手段传递区域地标品牌形象和产品信息，提高区域地标品牌认知度。

二 推进农产品精深加工，强化农产品加工产业集聚

（一）以放大区位优势为要务，构建农产品加工新格局

环洞庭湖湿地区域应发挥区位优势，积极参与珠江三角洲、长江三角洲、粤港澳大湾区的区域经贸合作，抓住东部发达地区产业梯度转移机遇，提高产业整体水平。基于岳阳市的交通区位和运输优势，选择基础设施条件好、农产品加工业发展程度较高的加工产业集聚区，建立辐射环洞庭湖湿地区域的农产品出口加工贸易区，打造"湖"字牌品牌农产品，促进"湖"字牌农产品"走出去"，将洞庭湖湿地资源优势转化为经济优势。

（二）以优化利益分配机制为重点，激发市场主体活力

鉴于小农户在市场经济中的弱势地位，仍须进一步发挥农民合作社作用，政府应完善政策引导，创新利益分配机制，鼓励采用土地入股、技术入股、劳动力入股等方式，引导农民合作社将农户联合起来，帮助分散的农户降低市场信息不对称劣势，提升参与市场谈判的地位，获得更多订单主动权。

（三）以"互联网＋"，推动农产品加工业加速转型

一是挖掘大数据价值，推动农产品加工供需匹配。鉴于居民收入稳步提高诱致的农产品消费观日趋个性化和多样化，环洞庭湖湿地区域应着力探索利用"互联网＋"让农产品生产用上"定位仪"的路径，用好、用活云计算和大数据技术。二是运用互联网数据，强化加工业电商平台信息化管理。引导加工企业构建"互联网＋"集成信息系统，提高加工业综合生产效率和电商平台管理效率。善用互联网平台，推动加工行业信息无缝对接。以互联网平台融合农产品加工业科技创新各个环节，实现产品研发、生产制造、储藏、流通、销售全过程的科技创新各环节整合，实现深度融合，并从供给层面展开创新，优化生产策略，调整销售方向，及时适应环境和市场的变化。

（四）以改革为动力，完善政策支持保障

完善政府管理职能，为农产品加工提供全方位服务。一是在产业转型方

面，在已有发展基础上，进一步探索引导龙头企业在农产品产业带、加工园区和特色小城镇集聚发展的政策创新；立足洞庭湖湿地资源禀赋优势，瞄准特色产品，延伸产业链，综合提升加工水平和农产品卫生质量。二是在财税支持方面，建立农产品精深加工投资基金，采用担保补贴等方式引导社会资本参与农产品精深加工，以绿色化和特色化为引领，推动现有加工业向纵深发展。三是在金融方面，引导银行业金融机构创新、优化农产品加工工艺流程、流通、仓储等环节的服务。四是在土地利用政策上，创新城乡建设用地支持农产品加工园区建设的办法，探索集体建设用地以股份制形式兴办加工业企业的试点和推广应用。

三 发展"旅游＋农业"，拓展农业多功能

农业供给侧结构性改革政策对环洞庭湖湿地区域"旅游＋农业"发展起关键作用。借助"旅游＋农业"，促进区域乡村旅游产业转型升级，助力构建复合、集约的多业态农业经济体系，助力实现区域农业可持续发展和农民增收。

（一）推动旅游领域供给侧结构性改革

环洞庭湖湿地区域"旅游＋农业"领域涉及民众福利，又不属于区域重要的经济命脉，该领域又涵盖了湿地资源、农村剩余劳动力、资本和技术等多类经济要素，这就有必要推动旅游领域的供给侧改革，进而实现各种经济要素的有效配置，实现产业升级，有效应对多样、多变的旅游需求，并提升区域公众的社会福利，形成帕累托改进。这就要求环洞庭湖湿地区域一方面要建立高效的行政服务系统，另一方面要深入推进全域旅游。

（二）推动"旅游＋农业"与环洞庭湖湿地区域协同发展

环洞庭湖湿地区域涉及湖南、湖北两省，区域内各市域围绕洞庭湖湿地，拥有的资源禀赋趋同，但区域产业协同一直是个难题，产业协同、深度融合难以发展。而旅游产业关联度高、拉动力强，能在环洞庭湖湿地区域产业协同中起积极作用。环洞庭湖湿地区域各市域协同发展"旅游＋农业"，可协同打造旅游产品多元的旅游目的地，形成新常态下区域经济增长新亮

点。环洞庭湖湿地区域内要围绕区域中心城市，串联旅游目的地，构建层次分明、合理布局的旅游链条，统筹区域旅游资源，实现旅游产业链各类元素的交会，形成错位发展，并充分利用"互联网＋"平台，实现各类旅游要素的有效整合。

（三）创新"旅游＋农业"融合发展新模式

以"旅游＋"为融合模式，创新发展"旅游＋加工业""旅游＋农耕文化""旅游＋服务业""旅游＋乡村生活""旅游＋民俗"等旅游新品。跳出"农业"视角，以"旅游＋"为融合模式，打好生态牌、文化牌，突出洞庭湖湿地资源优势，拓展休闲农业、观光农业和体验农业，尝试发展养生农业、艺术农业等新业态。以"旅游＋"为融合模式，系统传承历史文脉，发展乡村旅游新形态。

（四）塑造"旅游＋农业"整体形象

在城乡统筹大背景下，整合环洞庭湖区域的旅游资源，突出特色，塑造个性鲜明的"旅游＋"整体形象是环洞庭湖区"旅游＋农业"发展的关键。一是创新特色旅游项目。特色是旅游形象之魂，环洞庭湖区旅游项目和产品应坚持以特色取胜。二是强化市场开拓和旅游整体形象宣传。环洞庭湖区"旅游＋农业"以区域整体为单位，整合人力、物力、财力，展开联合营销，将在较大范围内形成协同效应，提高社会认知度。三是推动农村社区参与。"旅游＋农业"整体形象是立体的，涉及生态、人文等多个层面。环洞庭湖区自然资源中，许多景观具有不可再生性。"旅游＋农业"发展会造成资源耗费和污染排放的增加，损害生态环境，农户不得不承担负外部效应。因此，形象的维护需要农户的积极参与，应推动农村社区参与"旅游＋农业"活动。

（五）推动"旅游＋"与"互联网＋"融合发展

环洞庭湖湿地区域各市域政府协同，制定乡村智慧旅游发展规划，建设区域级智慧旅游平台；完善信息交互、运行协同机制，整合环洞庭湖湿地旅游相关信息资源，实现资源共享、市场互动、客源互送；引导、支持旅游企业做好信息化建设，加强区域乡村智慧旅游基础设施建设。环洞庭湖湿地区域各市域政府协同主导建立包含智慧旅游应用平台、旅游综合基础数据库和云计算中心的农村智慧旅游服务系统。

四 扎实推进"互联网+"，发展精准农业

（一）推进"互联网+"与供给侧结构性改革重点的深度融合

一是加强顶层设计。基于环洞庭湖湿地区域层面，制定"互联网+"与农业深度融合战略，明确融合发展目标、任务、支撑措施和路线图，形成统一规划、有序推进的新格局，将"互联网+"与农业转型升级结合起来，加快推动农村宽带全覆盖、现代农业"互联网+"全渗透、行政村和关键村组电脑全普及，有效破解"农村信息孤岛"难题，提升农业生产的价值含量。二是将"互联网+"与环洞庭湖湿地区域脱贫攻坚战略结合起来，着力带动贫困群体的产业扶贫和精准脱贫。三是加快制度建设。环洞庭湖湿地区域各级政府制定因地制宜的现代农业"互联网+"融合发展的指导性意见，着力聚焦农业生产精准智能管理平台构建、农资购买电商平台建设、农产品电商平台建设等领域。制定无息和低息贷款、税收优惠及技术研发补贴等扶持政策，引导企业进入现代农业"互联网+"建设。完善现代农业"互联网+"建设投入机制，引导、鼓励民间资本投入建设。对非公益性建设，依据"谁受益、谁付费"原则，向受益群体适当收取部分费用。

（二）强化环洞庭湖湿地区域农村互联网基础设施建设

一是借助数字湖南发展战略的实施，加快推进环洞庭湖湿地区域农村宽带基础设施建设，为农业现代化插上翅膀，释放城乡"数字鸿沟"缩小的重磅红利。二是采用基站用电定向补贴等方式，加快推进农村互联网"提速降费"，为农户提供"用得起、明白用、放心用"的互联网连接。三是推动"互联网+"支持农业电子商务平台建设，鼓励网商平台参与环洞庭湖湿地区域电子商务建设。建构围绕"互联网+"资金流、物资流、冷链流、信息流等网络化运营体系，特别是基于环洞庭湖湿地区域在长江经济带、"一带一路"建设中的优势区位。建设跨境农产品电子商务平台，推动农产品"走出去"。四是强化电商孵化，探索"智慧农村"建设。在环洞庭湖湿

地区域选择交通便利、基础设施条件好的村庄进行试点，制定政策引导、支持企业、科研机构等参与"智慧农村"建设。着力研发、推广适合农民的互联网智能终端设备，鼓励乡、村使用"互联网＋"先进技术。

（三）强化环洞庭湖湿地区域农村互联网技术应用

政府牵头，联合涉农主体、科研机构、数据公司和消费者，运用大数据理念和互联网技术，构建环洞庭湖湿地区域物联网平台，构建覆盖农业大数据收集、处理全环节的完整信息链。开发测土配方施肥平台、病虫信息感知与环境信息监测系统、农产品质量追溯系统、土地流转信息系统、农产品价格信息系统、经营者征信系统、信息平台中心等，构建农业物联网体系，实现农业生态系统实时监测，实现区域气象资料、土地流转数据、农产品供求及价格信息服务数据、经营者征信数据以及农产品质量可追溯数据的实时共享，推进农业生产智能化管理。利用"互联网＋"技术提升农业生产全过程智能化水平，鼓励推广智能节水灌溉系统，发展智能作业机具和装备。

（四）强化环洞庭湖湿地区域农村"互联网＋"的人力资本支撑

一是积极培育"互联网＋新农人"。特别是要鼓励农村创业青年、返乡创业人员成为"互联网＋农业"的活跃分子，使之成为"互联网＋农业"的示范者、引领者。二是环洞庭湖湿地区域整合农业、扶贫、商务、人社等部门培训资源，针对不同"互联网＋"应用，展开体系性、专题性"互联网＋"应用培训。三是依托"县、乡、村"三级农村电子商务综合服务平台，采用政府购买服务方式鼓励网商、平台电商参与行政村干部、企业、专业合作社、家庭农户、服务电子主体等市场主体"互联网＋"知识普及培训，向这些主体传授针对性强的"互联网＋"实操技术。四是统筹利用"第一书记"，鼓励其成为现代农业"互联网＋"的宣传者、实际人和领头羊。

第十一章 洞庭湖湿地利用转型——基于可持续发展的生态建设

现阶段，我国经济发展进入新常态，环洞庭湖湿地区域发展，无须再"纠结"速度，应站在更高层次的发展平台上追求提质增效和换挡升级。经济新常态下的环洞庭湖湿地区域发展的数量和质量应建立新的关系，尤其要关注资源环境可持续和风险可控制目标。基于此，环洞庭湖湿地区域生态建设的重要性凸显，加快推进环洞庭湖湿地区域生态建设，不仅是经济问题，还是不能忽略的政治问题，而环洞庭湖湿地区域生态建设的第一要务就是树立全新的生态文明主流价值观。① 长期以来，对于环洞庭湖湿地区域生态资产和物质财富的重要程度互相比较存在三种认知观：物质财富至上论、均衡论和生态至上论。② "生态至上论"认为自然资产相对于货币资产更具有比较优势。"均衡论"和"生态至上论"均有助于实现自然资产的增值。环洞庭湖湿地区域生态建设的价值取向就应秉持"均衡论"和"生态至上论"，明确"绿水青山就是金山银山"，要彻底抛弃"物质财富至上论"，要从根本上扭转利润最大化的追求取向。

---

① 解振华：《绿色发展：实现"中国梦"的重要保障》，《光明日报》2013 年 4 月 15 日。
② 邝奕轩：《创新制度强化农村生态环境保护》，《中国国情国力》2015 年第 4 期，第 37～39 页。

第一节　环洞庭湖湿地区域生态安全评价——基于生态足迹视角

一　生态足迹法及计量模型

本书在前面章节中对环洞庭湖湿地区域人类活动及其影响做了详细的描述，现在的问题是如何准确判断环洞庭湖湿地区域居民是否生存于洞庭湖湿地生态系统承载力的范围内，这是科学、合理推动环洞庭湖湿地区域生态建设的关键。生态足迹法为我们的进一步探索提供了有效的工具。生态足迹分析方法是非货币尺度度量可持续发展的方法，基于区域的资源、能源消费与区域自有生态能力比较，判断是否超出生态阈值及是否具有可持续性。[①] 经典的生态足迹计量模型见公式 11.1。

$$EF = N \times \sum ef = N \times \sum (\gamma \times A_i) = N \times \sum \left\{ \gamma \times \frac{(P_i + I_i - E_i)/N}{AP_i} \right\} \quad (11.1)$$

EF 指代区域总生态足迹；ef 指代人均生态足迹；N 指代区域总人口；γ 指代等价因子（上述各类生态系统换算成相应生态生产力的等价系数）；A_i 指代相对应的生态系统能够产出第 i 项消费项目的平均生产力。[②]

二　环洞庭湖湿地区域生态足迹评价

环洞庭湖湿地区域的生态足迹由生物资源足迹和能源足迹构成。依据 2014 年湖南省统计年鉴资料，将该年度环洞庭湖湿地的各类生物资源的生产数量和进出口数量数据代入基于生态足迹计量的模型 11.1。依据 2014 年度环洞庭湖湿地的总人口数，经计算得出各类生态生产性土地人均占有面

① 尹少华、安消云：《基于可持续发展的洞庭湖流域生态足迹评价研究》，《中南林业科技大学学报》2011 年第 6 期，第 107～110 页。

② 杨开忠、杨咏、陈洁：《生态足迹分析理论与方法》，《地球科学进展》2000 年第 6 期，第 630～636 页。

积。计算环洞庭湖湿地的生物资源时，应考虑对外贸易，但因数据缺失，采用区域贸易逆差值折算成进口原木的数据，进口原木价格采用原木平均进口价格进行计算。经计算，得到 2014 年环洞庭湖湿地区域生物资源足迹及能源消费的生态足迹（见表 11 – 1 和表 11 – 2）。① 环洞庭湖湿地区域能源足迹，以湖南省能源消费量为计量基础，依据环洞庭湖湿地区域生产总值占湖南省国民生产总值 25.54% 的比例换算得出环洞庭湖湿地区域能源消费量数据。

表 11 – 1　环洞庭湖湿地区域 2014 年生态足迹计算账户

生物资源 主要分类	全球平均产量 （千克/公顷）	生物量 （吨）	毛足迹 （公顷）	人均足迹 （公顷）	生产型面积 类型
稻谷	2744	9026467	3289529	0.198494	耕地
小麦	2744	71426	26030	0.001571	耕地
玉米	2744	431055	157090	0.009479	耕地
大豆	1856	49995	26937	0.001625	耕地
薯类	2744	173661	63288	0.003819	耕地
棉花	1000	243584	243584	0.014698	耕地
油料	1856	1028256	554017	0.03343	耕地
烤烟	1548	8589	5548	0.000335	耕地
黄麻	1500	413	275	0.000017	耕地
苎麻	1500	8123	5415	0.000327	耕地
油茶	3000	100822	33607	0.002028	林地
油桐	1600	9619	6012	0.000363	林地
松脂	3900	1296	332	0.00002	林地
板栗	3000	31297	10432	0.000629	林地
竹笋	945	5171	5472	0.00033	林地
木材	1.99	2462700	1237537688	0.075746	林地
柑橘	3500	1037539	296440	0.017888	林地
茶叶	566	34201	60426	0.003646	林地
水果	18000	2154400	119689	0.007222	林地
猪肉	74	1415907	19133878	1.154563	草地

---

① 土地利用类型数据来源于益阳市、常德市、岳阳市、望城区国土资源局调研资料，其余数据来源于相应市域统计部门调研数据。如未做特别说明，本章数据来源于统计部门调研数据。

续表

生物资源 主要分类	全球平均产量 （千克/公顷）	生物量 （吨）	毛足迹 （公顷）	人均足迹 （公顷）	生产型面积 类型
牛肉	33	58283	1766152	0.106572	草地
羊肉	33	43300	1312121	0.079175	草地
奶类	502	19682	39207	0.002366	草地
水产品	258	1306819	5065190	0.30564	水体
鱼	29	22433	773552	0.046677	水体

表 11 - 2　2014 年环洞庭湖湿地区域能源消费的生态足迹现状

生物资源 分类	全球平均产量 （千克/公顷）	折算系数 （千克/吨）	人均消费量 （千克）	人均足迹 （公顷）	生产型面积 类型
煤炭	55	20.934	17.465535	0.317555	化石能源地
焦炭	55	28.47	2.888154	0.052512	化石能源地
汽油	93	43.124	1.322536	0.014221	化石能源地
柴油	93	42.705	1.601240	0.017218	化石能源地
煤气	71	50.2	8.544847	0.120350	化石能源地
电力*	1000	11.84	9.147562	0.009148	建筑地

＊单位为千瓦时，按能源转化系数折标煤系数。

资料来源：邱大雄、孙永广、施祖麟：《能源规划与系统分析》，清华大学出版社，1995，第48页。

经计算，得到环洞庭湖湿地区域 2014 年生态足迹汇总（见表 11 - 3）。①

---

① 环洞庭湖湿地区域生态足迹需求的人均面积数据是将同类型各类生产性土地对应的人均足迹面积累加得出，生态足迹供给的人均面积数据是环洞庭湖湿地区域各类土地总面积与区域内总人口比进行累加得出。生态足迹需求面积采用生态足迹需求人均面积与对应的等价因子乘积后累加得出，生态足迹供给面积采用生态足迹供给人均面积与对应的产量因子乘积后累加得出。等价因子数据采用 Wackernagel 研究数据，产量因子采用赖发英等的研究成果。生态生产型土地面积并不能被人类全部利用，考虑到其他物种的生存，应留出 12% 的当量用于生物多样性保护，因此，本节要扣除 12% 的面积用于生物多样性保护。参见 M. Qackernagel, L. Onisto, P. Bello, et al., *Ecological Footprint of Nation*, Commissioned by the Earth Conuncil for the Rio + 5 Forum. International Council for Local Environmental Initiatives, Toronto, 1997, pp. 10 - 21；赖发英、魏学娇、卢年春等《鄱阳湖流域生态足迹分析与可持续发展的定量研究》，《农业现代化研究》2006 年第 3 期，第 206 ~ 209 页。

表 11 – 3 　2014 年环洞庭湖湿地区域生态足迹汇总

生产型面积类型	生态足迹需求			生态足迹供给		
	人均面积（公顷）	均衡因子	均衡面积（公顷/人）	人均面积（公顷）	产量因子	均衡面积（公顷/人）
耕地	0.263795	2.1	0.55397	0.071685	2.02	0.144804
草地	1.342676	0.5	0.671338	0.00075	0.35	0.000263
林地	0.107872	1.3	0.140234	0.109357	0.91	0.099515
化石能源地	0.521856	1.3	0.6784128	0	0	0
建筑用地	0.009148	2.2	0.0201256	0.026789	2.02	0.054114
水域	0.352317	0.4	0.140927	0.033166	6.1	0.202313
生态足迹汇总	人均总需求足迹		2.205007	人均总供给足迹		0.501009

注：耕地供给大量植物生物；草地是牲畜饲养、提供乳制品的资源供给土地类型；林地供给了林木及其相关副产品，此外，还充分供给固碳制氧、净化空气、生物多样性保护等生态功能；建筑用地用于人类居住和道路利用，是由耕地、林地、草地等其他生态生产型土地转化而成的，建筑用地的增多意味着区域生态容量的减少；水体提供水产品及水源涵养、土壤持留、水质净化等生态功能。

鉴于本书采用的生态足迹模型是静态模型，笔者为进一步探寻环洞庭湖湿地区域生态足迹变动态势，基于已有计量模型和计算路径，增加对 2005 年和 2010 年环洞庭湖湿地区域生态足迹评价，并汇总进行比较分析，数据见表 11 – 4 和表 11 – 5。

表 11 – 4 　2005 年环洞庭湖湿地区域生态足迹汇总

生产型面积类型	生态足迹需求			生态足迹供给		
	人均面积（公顷）	均衡因子	均衡面积（公顷/人）	人均面积（公顷）	产量因子	均衡面积（公顷/人）
耕地	0.225342	2.1	0.473218	0.069161	2.02	0.139704
草地	1.212354	0.5	0.606177	0.000178	0.35	0.000062
林地	0.045686	1.3	0.059392	0.107081	0.91	0.097443
化石能源地	0.280981	1.3	0.365275	0	0	0
建筑用地	0.004716	2.2	0.010375	0.020798	2.02	0.042011
水域	2.020184	0.4	0.808074	0.022297	6.1	0.136009
生态足迹汇总	人均总需求足迹		2.322511	人均总供给足迹		0.415229

表 11 - 5 2010 年环洞庭湖湿地区域生态足迹汇总

生产型面积类型	生态足迹需求			生态足迹供给		
	人均面积（公顷）	均衡因子	均衡面积（公顷/人）	人均面积（公顷）	产量因子	均衡面积（公顷/人）
耕地	0.240697	2.1	0.505464	0.069682	2.02	0.140758
草地	1.2188	0.5	0.6094	0.00186	0.35	0.000651
林地	0.052511	1.3	0.068264	0.114251	0.91	0.103968
化石能源地	0.579868	1.3	0.753828	0	0	0
建筑用地	0.008433	2.2	0.018553	0.031955	2.02	0.064549
水域	2.245651	0.4	0.89826	0.04126	6.1	0.251686
生态足迹汇总	人均总需求足迹		2.853769	人均总供给足迹		0.561612

三 环洞庭湖湿地周边区域生态足迹评价结果分析及启示

环洞庭湖湿地区域生态足迹结果显示，2005 年环洞庭湖湿地区域人均生态供给能力为 0.415229 公顷，① 环洞庭湖湿地区域居民人均占用 2.322511 公顷的生态生产型土地，环洞庭湖湿地区域生态赤字为 1.907282 公顷。2010 年环洞庭湖湿地区域人均生态供给能力为 0.561612 公顷，环洞庭湖湿地区域居民人均占用 2.853769 公顷的生态生产型土地，环洞庭湖湿地区域生态赤字为 2.292157 公顷。2014 年环洞庭湖湿地区域人均生态供给能力为 0.501009 公顷，环洞庭湖湿地区域居民人均占用 2.205007 公顷的生态生产型土地，环洞庭湖湿地区域生态赤字为 1.703998 公顷。从时间序列来看，环洞庭湖湿地区域生态赤字呈现"低→高→低"的发展态势，但是 2014 年生态赤字相比 2005 年数据有显著降低。这一方面是环洞庭湖湿地区域对生态保护的投入增多，加大了生态资源保护力度，提高了生态型资源存量；另一方面是东、中、西部经济发展程度的差异导致环洞庭湖湿地区域劳动力大量外迁，使区域内人均生态供给能力有所增强。但是，区域供需矛盾

---

① 这里扣除 12% 的生态足迹供给均衡面积，用于生物多样性保护，2010 年、2014 年数据同样处理。

依旧突出。由此可见，环洞庭湖湿地区域经济发展遵循的传统经济增长模式的惯性仍然存在，资源利用的效率没有显著提高，将继续过度消耗区域自然资本存量。从 2005 年、2010 年和 2014 年供需对比来看，在需求方面，建筑用地的人均生态足迹经历了先增后减的发展态势，但从长期趋势来看，仍然体现为增长态势；与此同时，人均耕地、草地和林地足迹发展态势表现为持续减少状态，由此可见，人类建筑占地与草地和林地的资源变动呈现截然相反的变化。在供给方面，2014 年的林地、草地、水体人均生态承载力均在 2010 年出现拐点，又出现减少态势，说明 10 年来环洞庭湖湿地区域生态环境又出现一定程度的破坏。显然，环洞庭湖湿地区域生态建设不是一蹴而就的。

环洞庭湖湿地区域的生态需求已经超出生态供给能力，确保实现环洞庭湖湿地区域生态建设的帕累托改进已十分紧迫。因此，一方面应采取经济结构优化、发展循环经济、优化现代农业体系等措施提高经济增长质量；另一方面要强化对以洞庭湖湿地为核心的生态建设，而生态建设是个综合性工程，既要全面推进，也要实现重点突破。本书认为，环洞庭湖湿地区域生态建设应着力从自然资源管理创新、农村生态环境保护、生态修复和生态补偿四个维度展开。

第二节　环洞庭湖湿地区域自然资源管理创新

洞庭湖湿地生态系统既是环洞庭湖湿地区域经济社会发展的空间载体和物质基础，也是环洞庭湖湿地区域大系统的构成要素，具有多种功能，应从源头上加强自然资源的管护，环洞庭湖湿地区域自然资源管理创新是区域生态建设的重要组成部分。

一　环洞庭湖湿地区域自然资源监管状况

环洞庭湖湿地区域自然资源监管体系经过多年建设，已有一定基础，取得了一定成效。以西洞庭湖保护区为例，西洞庭湖保护区经历了"行政管理→联合执法管理→委托执法管理→集中执法管理"的管理演变。①
尽管环洞庭湖湿地区域自然资源监管的发展对推进区域生态建设做出了
积极贡献，但仍存在一些与当前改革发展不相匹配、亟待破解的难题。
一是自然资源产权不清晰。二是自然资源空间管理重叠化。由于洞庭湖
湿地生态系统有多类资源属性，各类资源依据功能差异划归不同部门监
管，会出现湿地资源管理职能交叉重复，进而出现管理空白，还导致自
然资源管理碎片化。三是自然资源监管目标差异化。基于自然资源管理
碎片化影响，不同政府部门编制其所管资源类型的利用规划时，部门之
间协调与合作不足，进而出现同一空间载体存在多种差异性的自然资源
监管目标约束，以至出现监管盲点。四是自然资源管理信息错位化。由
于湿地生态系统是一个生态资源复合体，涉及不同的监管部门，不同监
管部门的资源登记、规划及技术标准不一致，使自然资源基础数据等信
息存在差异，难以摸清自然资源"家底"，甚至会导致依数据进行的监
管产生冲突。

二　环洞庭湖湿地区域自然资源监管路径选择

当前及未来一段时期，环洞庭湖湿地区域要推进自然资源监管变革，
不仅要建立一套系统、科学、运行有效的政策措施，还要推动相关政策
措施的关联性和耦合性，实现洞庭湖湿地生态系统资源配置的帕累托改
进。

（一）科学谋划自然资源管控生态红线

环洞庭湖湿地区域应着力做好以下工作。一是形成协调统一的工作机
制。环洞庭湖湿地区域应设立跨行政区域、跨行政部门的生态红线划定工作
小组，协同、精准定量区域生态系统功能和生态敏感地带，构建科学的生态
红线框架。二是科学划定生态红线。环洞庭湖湿地区域生态红线划定工作小

---

① 唐小平、梅碧球：《"西洞庭湖模式"对创新自然资源管理制度的启示》，《林业资源管理》
2016 年第 5 期，第 1~5 页。

组加快自然资源管理改革步伐,以土地利用总体规划为底盘,基于"双控"和"三线"约束,① 聚焦生态廊道和生态关键节点,构建完整的环洞庭湖湿地区域生态安全格局,统筹区域国土空间的开发和保护,严格管控生态红线区域,倒逼发展方式实现"规模扩展→内涵挖潜"的变革。三是环洞庭湖湿地区域应创新配套政策,确保划定的生态红线不变成"虚线"。

（二）加快推进符合环洞庭湖湿地区域资源特征和比较优势的自然资源资产负债表编制与实施

当前及未来一段时期,环洞庭湖湿地区域应积极探索编制符合区域特征和需求的自然资源资产负债表,并着力于以下创新。一是创新自然资源行政管理方式。着力解决自然资源所有权虚置、缺位问题。依据资产负债表权责发生制的作用机制,"环洞庭湖湿地区域自然资源管理委员会"定期披露区域及辖区各县市自然资源资产负债表。同时依托国土资源管理部门,成立环洞庭湖湿地区域资源管理部际联席会议,强化自然资源行政管理、信息沟通和数据收集上的协调统一。二是创新会计核算制度。依据区域自然资源特征和利用状况,瞄准各类自然资源开展相应的自然资源核算方法研究,积极研究并适时推出系统的洞庭湖湿地生态系统会计准则,发布相关会计政策指引。基于水生态系统是环洞庭湖湿地区域的核心资源要素,建议优先推出水资源会计准则体系。三是强化自然资源资产离任审计,强化"绿色政绩"硬约束。四是创新自然资源资产数据集成管理制度。完善环洞庭湖湿地区域自然资源台账系统。建立、健全自然资源资产负债表元数据收集和上报制度,完善自然资源数据定期发布制度,定期发布水、土壤、林地等资源遥感数据。五是创新自然资源资产统计制度。环洞庭湖湿地区域实施以生态资本为导向的自然资源资产负债管理,务必拓宽区域国民财富核算指标体系,② 如增加福利指标、碳汇指标、环境容量指标等,为此,需要环洞庭湖湿地区

---

① "双控"是指建设用地总量和强度;"三线"是指耕地保护红线、生态保护红线、城市开发边界。

② 操建华、孙若梅:《自然资源资产负债表的编制框架研究》,《生态经济》2015 年第 10 期,第 24～40 页。

域国土资源部门与统计部门合作，基于现行 GDP 核算体系，明确区域自然资源资产核算的项目分类和统计口径，逐步增加可度量的指标，并纳入现存统计体系，构建绿色国民财富核算指标体系。

（三）完善自然资源产权制度

环洞庭湖湿地区域应加快形成覆盖全面、节点清晰、功能完备、互不重叠的涵盖矿权、地权、水权、排污权和野生动植物权在内的自然资源所有权制度体系，在此基础上，形成制度健全、工具配套、制度成本低廉的产权管理体系，优化资源配置。

（四）完善自然资源调查监测机制

科学有效的自然资源调查监测机制是提高自然资源监管的关键。一是湖南省要加快建立健全常态化的自然生态空间监测体制机制。在环洞庭湖湿地区域层面，国土资源部门与发改、财政、科技、测绘和环保等部门密切沟通，协同推动全省自然生态空间监测业的组织实施和管理，并围绕水资源、森林、湿地等自然生态空间监测的急需，引导进行空间规划编制的区域开展自然生态空间监测试点。二是建立湖南省及重点区域自然资源存量变化的周期性调查评估机制。环洞庭湖湿地区域要完善自然资源调查和监测试验台账体系，针对不同县域、不同资源类别、不同经济社会条件下的自然资源资产展开全面深入的研究。三是构建全省统一的各类资源信息集成管理体系。业务应用层是面向各类自然资源的业务管理功能。四是完善监测机制。环洞庭湖湿地区域应建立基于社区组织的生态资产变化监测机制，建立基于社会组织制度的第三方独立监测机制，建立社区、科研机构和社会监测组织合作的机制，鼓励不同利益主体参与自然资源监测。

（五）完善自然资源要素市场体系建设

完善自然资源利益分配机制。加快推进利益分配机制改革，推动自然资源集聚区所在县、乡各级政府之间进行合理分配，重点是科学、有序推进以宅基地制度为主的农村土地制度改革试点。探索"社区化"管理模式和勘探开采听证制度。

第三节　新常态视域下环洞庭湖湿地区域农村生态环境保护

环洞庭湖湿地区域是传统农区，近年来，随着农村环境综合整治的深入，部分问题村的生态环境问题得到解决，但是仍有许多不足之处，影响城乡居民"水缸子"、"米袋子"和"菜篮子"的安全，是关系环洞庭湖湿地区域乃至更大范围区域的食品、饮水安全的社会性问题，因此，经济新常态下，仍须正确把握环洞庭湖湿地区域农村生态环境状况，明确农村生态环境保护的价值取向，有重点地强化农村生态环境保护，助力环洞庭湖湿地区域生态建设更好更快发展。

一　环洞庭湖湿地区域农村生态环境状况

近年来，环洞庭湖湿地区域农村经济社会总体呈现稳定、持续发展的态势，为区域全面建成小康社会做出重大贡献，但是要清醒地认识到，环洞庭湖湿地区域农村可持续发展依旧面临诸多亟待破解的矛盾和困难，尤其是环洞庭湖湿地区域农村生态环境问题日益突出。一是农村资源约束趋紧。以水资源为例，环洞庭湖湿地区域总用水量为 47.52 亿立方米，其中，农业用水为 28.69 亿立方米，占总用水量的 60.37%，[①] 但是环洞庭湖湿地区域人均水资源占有量偏低，相比全国人均水资源量和全球人均水资源量分别低 70.5% 和 90.1%。与此同时，随着近年来环洞庭湖湿地区域城镇化进程的快速推进，土地利用粗放，耕地面积迅速减少，人均耕地面积持续下降，研究数据表明，2018 年人均耕地面积将比 2010 年减少 7.73%。[②] 二是环洞庭湖湿地区域农村生态资源质量持续下降，农村生态资源不合理利用、浪费和污染形势严峻。第一，环洞庭湖湿地区域水资源质量不高，洞庭湖湿地 11 个监测断面的监测水质分别为 Ⅳ 类（3 个）和 Ⅴ 类（8 个），水质相比 2015

---

① 根据 2015 年湖南省统计局和湖南省水文水资源勘测局调研数据整理获得。

② 熊建新、陈端吕、彭保发等：《洞庭湖区生态承载力时空动态模拟》，《经济地理》2016 年第 4 期，第 164～172 页。

年呈下降趋势。[①] 当前，在洞庭湖区，仍有 205 万农村居民饮用水铁锰超标，其占全省饮用水不安全人口比重达到 14.64%。[②] 第二，耕地重金属污染严重。[③] 第三，农作物秸秆资源综合利用水平低，课题组对桃源县、农户抽样调查数据表明，焚烧是秸秆处理的主要方式。第四，农田灌溉水有效利用系数低，环洞庭湖湿地区域县市耕地实际灌溉亩均用水量为 472～516 立方米，相比全国平均水平超出 19.79%～30.96%。[④] 第五，化肥、农药施用量大而施用效率不高，环洞庭湖湿地区域农作物化肥施用量为每公顷 267.9 千克，[⑤] 为世界平均水平的 2.23 倍，化肥的不合理利用导致环洞庭湖湿地区域土壤酸性、养分失衡、土壤板结和耕性下降等诸多问题，当前，环洞庭湖湿地区域耕地土壤平均 pH 酸碱度相比 20 世纪 80 年代降低了 0.4 个单位，酸性障碍比例相比 20 世纪 80 年代增加了 27%。[⑥] 三是环洞庭湖湿地区域农村生态环境问题区域差异性凸显。环洞庭湖湿地区域各地由于地形、地貌和地理特征存在的差异以及经济发展程度不同，不同区域的农业面源污染不同，环洞庭湖湿地区域农村生态环境问题的差异性发展就使一些农村生态环境治理技术并不能适用于整个环洞庭湖湿地区域，间接提高了农村生态环境治理成本。上述分析表明，当前环洞庭湖湿地区域生态建设仍面临亟待解决的问题。

二　环洞庭湖湿地区域农村生态环境保护的价值取向

环洞庭湖湿地区域农村生态环境保护应立足价值引领，抓住中国改革深

---

① 湖南省环保厅：《湖南省 2015 年环境保护工作年度报告》，《湖南日报》2016 年 1 月 20 日。

② 刘勇：《2020 年九成行政村通自来水》，《湖南日报》2013 年 11 月 22 日。

③ 易凌霄、曾清如：《洞庭湖区土壤重金属污染现状及防治对策》，《土壤通报》2015 年第 6 期，第 1509～1513 页。

④ 根据 2015 年度湖南省水资源公报、2015 年度全国水资源公报数据进行整理。

⑤ 根据湖北省、湖南省统计年鉴数据进行整理，参见湖南省统计局《湖南统计年鉴 2016》，中国统计出版社，2016，第 267～284 页；湖北省统计局《湖北统计年鉴 2016》，中国统计出版社，2016，第 225～254 页。

⑥ 任雪菲、黄道友、罗尊长等：《洞庭湖区农田土壤肥力因子的演变及其原因分析》，《土壤通报》2014 年第 3 期，第 691～696 页。

化释放的政策红利，致力于推动"三向归一"，实现环洞庭湖湿地区域农村生态环境保护从量变到质变。一是以保护重点生态资源为取向，保障农村"生态蓄水源"安全。农村区域不仅为满足日益增长的消费需求提供物质产品，还承担着涵养水源、保持水土和维护生物多样性等诸多生态功能，农村丰富的生态资源是农村区域生态功能发挥的物质基础，环洞庭湖湿地区域地形、地貌不一，不同区域占主导地位的生态资源类型存在差异，要有效地保障农村"生态蓄水源"的安全，既要坚持环洞庭湖湿地区域范围内的面上保护，又要因地制宜，有针对性地保护区域特色重点生态资源。二是以建设重点生态项目为取向，推动农村人居环境改善。长期存在的城乡二元格局致使农村生态环境保护水平明显低于城市，环洞庭湖湿地区域要显著改善农村人居环境建设滞后的局面。三是以推进资源循环利用为取向，强化农村污染治理。增强农户对资源循环利用是有含金量的事情的认识，利用农村生活与农村生态环境相互依存的辩证关系，推动资源循环利用，减少农村生活排放，降低农村发展成本，进而切实解决农村发展与资源短缺、生态恶化的矛盾。

环洞庭湖湿地区域农村生态环境保护是个系统工程，具体实施路径要从产业两型、项目导向、科技推广、多元主体共同治理、金融资本和制度创新等领域进行全方位行动，本书已经就产业、金融资本、科技和制度创新展开阐述，本节重点分析项目建设和多元主体共同治理。

三 基于项目导向的环洞庭湖湿地区域农村生态环境保护

在资本、技术等资源要素向城市集聚的生态下，积极推动重点项目建设，诱导优势资源反向流向农村，成为推动农村生态环境保护提速的必然选择。环洞庭湖湿地区域应着力推动"两治""三村""四水"项目建设。

（一）全力推动"两治"，降低重点领域污染

一是推进洞庭湖区全面开展土壤重金属污染检测，开展环洞庭湖湿地区域粮食主产区土壤重金属污染治理试点工程。二是总结岳阳县试点经验，全面推动病死禽畜无害化处理机制。三是抓住农业部在环洞庭湖湿地区域津市

市、松滋市、岳阳县、赫山区推动禽畜水产养殖污染治理试点契机，推广使用污水净化工程、地埋式沼气池等大中型沼气工程以及厂养蚯蚓、"生猪－蚯蚓－水产"水养模式等生态养殖模式，实现75%以上的禽畜粪便综合利用率。

（二）全力建设"三村"，改善农村人居环境

一是建设"无垃圾村"。完善环洞庭湖湿地区域农村生活垃圾收运处理工程体系，分区域、分阶段、有步骤地加快推进、完善"村点""镇站""县场"垃圾分类、收运处理方案，并在环洞庭湖湿地区域选择区域物流中心所在县域，建设区域垃圾厌氧消化循环利用中心，分区域集中处理城乡生活垃圾。二是建设"无污染村"。深入推进农村环境连片整治，集中解决突出问题。三是建设"美丽乡村"。在环洞庭湖湿地区域分阶段、分批次建成一批彰显洞庭湖水文化特色的美丽宜居村镇、美丽宜居社区。

（三）全力优化"四水"，提升农村生态涵养能力

一是推进实施农村饮用水水源地保护工程，强化乡镇集中式饮用水水源地水质检测。二是加大建设村村通自来水工程建设力度，全面构建覆盖环洞庭湖湿地区域农村供水安全保障体系。三是加快建设乡镇生活污水处理设施以及配套污水输送管网工程。配套建设人工湿地工程，大量采用生态修复技术，实现生态修复的复合型治理。[①] 四是着力推动农村生态拦截系统建设，即分散处理模式与集中处理模式整合的农村生活污水处理系统（见图11－1）。

在农户居住区，以户为单位，发展家庭一体化污水处理系统，[②] 即在农户居住区与村庄公共区域之间，结合排水沟发展的"庭院－排水沟"整合型人工湿地处理系统，再进入农村社区的"人工湿地＋生态塘"系统。这是在村庄社区公共区域形成的生态处理系统。在此系统中，芦苇、黑藻、浮游动物、细菌和真菌等生物构成的循环系统吸收净化氮、磷等有机物，经净化的中水再流入湖区。经济发展过程中，环洞庭湖湿地区域广大农户改变原

---

① 《生态修复，挥向重金属物质的"绿色利剑"》，《湖南日报》2014年5月15日。

② 但维宇、曹献中：《洞庭湖周边乡村生活污水处理技术系统研究——以君山区为例》，《中南林业调查规划》2015年第4期，第49～53页。

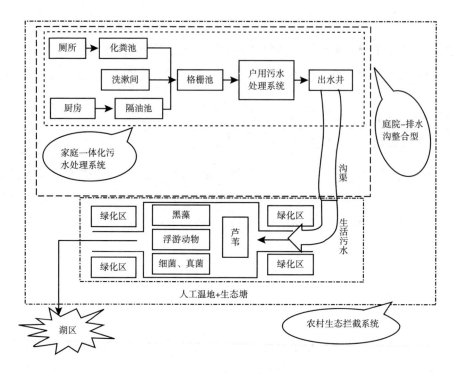

图 11 - 1 农村生态拦截系统

有生产生活方式，传统的农家生活污水再利用生产不再持续，农户生活废弃物也就成为环洞庭湖湿地区域面源污染的主要来源，鉴于环洞庭湖湿地区域居民居住地布置分散特点，试图依赖污水厂集中处理广大农村地区生活污水是难以持续的，分散式污水处理工艺因地制宜，因势而建，动力消耗少，就成为优选工艺，因此，应优先发展农村分散处理系统，控制源头，降低农户污染物排放。①

四 基于多元主体共同治理的环洞庭湖湿地区域农村生态环境保护

鉴于环洞庭湖湿地区域农村生态资源具有跨行政区域特性及农村生态环

---

① 农村分散处理系统是指在农村地区采用技术先进的小型污水处理设施就近处理和循环再利用生活污水，包括人工湿地、生态滤池、稳定塘、人工湿地＋生态塘、生态浮岛和厌氧生物处理工艺。

境保护具有公共品的特性，在政府行政管理权、企业发展权和农户生态权多重博弈的常态下，构建多层次、多主体、协调合作的共同治理体系，有利于形成支持环洞庭湖湿地区域农村生态环境保护的利益新格局。

第一，鉴于洞庭湖湿地水污染具有跨界特征，存在利益藩篱，这就要基于生态文明共建导向，建立区域板块内跨界共同治理体系，加强农村生态环境保护领域的跨县级行政区域的合作和共享，综合利用社会资源，协同应对农村生态环境破坏的挑战。为确保区域板块内县域合作和协商工作的规范有序，制定完整的合作和协商流程及相应的管理细则，理顺协商流程，制定相应保障和监督措施，协调不同县域在农村生态环境保护领域的合法活动。鉴于洞庭湖出水口位于岳阳市，应积极探索在岳阳市开展农村生态环境保护跨界共同治理试点，最终实现以点带面，于 2020 年在环洞庭湖湿地区域内真正建立含括板块内所有县域的跨界共同治理体系。

第二，农村生态环境保护优化需要集体行动。以农村生态拦截系统为例，该系统涉及植物生态系统处置、水质监控以及血吸虫防治等多项管理内容，一些管理内容技术性强、后期管理服务水平要求高，不是单独的农户可以承受的，需要群策群力。

环洞庭湖湿地区域各层级应坚持政府引导、多元主体、社区参与原则，加快构建社会参与农村生态环境保护"四主体"三维立体结构（见图 11－2），构建利益联合体。农户是农村生态环境保护的基本力量，其生态权应得到充分的保障，同时要发挥主动性，积极主张其权利。政府为所有利益群体参与环境保护提供政策支持，鼓励农户参与农村生态环境保护全过程，使农村生态环境保护"从群众中来，到群众中去"。非政府组织在监督农户经营行为、政府生态环境管理职能履行和企业社会责任履行情况方面发挥积极的作用。企业应积极履行社会责任，严格控制企业经营行为对农村生态环境的破坏。基于此，政府要创新各利益主体参与环洞庭湖湿地区域保护农村生态环境的体制、机制，畅通参与渠道。

以农村生态拦截系统为例，农户是重要的消费者，有改善家庭居住环境的需求和愿望，但技术是个瓶颈，在环洞庭湖湿地区域血吸虫肆虐、乡村贫困、资金短缺也是建设难题。政府就应设立财政补贴，引导企业为农户及其所在社区生态拦截系统建设提供技术，在扶贫资金或农村环境综合整治资金中设立生态拦截系统项目，给予农户支持。企业提供生态拦截系统技术及后期管理维护。非政府组织可监督生态拦截系统建设中政府支持资金的使用情况以及企业技术提供与后期管理维护情况。

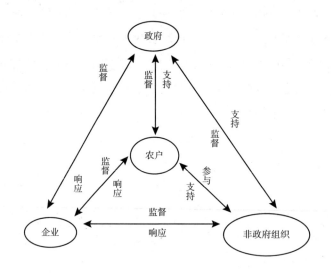

图 11-2　农村社区参与四主体三维立体结构

第三，创新生态环境管理机制。推进环洞庭湖湿地区域农村生态环境保护的大部制安排，打破农村生态环境保护的条块分割。[1]

第四，政府要强化涉及农村生态环境保护的公共产品和服务供给，县域层面要建立、完善农村生态环境监测评价体系。加快推进县（市）、乡（镇）两级无障碍农村生态环境监测网络建设，重点扶持农村生态环境问题突出、生态环境保护能力相对脆弱、欠发达的县域。加强生态环境监测执法能力建设，"上面千条线，下面一针穿"，鉴于乡镇在农村地区生态环境监测网中是重要的节点，在乡镇一级要尽快形成大气、水、土壤常规监测能力。

---

[1]　邝奕轩：《创新制度强化农村生态环境保护》，《中国国情国力》2015 年第 4 期，第 37~39 页。

第四节　环洞庭湖湿地区域生态修复

一　环洞庭湖湿地区域生态修复的基本认识

洞庭湖湿地生态系统的修复是长期性的，这就需要系统的、长期的生态修复规划。洞庭湖湿地生态系统是各类形式的水通过湖泊、河道、渠网、地下含水层及水利设施构成的湿地生态系统，具有流域性特征，这就要从整个环洞庭湖湿地区域层面来探索生态修复工程。洞庭湖湿地生态系统的演变是个历史过程，是多类资源共同变动的结果，机理复杂，故而环洞庭湖湿地生态修复工作应是多种生态修复方式的系统运用，应追求生态修复的最佳效应。近年来，学者对环洞庭湖湿地区域生态修复做了大量研究，从滩地多效人工林生态系统建设、退田还湖工程等方面提出了许多有建设性的策略。

二　环洞庭湖湿地区域生态修复工程的路径选择

国内外生态修复实践表明，生态修复多元化，但具有地域性和差异性。环洞庭湖湿地区域生态修复应在已有工作的基础上，聚焦主要矛盾和突出问题。本书在已有研究成果基础上，建议环洞庭湖湿地区域应从湿地公园建设和生态水利工程建设两个方向，加强环洞庭湖湿地区域生态修复。

（一）科学合理发展湿地公园

湿地公园对仍处于经济发展不成熟阶段、经济资源禀赋不足的环洞庭湖湿地区域而言，是推动环洞庭湖湿地区域生态有效修复的重要路径。以汨罗江国家湿地公园为例，该湿地形成以河滩、河流、水塘、沼泽景观为主体，融合洞庭湖水文化、传统稻作文化、屈原端午文化等多元文化的湿地景观系统，[①] 综合效益良好。当前，环洞庭湖湿地区域湿地公园建设具有以下三个

---

① 梁曾飞：《湖南汨罗江国家湿地公园湿地资源现状、胁迫因子及保护对策研究》，《绿色科技》2014 年第 2 期，第 30 ~ 33 页。

特征。① 一是湿地公园分布广泛，县级层面发展不平衡。② 已获批准的 21 个国家湿地公园（含试点）在环洞庭湖湿地区域湖南省境内常德市、益阳市、岳阳市和望城区以及湖北省荆州市都有分布，但在县域层级上分布失衡，益阳市南县有 2 个国家湿地公园，还有 13 个县没有试点国家湿地公园。二是国家湿地公园县域分布失衡。益阳市南县的南洲国家湿地公园面积最大，为 113.835 平方千米，而常德市桃源县的沅水国家湿地公园面积仅为 7.5119 平方千米。三是湿地类型分布不均匀。第二次湿地资源调查数据表明，沼泽湿地占湿地总面积的比例是最高的，为 40.7%，③ 河流湿地和湖泊湿地面积分别占 19.8% 和 16.1%，相比全国各类湿地面积占比，环洞庭湖湿地区域沼泽湿地类国家湿地公园总体上偏少。④

当前，环洞庭湖湿地区域湿地公园发展依然面临三个关键问题。一是湿地公园建设在国家重保护与地方政府重利用的博弈和矛盾中曲折前进。在国家层面，寄希望于湿地公园建设能修复洞庭湖湿地生态系统，放大其生态红利。但是，环洞庭湖湿地区域面临湖区渔民生计艰难、血吸虫病害等诸多生态、经济和社会问题交织的现实难题，因而地方政府更关注的是如何盘活湿地公园这块生态资源，进而获得更多的货币资源以破解脱贫攻坚瓶颈。二是环洞庭湖湿地区域湿地公园"重申报、轻建设"现象较为突出。国家湿地公园数量发展较快，国家湿地公园质量却提升较慢，核心问题就是湿地公园的系统性发展不够。三是配套发展机制不成熟，湿地公园建设仍以地方政府为主，缺少多渠道、多形式的发展支持，开发利用形式单一。当前少数几个国家湿地公园已经形成"保护、利用、提高"的可持续发展模式，但这类国家湿地公园在环洞庭湖湿地区域中毕竟是少数。本书分析的是国家湿地公园，考虑到国家湿地公园建设和认证相比省级及以下级别的湿地公园更为严

① 本书考察试点国家湿地公园，省级以下层次湿地公园未列入研究。
② 本书分析的国家湿地公园所在行政区域范围涉及岳阳市、常德市、益阳市，长沙市望城区和湖北省荆州市（简称"四市一区"），共 33 个县（市、区），规划面积 6.05 万平方千米。
③ 吴后建、但新球、舒勇等：《中国国家湿地公园：现状、挑战和对策》，《湿地科学》2015 年第 3 期，第 306～314 页。
④ 根据第二次全国湿地资源调查湖北省、湖南省湿地资源调查数据整理。

格，因为，本书分析的问题是有代表性和普适性的。

环洞庭湖湿地区域湿地公园建设应从研究规划、建设和管理三个层面入手，推进湿地公园建设，提升建设质量。

在研究规划层面，要有全局观念，基于环洞庭湖湿地区域生态建设整体需求，分层次、有重点地科学合理规划湿地公园；实施建设全过程统一标准；依据生态服务功能供给特征对湿地公园进行功能区划分，设置保育区、文化区、一类生产区、二类生产区和缓冲区，实施分区生态建设和保护（见表11-6）。

表 11-6　湿地公园功能区划

区域类别		生态建设目标细化	生态建设核心内容	保护举措和发展导向	备注
大类	亚类				
保育区		湿地公园核心区,保持湿地原生态	保持生态景观,保护生物多样性,强化湿地生态安全	行为限制程度最高,展开生态修复,进行生态补偿机制、生态绩效评价和生态建设目标责任制的实施与创新	被限制行为许可制
文化区		生态协调	维系生物多样性,人文景观和自然景观和谐共存与保护,发展生态旅游业	强化湿地自然景观和历史文化遗迹保存,湿地景观、文化观光、生态旅游产业发展,依据湿地生态环境容量科学安排游客	有步行道,行为许可制
生产区	一类	产业发展	适当发展农林渔业,设置不影响自然生态环境的休憩场所	基于生态循环目标导向,着力发展绿色农业、有机农业、循环农业,重视加强废弃资源循环利用	有机动车道,行为许可制
	二类	产业发展	不限制农林渔业活动,设置不影响自然生态环境的休憩场所	基于生态循环目标导向,着力发展绿色农业、有机农业、循环农业,重视加强废弃资源循环利用	有机动车道,行为许可制

续表

区域类别		生态建设 目标细化	生态建设核心内容	保护举措和发展导向	备注
大类	亚类				
缓冲区		生态控制	湿地区域内的居民区实施生态改造,湿地公园边界建设起缓冲、隔离作用的生态安全带	建设农村生态拦截系统,建设隔离带,强化湿地公园边界管理	被限制行为申报制

资料来源:邝奕轩:《新型城镇化建设中的我国城市湖泊湿地保护》,载王圣瑞主编《中国湖泊环境演变与保护管理》,科学出版社,2014,第 368 ~ 385 页;邝奕轩、王圣瑞、李贵宝:《我国新型城镇化建设中的城市湖泊湿地保护研究》,《环境保护》2014 年第 16 期,第 37 ~ 40 页。

在建设层面,正确处理保护和利用关系,引导环洞庭湖湿地区域各县域依据自有生态资源,建设形式多元化、内容异质化的湿地公园;引导、鼓励环洞庭湖湿地区域政府创新湿地公园发展配套机制,支持在环洞庭湖湿地区域湿地公园建设中引入 PPP 模式。

在管理层面,环洞庭湖湿地区域政府积极推动湿地公园内湿地产权界定,完善经营管理机制,健全湿地公园建设后期管理所需人力、物力、资金来源等后续支撑的保障体系,科学合理地盘活湿地资源,放大湿地生态红利。

（二）加快推进生态水利工程建设

一是加快制定洞庭湖湿地生态水利工程的评价方法和评价标准。生态水利工程实践有地域性和特定性特点,环洞庭湖湿地区域水利工程设计应基于国家强制性的建筑物设计标准,将生态服务目标纳入水利工程可行性研究考量,强化生态环境评价管理,[①] 规范水利工程的生态服务。对环洞庭湖湿地区域内生态水利工程生态、经济和社会的系统性效益展开分类监测和系统评价的试点和推广应用。

二是强化水利工程管理部门与生态环境保护部门的合作,建立联席会议机制,增进水利工程设计人员与生态环境管理者的交流,增强共识。洞庭湖

---

① 邝奕轩、杨芳:《论建设项目可行性研究中的生态环境质量评价》,《林业经济问题》2005年第 3 期,第 149 ~ 152 页。

湿地生态系统有多种资源属性，水利、林业、环境等部门都参与管理，由于行政部门分割管理的现实，部门之间策划的项目往往会存在生态保护目标的差异性，甚至起到完全相反的作用。以湿地公园建设为例，当前环洞庭湖湿地区域湿地公园数量急剧增长，林业部门增加湿地公园的数量，其初衷是保护湿地生态，但是由于洞庭湖湿地生态系统的特殊性和环洞庭湖湿地区域经济、社会和生态状况的复杂性，建设湿地公园就意味对水利部门一些水利工程项目的排他性，尤其是一些具有血防功能的水利项目因此而不能开展建设。

　　三是推动血防措施在生态水利工程中的应用探索。新中国成立后，环洞庭湖湿地区域陆续开展了高围垦种工程、湖汊封堵灭螺工程、环洞庭湖湿地区域两期治理工程，对于压缩钉螺分布面积具有一定效果。1950～1960年，环洞庭湖湿地区域水利工程结合灭螺1581626亩。1970～1978年，灭螺965369亩。1970～1992年，开展矮围建设共计1437077亩，减灭577710亩钉螺滋生面积。从20世纪90年代开始，环洞庭湖湿地区域采用引水灌溉进螺涵闸等多种方式有效地减少了钉螺滋生面积。[①] 2014年，从有螺村个数来看，环洞庭湖湿地区域有螺村和钉螺面积相比1995年分别减少了78.25%和64.27%。但是，鉴于人类活动对环洞庭湖湿地区域钉螺滋生的复杂影响，环洞庭湖湿地区域仍有相当数量的钉螺面积，而且这些血防工程措施对湿地生态系统仍有一定的负效应。高围垦种工程易形成洼地，便于血吸虫尾蚴集聚；湖汊封堵灭螺工程固然可以使湖汊内水位稳定在固定高程范围内，却不利于水体流动；环洞庭湖湿地区域两期治理工程中采用改乱石坡为混凝土坡护、改造进螺引水灌溉涵闸等方法，考虑到水利工程与灭螺、防螺的有机结合，但也存在瑕疵，改乱石坡为混凝土坡护，难以彻底消除易感染地带的威胁，而改造进螺涵闸则需要有深层水可取，但环洞庭湖湿地区域除长江出入口和四水入口外，深水条件并不容易满足，且后期管理、清淤工作一旦

---

① 方金城、易映群：《湖南血防60年：1950～2010》，湖南科学技术出版社，2015，第239～246页。

缺位，沉螺池就会失去沉螺功能。由此可见，在生态水利工程建设中，加快推广血防措施迫在眉睫。

四是生态水利工程应与现有水利工程设施有效协同。环洞庭湖湿地区域着力构建满足区域经济社会需求、兼顾湿地生态系统健康需求、生态友好的水利工程体系，特别是加快构建江河湖水系连通体系，在环洞庭湖湿地区域重点点源污染源建设标准化的芦苇湿地净化系统。洞庭湖湿地生态水利工程与现有水利工程设施在服务目标和功能供给方面是存在差异的，但是环洞庭湖湿地区域河湖连通工程、人工湿地净化系统等生态水利工程有借用原有水利工程设施的需求，也必然会对现有水利工程设施的灌溉、防洪排水等功能产生影响，甚至给现有水利工程设施的运行带来一些风险。因此，要强化科学论证，合理配置生态水利工程设施。尤其是当前及未来一段时期，河湖连通工程在生态修复工程中的作用十分显著。环洞庭湖湿地区域应与科研、技术单位积极合作，强化河湖连通的需求研究，应对多种措施协同作用展开系统分析，特别是着力解决河湖连通工程建设中涉及生态控螺、阻螺工程等诸多需要解决的技术问题，构建效益丰富、适应不同主导功能需求的河湖连通工程体系，放大河湖连通工程项目的生态效应。

五是着力推动生态水利工程设计。在符合水利工程安全的前提下，实现多样化、有生态和景观内涵的护岸设计。在堤防交会处和较为开阔的水利工程面等地方广种花卉等美化堤防。

第五节　环洞庭湖湿地区域生态补偿优化的路径选择

环洞庭湖湿地区域生态建设创造了生态财富，具有极强的生态效益外溢功能。环洞庭湖湿地区域及其周边地区，甚至更大空间尺度的区域都共享了环洞庭湖湿地区域生态建设的红利，但是对承担生态建设的环洞庭湖湿地区域而言，生态建设也意味着代价高昂的机会成本。生态建设应实现的是代内公平和代际公平的双重效应，环洞庭湖湿地区域生态建设应获得科学、合理的补偿。

一　福祉、生态补偿与环境库兹涅茨曲线

基于洞庭湖湿地生态系统破坏的历史分析，洞庭湖湿地生态系统难以依赖自身能力展开全面修复，务必实施湿地生态补偿。环洞庭湖湿地区域完善生态补偿机制有助于尽快建立经济增长与湿地生态之间的良性互动关系，既可以满足区域居民对美好湿地生态服务的需求，还可通过生态补偿抵消居民收入的降低，进而减少对洞庭湖湿地的利用机会及其诱致的生态胁迫，减轻对湿地生态的压力，最终改变环洞庭湖湿地区域经济增长与洞庭湖湿地生态系统恶化的正相关关系，有助于尽早进入洞庭湖湿地生态系统库兹涅茨曲线的下降阶段，由 A 点降低至 B 点（见图 11－3）。

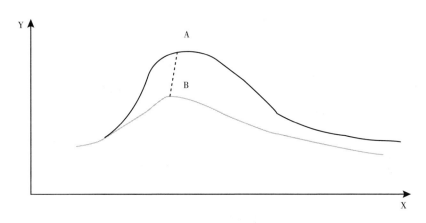

图 11－3　洞庭湖湿地环境库兹涅茨曲线的优化

二　环洞庭湖湿地区域生态补偿政策实践：成效与问题

中央与地方重视发展生态补偿政策，不断推进生态补偿的顶层设计和实践，生态补偿机制建设更具有操作性和针对性。基于中央政策引导，聚焦环洞庭湖湿地区域，国家发改委制定了《洞庭湖生态经济区规划》，提出探索构建建设项目占用水域与水利工程设施补偿机制。环洞庭湖湿地区域生态补偿实践对推动环洞庭湖湿地区域生态建设是有贡献的，但是仍然存在诸多问

题。一是立法相对滞后，现有湿地生态补偿政策未能从根本上突破多部门交叉管理湿地的矛盾困局。二是制度缺失。环洞庭湖湿地区域尚未建立起洞庭湖湿地占用恢复和补偿的科学衡量机制，缺少操作性强、规范的生态服务价值计量标准，没有统一、规范的衡量方法来精准定量湿地的生态效益贡献和功能破坏的生态损耗。尽管研究者对生态服务价值进行了测算。但是基于研究视角差异，选取的指标和计算方法不同，导致评价结果迥异，而且现有生态补偿是对经济损失给予弥补，但没有精准地反映洞庭湖湿地生态系统的生态效益，补偿交易额度充满了不确定性。三是生态补偿标准过低，明显滞后于实际生计和发展需求。生态补偿资金与需求资金的巨额缺口影响生态建设效率。以公益林生态补偿标准为例，环洞庭湖湿地区域内平江县的补偿标准仅为每亩 16 元，远远低于林农期望的每亩 200 元的公益林经济效益补偿标准。[①] 同样，1998 年特大洪水后实施的洞庭湖退田还湖工程补偿标准较低且缺乏连续性的补偿政策，难以有效解决农户生计问题，导致退耕湿地复垦。四是湿地补偿范围和规模相对偏小。随着对生态补偿内涵理解的不断拓展，相关支出范围也在扩大，生态补偿支出的存量部分缺口巨大需要弥补，生态补偿支出的增量部分增长迅速。当前区域财政支出增幅有限，较难保证区域自然资源资产保值增值。五是湿地生态补偿资金来源单一，社会参与不足，货币供给有限。从地区上来看，存在生态补偿区希望其贡献得到认可和经济补偿与生态受益区缺乏补偿意愿和动力的冲突，洞庭湖湿地生态建设的生态效益收益方会以湿地保护区为中心随着距离的递增而递减，但湿地保护区的机会成本却由湿地保护区来承担，湿地保护区周边区域投入很少。这就造成了一方无偿享受生态效益和另一方负担全部的外部生态效应成本的矛盾。此外，环洞庭湖湿地区域仅是洞庭湖流域这个大尺度流域生态系统的子系统，需要在跨区补偿模式、范围、标准和协商机制等关键领域实现突破。六是湿地生态补偿方式单一，制度活力释放不足。退耕还湿农户、退渔还湖渔户的

---

① 金珂丞、王忠诚：《湖南省林业补贴政策实施中存在的问题及对策——基于资兴市和平江县的调查》，《中南林业科技大学学报》（社会科学版）2016 年第 5 期，第 39～44 页。

生存技能培训等补偿支持严重缺失，市场机制不完善制约补偿效能。环洞庭湖湿地区域在退耕还湖等方面开展了农业生态补偿试点，但对农业生产过程中降低农药、化肥使用、采用环境友好型产业技术措施的补偿政策和法律不完整，难以调动农户从事两型农业生产、保护农业生态的积极性。七是生态补偿总体上遵循"行政强制方式"的路径依赖，这一点和全国其他湖泊湿地的路径依赖趋同，相关利益主体谈判支付信息租金高，交易成本高。①

三 环洞庭湖湿地区域生态补偿需求与生态补偿改革优化

本书采用机会成本法、保护成本法对环洞庭湖湿地区域水环境保护治理投入成本（生活垃圾填埋场、城市污水处理厂）、生态环境保护建设成本和运行管理费用（水土保持、林业建设、生态保护区保护）测算区域生态补偿需求。

（一）生活垃圾填埋场建设成本与运行管理费用

生活垃圾人均日产量依据《第一次全国污染源城镇污染源产排污普查系数手册》的规定，采用每人每天 0.71 千克的当量。② 生活垃圾填埋场建设资金为每吨垃圾 0.036 万元，管理成本包括处理运行成本和清运费用，合计为每吨 53.93 元。经计算，环洞庭湖湿地区域生活垃圾填埋场建设和管理成本为 12.32 亿元。

（二）城市污水处理厂建设投资和运行管理费用

生活污水人均日产量依据《第一次全国污染源城镇污染源产排污普查系数手册》的相关规定，采用每人每天 180 升的当量。城市污水处理厂建设投资为每万吨污水 8.22 万元，管理成本为每吨污水 1.5 元。③ 经计算环洞庭湖湿地区域城市污水处理场建设管理成本为 73.49 亿元。

---

① 谭秋成：《资源的价值及生态补偿标准和方式：资兴东江湖案例》，《中国人口资源与环境》2014 年第 12 期，第 6～13 页。
② 第一次全国污染源普查资料编纂委员会：《污染源普查产排污系数手册》，中国环境科学出版社，2011，第 12～32 页。
③ 第一次全国污染源普查资料编纂委员会：《污染源普查产排污系数手册》，中国环境科学出版社，2011，第 13～39 页。

（三）水土保持成本

该项目包含试图保持设施维护成本、小流域综合治理等。依据长沙市2008～2015年水土流失治理投入，估算基本建设费用为每平方千米35.2万元。据此估算环洞庭湖湿地区域水土流域治理项目建设投资，水土保持项目维护费用按照水土流失治理项目建设费用的15%估算。经计算，环洞庭湖湿地区域水土保持成本为1.1379亿元。①

（四）退耕还林成本

依据国家发改委推动新一轮退耕还林颁布的《关于印发新一轮退耕还林还草总体方案的通知》（发改西部〔2014〕1772号）与《关于扩大新一轮退耕还林还草规模的通知》（财农〔2015〕258号）文件，中央安排的每亩1500元的退耕还林补助资金按照第一年800元、第三年300元与第五年400元的方式发放。其中，种苗造林费为300元。经过科学计算，环洞庭湖湿地区域退耕还林生态补偿投入为8.41亿元。

（五）公益林保护成本

本书核算公益林保护成本选用管护单价时，采用调研资料，其中，望城区2015年度公益林补偿金为每亩每年29.5元；益阳市公益林经济补偿标准为，国有单位管护公益林补偿金每亩单价为6.75元，国家级到集体和个人的公益林补偿金单价为每亩14.5元，省级到集体和个人的公益林补偿金为每亩12.5元，管护费支付仅限于集体和个人面积管护费，标准为每亩2.25元，其中，用于监测、防治、防火等管护费为每亩0.75元，用于统一补偿的管护费为每亩1.5元。价格资料缺失的依据封山育林每亩14元和森林管护每亩10元的单价确定公益林保护单价。经计算，公益林保护成本为3.392亿元。

（六）生态保护区保护成本

本书分析的生态保护区类型是指自然保护区、湿地公园等。自然保护区

---

① 本章水土流失面积、造林面积、退耕还林面积数据来源于环洞庭湖湿地区域水利、环保、林业部门调研资料，部分数据根据2015年环洞庭湖湿地区域各市、区统计公报和相关文献数据整理，缺失数据采用文献数据替代。参见陈业强、石广明、向仁军《洞庭湖生态经济区生态补偿需求研究》，《环境与可持续发展》2016年第5期，第162～166页；贺勇华《荆州计划未来三年造林124万余亩》，《荆州日报》2015年1月27日。

中，国家级别的保护成本单价为 8000 万元；湿地公园中，国家级别的保护成本单价为 11229 万元。经过科学计算，保护成本总价为 27.26 亿元。

（七）综合成本测算

经统计，2015 年，环洞庭湖湿地区域生态补偿需求为 125.91 亿元，而当前环洞庭湖湿地区域市、区获得的生态补偿相对要低，以益阳市为例，该市生态补偿需求为 62.895 亿元，而该市作为重要生态功能区，争取到的国家生态补偿资金只有 10315 万元，生态补偿供需缺口不小。此外，环洞庭湖湿地区域市、区生态补偿需求存在差异，这说明环洞庭湖湿地区域生态补偿资金分配应充分体现区域差异性。毫无疑问，面对生态补偿实践中存在诸多问题、巨额的生态补偿需求及其区域差异，加快推进环洞庭湖湿地区域生态补偿改革优化迫在眉睫。

四　环洞庭湖湿地区域生态补偿改革优化的政策建议

环洞庭湖湿地区域应积极推动区域生态补偿优化改革，充分实现博弈，实现生态补偿动态平衡，为此，应形成系统的发展框架（见图 11 - 4），并从以下六个层面展开。

第一，研究环洞庭湖湿地区域生态资源分类，区域生态资源遥感监测技术，各类生态资源的实物量及其经济价值量化技术。

第二，完善洞庭湖湿地生态系统生态效益核算技术方法。我们要认识到，随着社会经济条件的变化，部分湿地资源要素作为经济要素，其价格会发生变动，进而导致资源利用方式发生变化。例如，液化气成本降低，环洞庭湖湿地区域会有更多的乡村使用液化气替代薪材，环洞庭湖湿地区域林地面积会持续扩大，环洞庭湖湿地区域的退耕还林的生态补偿工作推行在日后会更加有力。因此，环洞庭湖湿地区域还要深入探索如何更好地寻找最优的生态补偿边界。[1]

---

[1] 谭秋成：《资源的价值及生态补偿标准和方式：资兴东江湖案例》，《中国人口·资源与环境》2014 年第 12 期，第 6~13 页。

第三，创新生态建设项目效益评估方法，建构生态建设效益评估框架，创新生态建设项目效益评价技术，优化生态建设项目效益评价模型，积极开展环洞庭湖湿地区域生态补偿政策绩效评价分析。

第四，构建不同时空尺度下的生态补偿框架，建构生态补偿模式，设计生态系统服务评价导向的补偿范围、对象、标准和路径。这个环节是环洞庭湖湿地区域生态补偿优化的重要内容，应把握以下关键节点。①成立专门的协调机构。建立以环洞庭湖湿地区域生态建设协调机构为核心的中间扩散模式，区域生态建设协调机构的引入给环洞庭湖湿地区域内各级政府之间的博弈引入了合作导向的约束机制，在了解区域内生态功能区、生态敏感带具体情况，制定有效的应对联动机制上有优势，可以有效地提供跨区域的基本公共服务。为此，环洞庭湖湿地区域各市县政府成立专门的协调机构，建立有效的行政体制，负责协调财政、规划、国土、水利等部门工作，完善不同层级行政区域之间的协同联动机制，积极推动洞庭湖上游与下游、左岸与右岸之间的合作，共享生态补偿红利。②推动环洞庭湖湿地区域生态补偿内容应多样化发展。鉴于环洞庭湖湿地区域农业承担着生产粮食、维护自然的生存基础以及自然资源可持续利用等多项功能，环洞庭湖湿地区域应实施内涵更丰富的农业生态补偿政策。现阶段首先开展试点示范，以点带面推动环洞庭湖湿地区域生态建设。实施农业生态补偿示范区制度，选择环洞庭湖湿地区域生态敏感带建立农业生态补偿示范区，规范农户的生产生活行为，并给予一定的生态补偿。环洞庭湖湿地区域为保护洞庭湖湿地生态系统，投入大量人力、物力和财力，不仅提升了经济增长成本，也丧失了其他发展机会，是洞庭湖湿地生态系统保护的贡献者，[①] 也应成为环洞庭湖湿地区域生态补偿的客体，环洞庭湖湿地区域应作为整体，积极参与流域的跨界补偿试点。③推动环洞庭湖湿地区域生态补偿方式多元化发展。争取上级政府在法律框架内对湿地生态保护贡献者给予政策上的优惠支持，比如制定税收减免政

---

① 吕志贤、石广明、彭小丽：《基于污染物来源的洞庭湖水环境生态补偿主客体研究》，《中国环境管理》2016年第6期，第25~31页。

策。对于响应政府号召从事生态保护以至基本生活供给都受到威胁的居民，政府也可采取基本生存物质供应方式进行补偿，满足居民生存需求，避免资金补偿诱发的补偿资金的滥用。1998 年特大洪水后，环洞庭湖湿地区域政府对生态补偿区给予的大米补助取得了良好的社会效果。环洞庭湖湿地区域在退田还湖、湿地资源开发过程中，在妥善安排农户移民安置的同时，适当引进对生态补偿区有产业替代和农村劳动力吸收效应的项目。鉴于环洞庭湖湿地区域市县（区）经济发展水平的差异性，应因地制宜，实现各类补偿方式的组合应用。生态补偿可借鉴法三江源地区生态补偿创新做法，即跨行政区域（县或乡）城镇化异地安置，湖垸生产条件较差的农户或生产、生活条件差、面临禁渔困境的上岸渔民采取异地修建功能齐全的社区进行安置，并完善后续产业配置。[1] ④建立和完善市场化机制。生态补偿市场化是一个发展过程，但必须设计严密的市场规则，抑制生态系统服务市场的自利性，确保生态补偿市场化附带的市场危害性尽可能地降低。为此，一是要建立市场主体准入机制，规范从事生态补偿的市场主体资格和程序。二是发展政府购买的合同市场（垃圾污水第三方治理）、纯市场（节水服务、资源回收利用等）和人造市场（碳排放权交易、排污权等）有机结合的生态环保市场。三是要设置市场主体问责制，责任追究不限于政府等公共主体。四是强化环洞庭湖湿地生态补偿协调机构的监管职能。五是支持、鼓励 PPP 模式试点和推广。

第五，构建系统的法规制度体系，强化法律保障。[2] 引入绿色导向的GDP 考核模式，将区域内重点生态湿地、水源地、生态林等生态敏感区的生态环境质量改善情况纳入评价分析。环洞庭湖湿地区域生态补偿支付机制应着力实现规范化、标准化和动态化，这就要制定相关法律条例，确立湿地面积"零净损失"的生态建设目标。务必明确产权机制，推动农户和政府

---

① 祁进玉：《三江源地区生态移民的社会适应与社区文化重建研究》，《中央民族大学学报》（哲学社会科学版）2015 年第 3 期，第 47～53 页。

② 刘双：《洞庭湖生态系统综合保护法律对策研究》，《文史博览》2014 年第 9 期，第 40～44页。

之间构建成熟的博弈机制，确保社区集体和社区居民真正获益，实现生态补偿工作的顺利推进。完善法律政策机制，着力形成环洞庭湖湿地区域各类利益主体共同参与的协商机制。

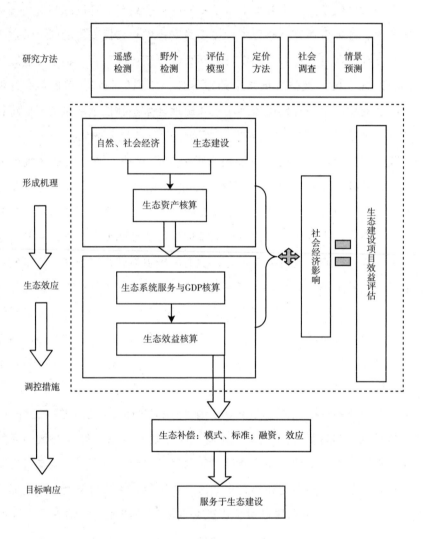

图 11-4　环洞庭湖湿地区域生态补偿发展框架

第十二章　中国湖泊湿地利用转型展望

洞庭湖湿地利用转型分析为中国湖泊湿地利用转型研究提供了具有一定科学性的思考范式，在更大尺度范围内探讨湖泊湿地利用转型也是有价值的。

第一节　中国湖泊湿地利用转型展望——基于文献计量视角

梳理湖泊湿地研究文献，可展示未来湖泊湿地利用转型研究的方向，也可为今后开展湖泊湿地利用转型研究提供启示和借鉴。本书聚焦1992～2016年中国科学引文索引、相关期刊发表的、涉及湖泊湿地的研究论文，综合采用文献计量法等多种方法，进行较为全面、细致的文献分析，探索湖泊湿地利用转型研究特征和发展态势。

一　文献来源

本书研究文献来源于中国期刊全文数据库收录的 CSCI 期刊及相关核心期刊，[①] 研究过程中采用多次、多级检索。首先，以主题"湖泊湿地"在"核心期刊"中精确检索。其次，对《中国科学 E 辑》《中国工程科学》《资源科学》《干旱区资源与环境》《长江流域资源与环境》《湖泊科学》《冰川冻土》《湿地科学》《生态学报》等有影响的国内 CSCI 来源期刊，[②]

---

① CSCI 期刊和核心期刊目录由于在不同年度进行评审是有变动的，本书对 CSCI 期刊和核心期刊的选择具有包容性。

② 实际挑选文献时，借鉴了相关研究成果，参见王宜强、赵媛《资源流动研究现状及其主要研究领域》，《资源科学》2013 年第 1 期，第 89～101 页。

以刊名进行精确检索。再次，选择发表在《湿地科学与管理》《环境保护》《生态经济》《中国水利》《人民长江》《国土与自然资源研究》的文献，输入主题"湖泊湿地"，在结果中精确检索，剔除与湖泊湿地相关度小的研究文献，① 文献检索时间区间被设置在 1992 年至 2016 年 5 月，最终选定 110 种期刊上发表的 246 篇论文作为本书研究对象。最后，依据关键词，使用 Excel 表对检索所得文献进行检索排序。

二 研究方法

本书主体采用文献计量方法，同时借鉴内容分析方法，并综合运用研究热点确定方法补充本书研究内容。文献计量方法采用数学与统计方法，对文献量变规律、学科发展趋势等进行定量分析，探索学科文献的各种特征及其变化规律。由于湖泊湿地科学研究是个历史过程，学术界对不同时间段内存在特定领域的关注程度或特定问题的认知存在差异，依据相关文献，② 采用热点确定方法，③ 整理出研究热点并对其文献特征进行比较分析。

三 结果分析

（一）研究主题分类

依据吕宪国的研究成果对湖泊湿地研究主题或方向的划分，④ 将样本文献划分为 12 个研究主题进行统计分析，即 A 为湖泊湿地概念和分类；B 为湖泊湿地成因；C 为湖泊湿地水文过程和功能；D 为湖泊湿地生物地球化学循环（金属元素转移、营养元素持留、温室气体排放、土壤碳成分变

---

① 诸如书评、述评、简讯、会议通知等文献与本研究主题相关度不大，因此，将这些文献剔除。

② 吕宪国、刘晓辉：《中国湿地研究进展——献给中国科学院东北地理与农业生态研究所建所 50 周年》，《地理科学》2008 年第 3 期，第 301~308 页。

③ 张镱锂、聂勇、吕晓芳：《中国土地利用文献分析及研究进展》，《地理科学进展》2008 年第 6 期，第 1~11 页。

④ 吕宪国、刘晓辉：《中国湿地研究进展——献给中国科学院东北地理与农业生态研究所建所 50 周年》，《地理科学》2008 年第 3 期，第 301~308 页。

化）；E 为湖泊湿地植物群落演替；F 为湖泊湿地服务功能价值评价；G 为自然与人类活动耦合作用下湖泊湿地生态演变及环境效应；H 为湖泊湿地生态恢复机制和策略；H1 为生态补偿设计；J 为湖泊湿地可持续利用和管理；K 为综述、综论。样本文献的研究表明，湖泊湿地利用转型研究呈现多元化、集成化、多主体重叠、多学科交叉的发展态势。排名前五位的研究主题分别是自然与人类活动耦合作用下湖泊湿地生态演变及环境效应研究的文献数量（54 篇），湖泊湿地可持续利用和管理研究的文献数量（39 篇），湖泊湿地生态恢复机制和策略研究文献数量（36 篇），湖泊湿地植物群落演替研究文献数量（31 篇），湖泊湿地服务功能价值评价研究文献数量（26 篇）。

（二）研究热点变化分析

统计数据分析表明，学界重点聚焦生态功能评价、湖泊湿地生态恢复、湖泊湿地可持续利用和管理，但是长时间序列的研究热点的变化态势表明，在不同时间段有不同侧重点。[①] 1992 年，中国加入《关于特别是作为水禽栖息地的国际重要湿地公约》（以下简称《湿地公约》）后，研究者开始关注自然与人类活动耦合作用下湖泊湿地生态演变及环境效应、湖泊湿地可持续利用和管理。2001~2005 年，随着全球湿地资源加速退化以及社会对湿地保护的呼声日益强烈，研究者不再单纯地探索自然和人类活动对湖泊湿地的干扰及人类对湖泊湿地的可持续利用，开始探索湖泊湿地退化的微观过程和机理，生态修复作为湖泊湿地可持续利用的重要一环进入研究视野。2006~2010 年，随着湖泊湿地在区域生态系统中的战略地位日益凸显，研究者尝试精准计量湖泊湿地对人类的贡献，生态补偿机制的设计和创新成为湖泊湿地生态修复和可持续利用的重要策略。2010 年之后，在中共十七大提出建设生态文明的战略要求后，学界对湖泊湿地的研究领域不断拓展，人与自然和谐共处的主线日益鲜明，湖泊湿地水文过程和功能和湖泊湿地动、植物群落演替成为焦点。

---

① 研究热点变化分析中的字母的内涵分别对应于研究主题分类中字母的表述。

四 结论与讨论

中国加入《湿地公约》以来，湖泊湿地利用转型研究涉及不同区域湖泊湿地。[①] 湖泊湿地周边区域的高校、科研机构聚焦湖泊湿地利用转型及其对民众福祉的贡献，研究范围不断拓展，研究文献量波动性增长，研究主题多元化，研究方法多学科交叉，研究热点始终聚焦人与自然和谐共处的主线，这与国家认识到湖泊湿地是重要的生态资本、湖泊湿地利用转型导向的政策不断加力紧密相关。[②]

当前及未来一段时期，中国湖泊湿地利用转型仍需要在以下方面实现突破。一是湖泊湿地利用转型机理研究。开展不同空间尺度的湖泊湿地利用转型的内在机理分析，进行一定空间尺度内的不同湖泊湿地利用转型的比较研究，对湖泊湿地形态特征、湖泊湿地水质变动、湖泊湿地开发利用、湖泊湿地生态响应、管理组织和制度演进等内容展开比较研究。二是湖泊湿地资源的可持续利用研究。湖泊湿地资源利用向生态、绿色转型的关键就是找到比较最优的发展模式，这就需要从经济学视角探索不超越湖泊湿地生态阈值的湖泊湿地资源利用结构诱导变迁的优选路径和机制创新。三是湖泊湿地利用转型过程中的湖泊湿地生态健康维护。传统增长模式对湖泊湿地生态系统造成的生态负效应正在逐渐释放，[③] 人类社会迫切需要掌握科学的、有效率的保育、修复湖泊湿地生态系统的方法和技术，迫切需要探寻生态与经济良性耦合机制。

第二节　中国湖泊湿地利用转型展望——基于比较研究视角

经济发展过程中不同湖泊湿地利用转型应存在差异，湖泊湿地资源变动

---

① 湖泊湿地利用转型研究涉及东部平原地区湖泊湿地、东北平原地区湖泊湿地、蒙新高原地区湖泊湿地、云贵高原地区湖泊湿地和青藏高原地区湖泊湿地。

② 邝奕轩：《湖泊湿地保护的经济学分析》，《中国农学通报》2014 年第 14 期，第 231 ~ 234 页。

③ 邝奕轩、王圣瑞、李贵宝：《我国新型城镇化建设中的城市湖泊湿地保护研究》，《环境保护》2014 年第 16 期，第 37 ~ 40 页。

也存在异质性。本书通过拟合湖泊湿地水环境库兹涅茨曲线对经济发展过程中的湖泊湿地水质变动进行实证分析。

一　数据说明

（一）典型湖泊湿地的选择

《中国湖泊志》是基于以往湖泊湿地科研成果撰写的综合性、系统性著作，本书参照《中国湖泊志》选择湖泊湿地样本。依据湖泊湿地样本对区域经济社会影响程度、代表性原则（不同经济发展程度的区域、不同类型、不同程度污染）和水污染数据齐备原则选取湖泊湿地样本，筛选包括太湖、洞庭湖、滇池、博斯腾湖等湖泊湿地在内的 60 个样本湖泊湿地，东、中、西部地区分别有 27 个、16 个和 17 个湖泊湿地，样本湖泊湿地水域面积占全国面积的 25%。[①]

（二）指标的选取

《中国环境状况公报》、中国环境统计年鉴用富营养化程度来衡量湖泊湿地水污染程度，基于评价指标的可得性，本书选择综合营养状态指数为湖泊湿地水环境的表征指标。

湖泊湿地水环境受整个湖泊水系的影响，但与湖泊湿地接壤的周边县域对湖泊湿地水环境的影响更加明显，因此，本书借鉴相关研究成果，使用"湖区人均地区生产总值"以及"第一、第二产业在地区生产总值的比重"分别衡量经济发展程度和产业结构。

（三）数据来源

湖泊湿地水环境指标数据来源于中华人民共和国水利部调研资料、《中国环境统计年鉴》（2010 年和 2015 年）、《中国环境统计公报》（2010 年和 2015 年）、各省份《环境状况公报》（2010 年和 2015 年）数据，个别缺失数据采用文献数据。环湖县、市、区经济数据和年平均降雨量数据源于《中国区域经济统计年鉴》（2010 年和 2015 年），《中国县域经济统计年鉴》

---

① 这里统计分析的全国天然湖泊湿地是指水域面积大于 1 平方千米的湖泊湿地。

（县市卷）（2010 年和 2015 年），各省统计年鉴（2010 年和 2015 年），各县、市、区《统计年鉴》（2010 年和 2015 年）和各县、市、区《国民经济和社会发展统计公报》（2010 年和 2015 年）。2010 年部分县（市、区）人口缺失数据采用全国第六次人口普查数据替代。

（四）数据描述

研究数据表明，"十二五"期间，湖泊湿地水环境状况变化程度不一，洞庭湖、太湖、异龙湖等湖泊湿地水环境质量得到改善。进一步建立 2010 年、2015 年关于典型湖泊湿地综合营养状态指数与湖区人均地区生产总值的关联。研究数据表明，环湖泊湿地周边区域人均地区生产总值处于低水平的地区内的湖泊湿地综合营养指数相对较低，环湖泊湿地周边区域人均地区生产总值处于中等水平的地区内的湖泊湿地综合营养指数相对较高，当环湖泊湿地周边区域人均地区生产总值超过某一临界值时，湖泊湿地水环境质量趋向良性；不同时间段的湖泊湿地综合营养指数表明，随着经济发展水平的提高，更多的湖泊湿地综合营养指数趋于降低，湖泊湿地水环境得到改善。

二 计量模型

依据样本数据，本书借鉴相关研究成果，采用三次多项式模型拟合湖泊湿地水环境库兹涅茨曲线见公式 12.1。

$$E_i = \beta_0 + \beta_1 y_i + \beta_2 y_i^2 + \beta_3 y_i^3 + \alpha Z_i + \varepsilon_i \tag{12.1}$$

公式 12.1 中，E 指代湖泊湿地的综合营养状态指数 TL_i；y 指代环湖泊湿地周边区域人均地区生产总值；Z_i 指代影响湖泊湿地水环境质量的其他变量组成的向量，即环湖泊湿地周边区域第一产业产值占比、第二产业产值占比；ε_i 为扰动项。

三 实证结果与分析

（一）湖泊湿地水环境库兹涅茨曲线拟合

基于 Eviews 6.0 软件对计量模型进行回归分析，经过多次拟合以及对计量模型中变量的试探性删减，得到模型 12.2，模型估计结果验证了人均地区生产总值与湖泊湿地的综合营养状态呈先减后增再减的倒"N"形关系，证明综合营养指数与人均地区生产总值存在 EKC 曲线关系，最后得到最能反映综合营养指数与人均地区生产总值之间的关系：

$$TL_i = -0.0005676gdp_i + (6.68E-9)gdp_i^2 - (2.85E-14)gdp_i^3 \qquad (12.2)$$

模型 12.2 表明，我国典型湖泊湿地综合营养指数存在拐点，呈现倒"N"形发展态势，符合环境库兹涅茨曲线假说，综合营养指数拐点出现在环湖周边区域人均地区生产总值为 78128 元附近，当环湖周边区域人均地区生产总值小于 78128 元时，湖泊湿地综合营养指数随环湖周边区域经济发展而增加，当环湖周边区域经济发展水平超过这个阶段时，湖泊湿地综合营养指数将逐渐降低，湖泊湿地富营养化程度趋于降低。这里需要说明的是，研究采用经济发展水平来解释湖泊湿地富营养化变动态势，事实上，还有降雨量等许多尚未纳入模型的自然或人文因子会不同程度地影响湖泊湿地富营养化发展态势。

（二）湖泊湿地富营养化程度分类

依据相关研究成果，本书按照经济发展水平是否跨越拐点以及富营养化程度是否优于 EKC 所代表的平均水平，将样本湖泊湿地分为不同类型做比较分析。数据分析表明，第一，总体来看，当前区域经济发展水平已经跨越综合营养指数库兹涅茨曲线（EKC）拐点的湖泊湿地数量总体是偏少的，如果现阶段湖泊湿地可持续利用政策依然保持相对稳定，未来一段时期我国湖泊湿地水环境水平随着经济的增长可能会趋于恶化。第二，尽管部分湖泊湿地综合营养指数库兹涅茨曲线出现拐点，当仍有相当数量的湖泊湿地综合营养指数低于平均水平，这就存在一种可能性，即尽管环湖经济迅速增长，但是湖泊湿地综合营养指数还没有依照 EKC 预想降低至理想水平，由此可见，"随着经济发展，湖泊湿地水环境会逐渐得到改善"的幻想不可能存在。在经济起飞阶段时要将湖泊湿地生态质量的维护和改善嵌入环湖泊湿地区域经济系统，优化经济结构，提高产业技术水平，使降低发展成本跨越库兹涅茨曲线（EKC）成为可能，切不可因为迫切需要资本禀赋而漠视甚至无视湖泊湿地生态资本对人类福祉的贡献。

四 结论与讨论

客观地说，本研究存在不足，因为选取的湖泊湿地样本数量有限，但是本研究利用典型湖泊湿地综合营养指数的界面数据对湖泊湿地富营养程度与经济增长之间的关系进行实证检验的尝试仍然是有价值的。实证分析结果表明，我国湖泊湿地综合营养指数的 EKC 曲线是存在的，呈现非典型的倒"N"形。研究也发现，当前越过综合营养指数拐点的湖区并不是很多，有必要对现阶段的湖泊湿地可持续利用的政策进行检讨，对不同区域湖泊湿地环境政策进行比较进而进行优化。湖泊湿地富营养程度与经济增长之间的关系的实证检验也表明，中国湖泊湿地类型多样，不同区域的湖泊湿地利用强度存在差异，开展大空间尺度的比较研究是有必要的。

第十三章　结语

第一节　研究结论

发展经济学关于结构变化的研究俨然形成一个不错的框架，但只有框架，血肉还不够，要做的工作还不少。本书以湖泊湿地为研究对象，尝试探索湖泊湿地利用转型，以期为发展经济学关于结构研究的框架增添一点血肉，进而助力这个框架"血肉丰满"。本书梳理典型湖泊湿地利用历史，从水面、水质和生物多样性三个维度拟合洞庭湖湿地资源或环境库兹涅茨曲线，并定量分析驱动因子，进一步对全国层面的湖泊湿地利用转型研究进行拓展。主要研究成果可以概括为以下五点。

第一，历史时期，洞庭湖湿地利用存在食品利用、水资源利用、围垦利用、环境功能利用和生态利用等多种利用形态；不同利用形态在利用方式、利用目标、利用生态资源类型、利用特征、影响方式和资源变动特征等方面存在差异。洞庭湖湿地资源动态平衡有其科学内涵和外延，建立在区域平衡基础之上，应充分考虑湿地资源时空配置的全局性，基于不同经济发展阶段必然体现出不同的平衡要求；洞庭湖湿地资源的动态平衡符合可持续发展观，但不是一蹴而就的，应用历史的眼光来认识洞庭湖湿地资源动态平衡，它受限于特定历史环境和条件；洞庭湖湿地资源的价值体现在质上，仅有量的平衡不是洞庭湖湿地资源动态平衡的本义，洞庭湖湿地资源动态平衡也是质的平衡。特定经济发展阶段，洞庭湖湿地资源存在起主导作用的利用形态，不同历史时期起主导作用的利用形态诱致洞庭湖湿地资源利用结构变迁，经济发展过程中洞庭湖湿地利用结构存在演替。

第二，基于环境库兹涅茨曲线的模型建构分析表明，在不同时间段，洞庭湖湿地水面、水质和生物多样性变化存在差异。洞庭湖湿地环境功能利用实现了对洞庭湖湿地围垦利用的替代，洞庭湖湿地利用结构演变是客观存在的。但是要指出的是，在人均地区生产总值达到4982元时，洞庭湖湿地水质（总磷）又开始趋于恶化，而生物多样性库兹涅茨曲线没有出现拐点。这就表明：一是需求结构演变升级与洞庭湖湿地利用结构演变引起的综合效应是复杂的，在经济运行中不断变化；二是洞庭湖湿地利用结构演变是人类基于资源比较优势做出的理性选择；三是经济发展过程中，资源要素禀赋结构会呈现阶段性变化；四是洞庭湖湿地利用结构演变态势，尤其是洞庭湖湿地环境功能利用状态下呈现"N"形库兹涅茨曲线，蕴含了一个需求结构合理化与需求结构高级化的问题。尽管满足需求结构高级化成为环洞庭湖湿地区域发展的努力方向，但是环洞庭湖湿地区域为了实现经济快速、持续增长，更多地考虑了需求结构合理化问题。

第三，洞庭湖湿地水面、水质或生物多样性的驱动因子影响程度存在差异。借助脉冲响应函数观察洞庭湖湿地水面对洞庭湖湿地产流量（蒸发量－降雨量差值）、人口规模、经济规模、经济结构和粮食产量等因素冲击的响应，分析结果表明非自然驱动力影响因子中，洞庭湖湿地水面对环洞庭湖湿地区域经济规模的冲击响应最为明显；借助方差分解分析判断各类驱动力影响力大小，分析结果表明非自然驱动力影响因子中经济规模和粮食产量对洞庭湖湿地水面变化贡献大。借助脉冲响应函数观察洞庭湖湿地水质对洞庭湖湿地产流量、人口规模、经济规模、经济结构和粮食产量等因素冲击的响应，分析结果表明非自然驱动力影响因子中，洞庭湖湿地水质对环洞庭湖湿地区域经济结构的冲击响应最为明显；借助方差分解分析判断各类驱动力影响力大小，分析结果表明非自然驱动力影响因子中，经济结构对洞庭湖湿地水质变化贡献最大。借助脉冲响应函数观察洞庭湖湿地生物多样性对洞庭湖湿地产流量、人口规模、经济规模、经济结构和粮食产量等因素冲击的响应，分析结果表明非自然驱动力影响因子中，洞庭湖湿地生物多样性对环洞庭湖湿地区域经济结构（第二产业产值占比）的冲击响应最为明显；借助方差分解分析判断各类驱动力影响力大小，分析结果表明非自然驱动力影响因子中，经济规模对洞庭湖湿地生物多样性变化贡献最大。

第四，洞庭湖湿地利用转型与环洞庭湖湿地区域转型发展耦合，洞庭湖湿地利用转型的关键在于推动环洞庭湖湿地区域转型发展，应着力推动新型工业化、农业现代化、新型城镇化、信息化同步发展，推动生态建设，建设"幸福洞庭"、"宜居洞庭"和"美丽洞庭"。

第五，基于包容性增长视角对环洞庭湖湿地区域新型工业化展开研究。环洞庭湖湿地区域内工业化水平存在差异，应允许、鼓励环洞庭湖湿地区域各市域新型工业化实现差异性发展；尽管环洞庭湖湿地区域是传统农区，但经过多年的努力，工业化水平有所提升；加快推进新型工业化进程符合区域可持续发展和洞庭湖湿地生态系统保护要求。

当前，环洞庭湖湿地区域新型工业化具备较为明显的资源禀赋优势和区位优势。劣势也表现明显，综合实力相对偏弱，产业链短，附加值未能深度挖掘，生产要素集聚能力偏弱。环洞庭湖湿地区域新型工业化既要抓住国家政策红利释放、"一带一部"战略提供的发展契机，也要积极应对世界经济风险加剧、中国经济"L"形增长走势困扰、传统路径依赖惯性犹存等威胁。

未来环洞庭湖湿地区域新型工业化要走包容性道路，洞庭湖湿地生态环境保护导向的发展理念成为区域工业化发展的根本指引，"稳中求进"应成为环洞庭湖湿地区域工业化的基本政策取向。环洞庭湖湿地区域应坚持走统筹城乡发展，彰显生态魅力，实现机会均等，民生型、复合型的新型工业化道路。为此，环洞庭湖湿地区域聚焦主要矛盾，提出六点对策建议，即完善产业体系，大力承接产业转移，推动绿色工业发展，推进"工""信"深度融合，推动区域合作，优化激励政策。

第六，基于城乡统筹视角对环洞庭湖湿地区域新型城镇化展开研究。在新型城镇化进程中，环洞庭湖湿地区域呈现鲜明的发展特征，城乡一体化成为重要内容，区域一体化成为发展方向，乡村文化回归和城市文明扩张并存。但在新型城镇化建设过程中，城乡改革顶层设计存在缺陷，城镇化质与量失衡，土地城镇化过快推进，城镇化结构聚集效应偏弱，城乡协调发展不足，城镇综合承载能力下降。环洞庭湖湿地区域这个传统农区，新型城镇化走城乡统筹发展的道路则是关键。这就要突出改革顶层设计，培育中心城市，优化城镇经济发展战略，完善城镇基础设施建设，走绿色城镇化道路，强化新型城镇化空间效应，推进区域城乡一体化进程。

第七，环洞庭湖湿地区域农业经济稳步增长，农业生产总体向好，农产品加工业发展较快，"农业＋旅游"融合发展，农业生产条件逐步改善。但是环洞庭湖湿地区域现代农业发展依然存在难点，环洞庭湖湿地区域粮食供给压力日益增大，区域农产品结构性失衡日益凸显，农业可持续发展难度增大，农民持续增收困难加大，城乡公共服务公平度较低。环洞庭湖湿地区域现代农业发展问题的根源主要在于供给侧，属于结构性障碍，就要从供给侧的结构性改革着力，推进现代农业可持续发展。为此，环洞庭湖湿地区域基于农业供给侧结构性改革视角，培育区域地标品牌，发展精品农业；推进农产品精深加工，强化农产品加工产业集聚；发展"旅游＋农业"，拓展农业多功能；扎实推进"互联网＋"，发展精准农业；完善质量安全体系，创新事中事后监管；加强农业生态科技创新，提升农业社会化服务水平；强化农村职业教育，着力培育新型职业农民；激活土地要素，发展适度规模经营。

第八，如今的环洞庭湖湿地区域发展，无须再"纠结"速度，应站在更高层次发展平台上追求提质增效和换挡升级。经济新常态下的环洞庭湖湿地区域发展的数量和质量应建立新的关系，尤其要关注资源环境可持续和风险可控目标。生态足迹评价数据分析表明，环洞庭湖湿地区域的生态需求已经超出生态供给能力，确保实现环洞庭湖湿地区域生态建设的帕累托改进已十分紧迫。因此，一方面应采取经济结构优化、发展循环经济、优化现代农业体系等措施提高经济增长质量；另一方面要强化以洞庭湖湿地为核心的生态建设，而生态建设是个综合性工程，既要全面推进，也要实现重点突破，应着力从自然资源管理创新、农村生态环境保护、生态修复及生态补偿四个维度展开。一是环洞庭湖湿地区域要推进自然资源监管变革。科学谋划自然资源管控生态红线，加快推进符合环洞庭湖湿地区域资源特征和比较优势的自然资源资产负债表编制与实施，完善自然资源产权制度，完善自然资源调查监测机制，完善自然资源要素市场体系建设。二是强化农村生态环境保护。新常态视域下环洞庭湖湿地区域农村生态环境保护应立足价值引领，以保护重点生态资源为取向，以建设重点生态项目为取向，以推进资源循环利用为取向，实现环洞庭湖湿地区域农村生态环境保护从量变到质变。全力推动"两治"，降低重点领域污染。全力建设"三村"，改善农村人居环境。全力优化"四水"，提升农村生态涵养能力。三是加强环洞庭湖湿地区域生态修复。在湿地公园建设方面，在建设层面，正确处理保护和利用关系，引导环洞庭湖湿地区域各县域依据自有生态资源，建设形式多元化、内容异质化的湿地公园；在管理层面，环洞庭湖湿地区域政府积极推动湿地公园内湿地产权界定，完善经营管理机制。在生态水利工程建设方面，环洞庭湖湿地区域应着力发展现代水利，强化水利工程管理部门与生态环境保护部门的合作，推动血防措施在生态水利工程中的应用探索，着力推动生态水利工程设计。四是优化生态补偿。生态建设应实现代内公平和代际公平双重效应，着力降低对洞庭湖湿地的利用机会及其诱致的生态胁迫，有助于尽早进入洞庭湖湿地生态系统库兹涅茨曲线的下降阶段。当前，环洞庭湖湿地区域生态补偿供需缺口不小，环洞庭湖湿地区域市、区生态补偿需求存在差异，这说明环洞庭湖湿地区域生态补偿资金分配应充分体现区域差异性。为此，环洞庭湖湿地区域应积极推动区域生态补偿优化改革，充分实现博弈，实现生态补偿动态平衡，形成系统的发展框架。

第九，本研究在选择典型湖泊湿地进行案例研究的基础上，在更大尺度范围内探讨湖泊湿地利用转型。一是基于文献计量视角，对中国湖泊湿地利用转型研究进行展望。湖泊湿地利用转型研究主题多元化，研究热点始终聚焦人与自然和谐共处的主线。当前及未来一段时期，湖泊湿地利用转型机理、湖泊湿地资源的可持续利用及湖泊湿地利用转型过程中的湖泊湿地生态健康维护研究仍需实现突破。二是基于比较研究视角，对中国湖泊湿地利用转型研究进行展望。筛选包括太湖、洞庭湖、滇池、博斯腾湖等湖泊湿地在内的 60 个样本湖泊湿地，拟合湖泊湿地的综合营养状态指数与人均地区生产总值之间的水环境库兹涅茨曲线。研究显示，我国典型湖泊湿地综合营养指数存在拐点，符合环境库兹涅茨曲线假说，但是当前区域经济发展水平已经越过综合营养指数库兹涅茨曲线（EKC）拐点的湖泊湿地数量是偏少的，未来一段时期我国湖泊湿地水环境随着经济的增长可能会趋于恶化，因此"随着经济发展，湖泊湿地水环境会逐渐得到改善"的幻想不可能存在，在经济起飞阶段要将湖泊湿地生态质量的维护和改善嵌入环湖泊湿地区域经济系统，切不可因为迫切需要资本禀赋而无视湖泊湿地生态资本对人类福祉的贡献。

第二节　进一步探讨

本书选择典型湖泊湿地进行案例分析，并在更大空间尺度范围内对中国湖泊湿地利用转型研究进行了拓展，但是限于课题资金的有限，并出于行政管理等因素影响、涉及湖泊湿地利用转型研究的关键性数据缺失等问题考量，本书仅对典型湖泊湿地水环境库兹涅茨曲线进行拟合，因此，客观地说，湖泊湿地利用转型研究仍有深入拓展和努力推进的广阔空间。

当前，我国着力推进美丽中国建设，湖泊湿地作为重要的湿地生态系统，湖泊湿地利用形态向着生态、绿色转型，符合人类社会的根本利益。我国湖泊湿地类型多样，有永久性淡水湖泊湿地、季节性淡水湖泊湿地等多种类型。历史时期，活动在不同类型湖泊湿地周边区域的人类受经济社会条件的限制以及湖泊湿地资源禀赋的制约，对湖泊湿地资源的利用方式存在差异。因此，同一历史时期、不同湖泊湿地资源利用形态迥异，湖泊湿地资源数量和质量的构成存在差异。经济新常态下，湖泊湿地利用转型应成为学术研究继续聚焦的对象，需要进一步探索经济发展过程中，不同区域的湖泊湿地资源利用形态演变、湖泊湿地资源结构变动态势、影响因素及发展策略，需要进一步开展不同经济发展区域的湖泊湿地利用转型的比较研究。

参考文献

中文文献

［1］卞鸿翔、龚循礼：《洞庭湖区围垦问题的初步研究》，《地理学报》1985年第 2 期。

［2］蔡昉、王美艳、都阳：《人口密度与地区经济发展》，《浙江社会科学》2001 年第 6 期。

［3］蔡青、黄璐、梁婕等：《基于 MODIS 遥感影像数据的洞庭湖蓄水量估算》，《湖南大学学报》（自然科学版）2012 年第 4 期。

［4］操建华、孙若梅：《自然资源资产负债表的编制框架研究》，《生态经济》2015 年第 10 期。

［5］陈佳贵、黄群慧、钟宏武：《中国地区工业化进程的综合评价和特征分析》，《经济研究》2006 年第 6 期。

［6］陈文胜：《论中国农业供给侧结构性改革的着力点——以区域地标品牌为战略调整农业结构》，《农村经济》2016 年第 11 期。

［7］陈文胜、王文强、陆福兴等编著《湖南城乡一体化发展报告（2016）》，社会科学文献出版社，2016。

［8］陈东、王良健：《环境库兹涅茨曲线研究综述》，《经济学动态》2005 年第 3 期。

［9］陈定荣：《汉晋时期江南积肥设施模型》，《农业考古》1992 年第 3 期。

［10］陈仲伯、刘玉桥：《湖南省生态环境可持续发展战略研究》，中南大学

出版社，2004。

［11］陈业强、石广明、向仁军等：《洞庭湖生态经济区生态补偿需求研究》，《环境与可持续发展》2016 年第 5 期。

［12］长沙市统计局：《长沙四十年 1949～1989》，内部资料，1989。

［13］楚静、薛姝：《湖南新型城镇化推进模式及政策选择》，《城市学刊》2015 年第 4 期。

［14］崔丽娟：《湿地保护中的一些问题》，《资源环境与发展》2013 年第 2 期。

［15］崔丽娟：《鄱阳湖湿地生态系统服务功能价值评估研究》，《生态学杂志》2004 年第 4 期。

［16］戴世光：《矛盾论是研究经济规律的理论基础》，《中国人民大学学报》1991 年第 2 期。

［17］但维宇、曹献中：《洞庭湖周边乡村生活污水处理技术系统研究——以君山区为例》，《中南林业调查规划》2015 年第 4 期。

［18］单卓然、黄亚平：《"新型城镇化"概念内涵、目标内容、规划策略及认知误区解析》，《城市规划学刊》2013 年第 2 期。

［19］〔美〕丹尼斯·米都斯：《增长的极限：罗马俱乐部关于人类困境的研究报告》，李宝恒译，四川人民出版社，1983。

［20］第一次全国污染源普查资料编纂委员会：《污染源普查产排污系数手册》，中国环境科学出版社，2011。

［21］丁全英、陈连辉：《洞庭湖地区近代变迁原因》，《华南地震》1983 年第 1 期。

［22］洞庭湖水系水环境背景值调查研究课题协调组：《洞庭湖水系水环境背景值调查研究》，内部资料，1985。

［23］洞庭湖水系水环境背景值调查研究课题协调组：《洞庭湖水系水环境背景值调查研究 65 - 37 - 3（4 - 1）1》，内部资料，1985。

［24］邓三龙：《保护美丽湿地建设绿色湖南》，《湖南日报》2014 年 2 月 2 日。

［25］董萌、赵运林、雷存喜等：《南洞庭湖洲垸土壤中四种重金属分布特征及污染状况评价》，《土壤》2010年第3期。

［26］杜建国、刘正华、余兴光等：《九龙江口鱼类多样性和营养级分析》，《热带海洋学报》2012年第6期。

［27］樊英、李明贤：《洞庭湖区现代农业科技服务组织创新研究》，《武陵学刊》2012年第2期。

［28］方金城、易映群：《湖南血防60年：1950～2010》，湖南科学技术出版社，2015。

［29］方凯、李利强、田琪：《洞庭湖水环境质量特征和发展趋势》，《内陆水产》2003年第4期。

［30］傅兆翔：《中国粮食消费现状分析及展望》，《农业展望》2017年第5期。

［31］〔美〕F. 皮尔逊、F. 哈珀：《世界的饥饿》，蔡谦译，商务印书馆，1981。

［32］〔美〕福克讷：《美国经济史》，王昆译，商务印书馆，1964。

［33］高吉喜、中村武洋、潘英姿等：《洪水易损性评价：洞庭湖区案例研究》，中国环境科学出版社，2004。

［34］龚伟、杨大文、钱群：《基于MODIS数据的洞庭湖水面面积估算方法》，《人民长江》2009年第14期。

［35］郭宝华、李丽萍：《区域中心城市机理分析》，《重庆工商大学学报》（西部论坛）2007年第2期。

［36］郭文韬：《中国耕作制度史研究》，河海大学出版社，1994。

［37］郭荣中、杨敏华：《环洞庭湖区域土地利用变化对生态系统服务功能价值的影响》，《贵州农业科学》2012年第7期。

［38］国家环境保护总局：《全国生态现状调查与评估》（中南卷），中国环境科学出版社，2006。

［39］国家计委国土开发与地区经济研究所课题组：《对区域性中心城市内涵的基本界定》，《经济研究参考》2002年第52期。

[40] 韩峰、李浩：《湖南省产业结构对生态环境的影响分析》，《地域研究与开发》2010 年第 5 期。

[41] 韩新宝、刘志红、王鹏程：《城镇化进程中新型农民培养问题研究——基于发达国家经验的视角》，《江苏农业科学》2013 年第 7 期。

[42] 贺勇华：《荆州计划未来三年造林 124 万余亩》，《荆州日报》2015 年 1 月 27 日。

[42] 何业恒：《洞庭湖区农业发展的历史过程》，《湖南师院学报》（自然科学版）1984 年第 3 期。

[44] 和龙、葛新权、刘延平：《我国农业供给侧结构性改革：机遇、挑战及对策》，《农村经济》2016 年第 7 期。

[45] 黄代中、万群、李利强等：《洞庭湖近 20 年水质与富营养化状态变化》，《环境科学研究》2013 年第 1 期。

[45] 黄第藩、杨世倬、刘中庆等：《长江下游三大淡水湖的湖泊地质及其形成与发展》，《海洋与湖沼》1965 年第 4 期。

[47] 黄文钰：《中国主要湖泊叶绿素 a 与总磷关系》，《污染防治技术》1997 年第 1 期。

[48] 黄梅、言迎、罗军：《基于生态保护的洞庭湖湿地生态需水量研究》，《湖南农业大学学报》（自然科学版）2009 年第 6 期。

[49] 黄进良：《洞庭湖湿地的面积变化与演替》，《地理研究》1999 年第 3 期。

[50] 黄菊梅、邹用昌、彭嘉栋等：《1960～2011 年洞庭湖区年降水量变化特征》，《气象与环境学报》2013 年第 6 期。

[51] 黄群、孙占东、赖锡军等：《1950s 以来洞庭湖调蓄特征及变化》，《湖泊科学》2016 年第 3 期。

[52] 黄群慧：《中国的工业化进程：阶段、特征与前景》，《经济与管理》2013 年第 7 期。

[53] 黄俊、贾煜、桂梅：《国外城市发展模式选择对中国新型城镇化的启示》，《重庆邮电大学学报》（社会科学版）2015 年第 4 期。

［54］黄云仙、郑颖：《洞庭湖气象变化特征分析》，《湖南水利水电》2012年第6期。

［55］（清）黄凝道：《岳州府志》，岳麓书社，2008。

［56］候东栋：《我国农业扩大再生产的困境与出路——基于马克思主义扩大再生产理论的分析》，《南阳理工学院学报》2013年第5期。

［57］胡新良：《加快洞庭湖生态经济区科学发展的思考》，《湖南行政学院学报》2015年第1期。

［58］湖南省望城县志编纂委员会：《望城县志》，生活·读书·新知三联书店，1995。

［59］湖南省水利志编纂办公室：《湖南省水利志》第三～四分册，内部资料，1990。

［60］湖南省科技咨询中心、洞庭湖区环保专题组：《洞庭湖区环境污染现状和发展趋势以及防治对策的研究》，内部资料，1986。

［61］湖南省环保厅：《湖南省2015年环境保护工作年度报告》，《湖南日报》2016年1月20日。

［62］湖南省统计局：《湖南统计年鉴2016》，中国统计出版社，2016。

［63］姜加虎、窦鸿身、黄群：《湖泊资源特征及与其功能的关系分析》，《湖泊科学》2004年第2期。

［64］姜家虎、窦鸿身、苏守德等：《洞庭湖与古云梦泽的演变及荆湘水文化》，长江出版社，2015。

［65］交通运输部长江航务管理局：《长江航运发展报告》（2014版），人民交通出版社，2015。

［66］〔美〕基思·格里芬：《可供选择的经济发展战略》，倪吉祥译，经济科学出版社，1992。

［67］吉红霞、吴桂平、刘元波：《近百年来洞庭湖堤垸空间变化及成因分析》，《长江流域资源与环境》2014年第4期。

［68］金碚：《包容性增长：对"人类之问"的启发性应答》，《北京日报》2017年6月12日。

［69］ 金珂丞、王忠诚：《湖南省林业补贴政策实施中存在的问题及对策——基于资兴市和平江县的调查》，《中南林业科技大学学报》（社会科学版）2016 年第 5 期。

［70］ 邝奕轩：《创新制度强化农村生态环境保护》，《中国国情国力》2015 年第 4 期。

［71］ 邝奕轩：《新型城镇化建设中的我国城市湖泊湿地保护》，载王圣瑞主编《中国湖泊环境演变与保护管理》，科学出版社，2014。

［72］ 邝奕轩：《湖泊湿地保护的经济学分析》，《中国农学通报》2014 年第 14 期。

［73］ 邝奕轩：《对新型城镇化建设中的湿地保护制度创新的探讨》，《环境保护》2015 年第 12 期。

［74］ 邝奕轩：《湿地利用转型研究：基于发展经济学的视角》，《农村经济》2013 年第 9 期。

［75］ 邝奕轩：《洞庭湖生态经济区转型发展与绿色发展探论》，《武陵学刊》2017 年第 3 期。

［76］ 邝奕轩、王圣瑞、李贵宝：《我国新型城镇化建设中的城市湖泊湿地保护研究》，《环境保护》2014 年第 16 期。

［77］ 邝奕轩、杨芳：《论建设项目可行性研究中的生态环境质量评价》，《林业经济问题》2005 年第 3 期。

［78］ 赖发英、魏学娇、卢年春等：《鄱阳湖流域生态足迹分析与可持续发展的定量研究》，《农业现代化研究》2006 年第 3 期。

［79］ 廖初伏、何望、黄向荣等：《洞庭湖渔业资源现状及其变化》，《水生生物学报》2002 年第 6 期。

［80］ 廖伏初、何兴春、何望等：《洞庭湖渔业资源与生态环境现状及保护对策》，《岳阳纸业技术学院学报》2006 年第 12 期。

［81］ 梁方仲：《中国历代户口、田地、田赋统计》，上海人民出版社，1981。

［82］ 梁婕、蔡青、郭生练等：《基于 MODIS 的洞庭湖湿地面积对水文的响

应》，《生态学报》2012 年第 21 期。

[83] 梁亚琳、黎昔春、郑颖：《洞庭湖径流变化特性研究》，《中国农村水利水电》2015 年第 5 期。

[84] 梁曾飞：《湖南汨罗江国家湿地公园湿地资源现状、胁迫因子及保护对策研究》，《绿色科技》2014 年第 2 期。

[85] 梁秩燊、周春生、黄鹤年：《长江中游通江湖泊——五湖的鱼类组成及季节变化》，《海洋与湖沼》1981 年第 5 期。

[86] 梁志峰、唐宇文主编《湖南产业发展报告（2015 年）》，社会科学文献出版社，2015。

[87] 刘大江、任欣欣：《洞庭湖 200 年档案》，岳麓书社，2007。

[88] 刘世奇、柳德新、姚造等：《改革洪流汇洞庭——深化水利改革的湖南探索》，《湖南日报》2016 年 4 月 18 日。

[89] 刘双：《洞庭湖生态系统综合保护法律对策研究》，《文史博览》2014年第 9 期。

[90] 刘勇：《2020 年九成行政村通自来水》，《湖南日报》2013 年 11 月22 日。

[91] 吕宪国、刘晓辉：《中国湿地研究进展——献给中国科学院东北地理与农业生态研究所建所 50 周年》，《地理科学》2008 年第 3 期。

[92] 吕志贤、石广明、彭小丽：《基于污染物来源的洞庭湖水环境生态补偿主客体研究》，《中国环境管理》2016 年第 6 期。

[93] （清）吕肃高：《长沙府志》，岳麓书社，2008。

[94] 李传红：《鱼类对热带浅水湖泊的影响及其在湖泊修复中的意义》，博士学位论文，暨南大学，2008。

[95] 李春初：《构造沉降是控制近代洞庭湖演变的关键因素吗？——评〈洞庭湖地质环境系统分析〉》，《海洋与湖沼》2000 年第 4 期。

[96] 李伟锋、柳德新：《洪灾已造成直接经济损失 108 亿元》，《湖南日报》2016 年 7 月 7 日。

[97] 李文澜：《江汉平原开发的历史考察》上篇，载黄慧贤、李文澜主编

《古代长江中游的经济开发》，武汉大学出版社，1988。

[98] 李国祥、杨昶：《明实录类纂》，武汉出版社，1991。

[99] 李杰钦、王德良、丁德明：《洞庭湖鱼类资源研究紧张》，《安徽农业科学》2013 年第 9 期。

[100] 李剑农：《宋元明经济史稿》，生活·读书·新知三联书店，1957。

[101] 李明利、诸培新：《自然资源丰裕度与经济增长关系研究述评》，《生态经济》2008 年第 9 期。

[102] 李荣刚、夏源陵、吴安之等：《江苏太湖地区水污染物及其向水体的排放量》，《湖泊科学》2000 年第 2 期。

[103] 李红莉：《十年经济发展对环境空气和地表水体质量的影响》，博士学位论文，山东大学，2008。

[104] 来红州、莫多闻、苏成：《洞庭湖演变趋势探讨》，《地理研究》2004 年第 1 期。

[105] 李杰钦、王德良、丁德明：《洞庭湖鱼类资源研究进展》，《安徽农业科学》2013 年第 9 期。

[106] 李景保、王克林、杨燕等：《洞庭湖区 2000 年～2007 年农业干旱灾害特点及成因分析》，《水资源与水工程学报》2008 年第 6 期。

[107] 李景保、尹辉、卢承志等：《洞庭湖区的泥沙淤积效应》，《地理学报》2008 年第 5 期。

[108] 李景保、余果、欧朝敏等：《洞庭湖区农业水旱灾害演变特征及影响因素——60 年来的灾情诊断》，《自然灾害学报》2011 年第 2 期。

[109] 李景保、朱翔、蔡炳华等：《洞庭湖湿地资源可持续利用途径研究》，《自然资源学报》2002 年第 3 期。

[110] 李景保、钟赛香、杨燕：《泥沙沉积与围垦对洞庭湖生态系统服务功能的影响》，《中国生态农业学报》2005 年第 2 期。

[111] 李景保、尹辉、卢承志：《洞庭湖区的泥沙淤积效应》，《地理学报》2008 年第 5 期。

[112] 李有志、刘芬、张灿明：《洞庭湖湿地水环境变化趋势及成因分析》，

《生态环境学报》2011 年第 8 期。

[113] 李跃龙:《洞庭湖志》,湖南人民出版社,2013。

[114] 李忠武、赵新娜、谢更新等:《三峡工程蓄水对洞庭湖水环境质量特征的影响》,《地理研究》2013 年第 11 期。

[115] 李周:《论森林"生态利用"的含义和操作手段》,《林业经济》1990 年第 4 期。

[116] 李周:《农业发展类型变化的经济学分析》,《中国农村观察》2001 年第 2 期,第 25 ~ 32 页。

[117] 林承坤:《洞庭湖的演变与治理》(下),《地理学与国土研究》1986 年第 1 期。

[118] 林毅夫、蔡昉、李周:《中国的奇迹:发展战略与经济改革》,上海人民出版社、上海三联书店,1994。

[119] 陆游:《入蜀记》卷五,中华书局,1985。

[120] 卢宏伟、曾光明、何理:《洞庭湖流域水体污染物变化趋势及风险分析》,《水土保持通报》2004 年第 2 期。

[121] 毛德华、夏军:《洞庭湖湿地生态环境问题及行程机制分析》,《冰川冻土》2002 年第 4 期。

[122] 毛德华、李正最、李志龙等:《后三峡时代洞庭湖区水生态安全问题研究》,载严永盛主编《2012 洞庭湖发展论坛文集》,湖南大学出版社,2013。

[123]《毛泽东选集》第五卷,人民出版社,1977。

[124] 冒蕞:《污水处理高成本如何破解——生态湿地处理污水开创节约新模式》,《湖南日报》2014 年 8 月 25 日。

[125] 缪燕、陆骏:《生物多样性、生态平衡与人类可持续发展》,《资源开发与市场》2000 年第 1 期。

[126] 孟祥林:《城镇化进程模式:从发达国家的实践论我国存在的问题》,《广州大学学报》(社会科学版)2010 年第 4 期。

[127] 孟伟:《流域水污染物总量控制技术与示范》,中国环境科学出版社,

2008。

[128] 欧阳志云、王如松：《生态系统服务功能、生态价值与可持续发展》，《世界科技研究与发展》2000 年第 5 期。

[129] 欧阳志云、赵同谦：《水生态服务功能分析及其间接价值评价》，《生态学报》2004 年第 10 期。

[130] 潘峰：《洞庭湖水沙演变特征及其影响因素分析》，《安徽农业科学》2014 年第 28 期。

[131] 裴安平：《彭头山文化的稻作遗存与中国史前稻作农业再论》，《农业考古》1998 年第 1 期。

[132] 裴安平、曹传松：《湖南澧县彭头山新石器时代早期遗址发掘简报》，《文物》1990 年第 8 期。

[133] 彭嘉栋、李钢、吴芳：《近百年洞庭湖区可利用降水量变化特征》，《生态环境学报》2017 年第 1 期。

[134] 彭佩钦、蔡长安、赵青春：《洞庭湖区的湖垸农业、洪涝灾害与退田还湖》，《国土与自然资源研究》2004 年第 2 期。

[135] 卜跃先、陆强国、谭建强：《洞庭湖水质污染状况与综合评价》，《人民长江》1997 年第 2 期。

[136] 卜跃先：《洞庭湖水质指标及其时空分布特征的统计分析》，《环境污染与防治》1991 年第 3 期。

[137] 钱湛、张双虎、卓志宇：《四水入洞庭湖水量变化趋势及周期分析》，《人民长江》2014 年第 15 期。

[138] 祁进玉：《三江源地区生态移民的社会适应与社区文化重建研究》，《中央民族大学学报》（哲学社会科学版）2015 年第 3 期。

[139] 秦迪岚、罗岳平、黄哲等：《洞庭湖水环境污染状况与来源分析》，《环境科学与技术》2012 年第 8 期。

[140] 邱大雄、孙永广、施祖麟：《能源规划与系统分析》，清华大学出版社，1995。

[141] 仇保兴：《新型城镇化：从概念到行动》，《行政管理改革》2012 年

第 11 期。

[142] 饶建平、易敏、符哲等：《洞庭湖水质变化趋势的研究》，《岳阳职业技术学院学报》2011 年第 3 期。

[143] 任雪菲、黄道友、罗尊长等：《洞庭湖区农田土壤肥力因子的演变及其原因分析》，《土壤通报》2014 年第 3 期。

[144] Sanefuku Sasano、许嘉：《欧美的酸雨问题》，《世界环境》1985 年第 4 期。

[145] 申友良：《全新世环境与彭头山文化水稻遗存》，《农业考古》1994 年第 3 期。

[146] 沈百鑫：《德国湖泊治理的经验与启示》（下），《水利发展研究》2014 年第 6 期。

[147] 宋求明、熊立华、肖义等：《基于 MODIS 遥感影像的洞庭湖面积与水位关系研究》，《节水灌溉》2011 年第 6 期。

[148] （明）宋应星：《天工开物》，商务印书馆，1933。

[149] 粟爱国：《常德地区志·环境保护志》，中国科学技术出版社，1993。

[150] 〔日〕速水佑次郎：《发展经济学——从贫困到富裕》，李周译，社会科学文献出版社，1998。

[151] 谭秋成：《资源的价值及生态补偿标准和方式：资兴东江湖案例》，《中国人口·资源与环境》2014 年第 12 期。

[152] 谭萌初：《湖南稻田耕作制度的发展》，《古今农业》1988 年第 2 期。

[153] 谭剑、史卫燕、周楠：《水危机侵袭"长江之肾"洞庭湖》2015 年 9 月 10 日。

[154] 唐小平、梅碧球：《"西洞庭湖模式"对创新自然资源管理制度的启示》，《林业资源管理》2016 年第 5 期。

[155] （清）陶澍、万年淳：《洞庭湖志》，岳麓书社，2009。

[156] 童潜明：《洞庭湖近现代的演化与湿地生态系统演替》，《国土资源导刊》2004 年第 1 期。

[157] 童潜明：《被误解的洞庭湖》，《国土资源导刊》2011 年第 8 期。

［158］童潜明：《洞庭湖季节性缺水量及补水的定量估算》，载颜永盛主编《2012 洞庭湖发展论坛文集》，中南大学出版社，2013。

［159］王斌：《生物多样性与人类可持续发展》，《中国人口·资源与环境》1996 年第 2 期。

［160］王凤珍：《城市湖泊湿地生态服务功能价值评估——以武汉市城市湖泊为例》，博士学位论文，华中农业大学，2010。

［161］王苏民、窦鸿身：《中国湖泊志》，科学出版社，1998。

［162］王圣瑞：《中国湖泊环境演变与保护管理》，科学出版社，2015。

［163］王晓天：《民国时期洞庭湖区之渔业》，《求索》2013 年第 2 期。

［164］王颖奇：《岳阳市农村自来水普及率将达 80％ 以上》，《岳阳日报》2016 年 3 月 2 日。

［165］王秀英、邓金运、孙昭华：《人类活动对洞庭湖生态环境的影响》，《武汉大学学报》（工学版）2003 年第 5 期。

［166］王月容、卢琦、周金星等：《洞庭湖退田还湖不同土地利用方式下土壤重金属分布特征》，《华中农业大学学报》2011 年第 6 期。

［167］王宜强、赵媛：《资源流动研究现状及其主要研究领域》，《资源科学》2013 年第 1 期。

［168］魏国斌：《金融支持"创新引领开放崛起"》，《湖南日报》2017 年 1 月 24 日。

［169］温亚利、谢屹：《中国湿地保护与利用关系的经济政策分析》，《北京林业大学学报》（社会科学版）2006 年第 2 期。

［170］〔美〕威廉·福格特：《生存之路》，张子美译，商务出版社，1981。

［171］吴炳方：《湿地的防洪功能分析评价——以东洞庭湖为例》，《地理研究》2000 年第 2 期。

［172］吴存浩：《中国农业史》，警官教育出版社，1996。

［173］吴汉林：《望城县志 1988～2002》，方志出版社，2006。

［174］吴后建、但新球、舒勇：《中国国家湿地公园：现状、挑战和对策》，《湿地科学》2015 年第 3 期。

[175] 吴建国、吕佳佳、艾丽：《气候变化对生物多样性的影响：脆弱性和适应》，《生态环境学报》2009 年第 2 期。

[176] 解振华：《绿色发展：实现"中国梦"的重要保障》，《光明日报》2013 年 4 月 15 日。

[177] 谢春花、王克林、陈洪松：《土地利用变化对洞庭湖区生态系统服务价值的影响》，《长江流域资源与环境》2006 年第 2 期。

[178] 谢红彬、虞孝感、张运林：《太湖流域水环境演变与人类活动耦合关系》，《长江流域资源与环境》2001 年第 5 期。

[179] 谢谦、朱翔、贺清云：《洞庭湖区血吸虫病疫水人水相互作用关系及防控方案研究》，《长江流域资源与环境》2016 年第 4 期。

[180] 熊建新、刘淑华、李文：《洞庭湖区土地利用变化及其生态承载力响应》，《武陵学刊》2013 年第 5 期。

[181] 熊建新、陈端吕、彭保发：《洞庭湖区生态承载力及系统耦合效应》，《经济地理》2013 年第 6 期。

[182] 熊建新、陈端吕、彭保发等：《洞庭湖区两型社会发展水平时空分异》，《经济地理》2014 年第 8 期。

[183] 熊建新、陈端吕、彭保发：《洞庭湖区产业结构变化对生态环境的影响评价》，《国土与自然资源研究》2014 年第 2 期。

[184] 熊建新、陈端吕、彭保发：《洞庭湖区生态承载力时空动态模拟》，《经济地理》2016 年第 4 期。

[185] 熊剑、喻方琴、田琪：《近 30 年来洞庭湖水质营养状况演变特征分析》，《湖泊科学》2016 年第 6 期。

[186] 许冬焱：《"生物多样性"与"可持续发展"关系初探》，《重庆三峡学院学报》2004 年第 5 期。

[187] 许建、徐键：《保护生物多样性的可持续发展》，《生物学杂志》1998 年第 4 期。

[188] 许宪春：《GDP 缩减指数与增长速度》，《人民日报》2015 年 8 月 12 日。

[189] 徐颖:《新型职业当农民破解"谁来种田"难题》,《岳阳日报》
2016年3月7日。

[190] 徐康宁、王剑:《自然资源丰裕程度与经济发展水平关系的研究》,
《经济研究》2006年第1期。

[191] 徐伟平、康文星、何介南:《洞庭湖蓄水能力的时空变化特征》,《水
土保持学报》2015年第3期。

[192] 薛联青:《洞庭湖流域干旱评估及水资源保护策略》,东南大学出版
社,2014。

[193] 杨灿、朱玉林:《论供给侧结构性改革背景下的湖南农业绿色发展对
策》,《中南林业科技大学学报》(社会科学版)2016年第5期。

[194] 杨丹辉、李红莉:《基于损害和成本的环境污染损失核算——以山东
省为例》,《中国工业经济》2010年第7期。

[195] 杨芳:《加快推进环洞庭湖区新型城镇化进程的探索》,《城市学刊》
2016年第1期。

[196] 杨桂山、马荣华、张路等:《中国湖泊现状及面临的重大问题与保护
策略》,《湖泊科学》2010年第6期。

[197] 杨开忠、杨咏、陈洁:《生态足迹分析理论与方法》,《地球科学进
展》2000年第6期。

[198] 杨喜生、齐增湘、李涛:《洞庭湖鱼类群落结构和生物多样性分析》,
《安徽农业科学》2016年第17期。

[199] 杨小凯、张永生:《新贸易理论、比较利益理论及其经验研究的新成
果:文献综述》,《经济学》(季刊)2001年第1期。

[200] 易凌霄、曾清如:《洞庭湖区土壤重金属污染现状及防治对策》,《土
壤通报》2015年第6期。

[201] 易波琳、李晓斌、梅金华:《洞庭湖面积容积与水位关系及调蓄能力
评估》,《湖南地质》2000年第4期。

[202] 尹玲玲:《明代洞庭湖地区的渔业经济》,《中国农史》2000年第
1期。

［203］ 尹少华、安消云：《基于可持续发展的洞庭湖流域生态足迹评价研究》，《中南林业科技大学学报》2011 年第 6 期。

［204］（清）应先烈：《嘉庆常德府志》，岳麓书社，2008。

［205］ 游德才：《国内外对经济环境协调发展研究进展：文献综述》，《上海经济研究》2008 年第 6 期。

［206］ 游修龄、曾雄生：《中国稻作文化史》，上海人民出版社，2010。

［207］ 余果：《近 60 年洞庭湖水沙演变特征及影响因素分析》，硕士学位论文，湖南师范大学，2012。

［208］ 袁正科：《洞庭湖湿地资源与环境》，湖南师范大学出版社，2000。

［209］ 苑基荣：《水资源危机助长非洲恐怖主义威胁》，《人民日报》2014年 10 月 14 日。

［210］ 岳阳市政府农办综合调研室：《岳阳市农村经济年鉴 1949～1996》，内部资料，1997。

［211］ 曾德慧、姜凤岐、范志平等：《生态系统健康与人类可持续发展》，《应用生态学报》1999 年第 6 期。

［212］ 曾福生：《推进土地流转发展农业适度规模经营的对策》，《湖南社会科学》2015 年第 3 期。

［213］ 赵淑清、方精云、陈安平等：《洞庭湖区近 50 年土地利用/覆盖的变化研究》，《长江流域资源与环境》2002 年第 6 期。

［214］ 赵延茂、宋朝枢：《黄河三角洲自然保护区科学考察集》，中国林业出版社，1995。

［215］ 张尚武：《一湖清水养好鱼》，《湖南日报》2016 年 8 月 2 日。

［216］ 张世平：《湖南经济社会发展 60 年（1949—2009）》，湖南人民出版社，2009。

［217］ 张维平：《生物多样性与可持续发展的关系》，《环境科学》1998 年第 4 期。

［218］ 张修桂：《洞庭湖演变的历史过程》，《历史地理》创刊号，1981。

［219］ 张德锂、聂勇、吕晓芳：《中国土地利用文献分析及研究进展》，《地

理科学进展》2008 年第 6 期。

[220] 张运钧：《直隶澧州志》，湖南省澧县档案馆，1981。

[221] 张振中：《农村集体产权改革示范先行全域推进——湖南省常德市武陵区推进农村集体产权制度改革试点调查》，《农民日报》2016 年 9 月 30 日。

[222] 钟声、杨乔：《洞庭湖区生态环境变迁史（1840—2010）》，湖南大学出版社，2014。

[223] 钟振宇、陈灿、万斯：《洞庭湖污染状况及防治对策》，《湖南有色金属》2011 年第 4 期。

[224] 钟振宇、陈灿：《洞庭湖水质及富营养状态评价》，《环境科学与管理》2011 年第 7 期。

[225] 中国可持续发展研究会减灾专业委员会：《中国长江 1998 年大洪灾反思及 21 世纪防洪减灾对策》，海洋出版社，1998。

[226] 中华民国内政部人口局：《全国户口统计》，全国图书馆文献缩微复制中心，2001。

[227] 中华环保世纪行执委会：《世纪话题——中国环境资源状况纪实》，蓝天出版社，1997。

[228] 邹文发：《洞庭湖泥沙沉积于土壤侵蚀》，《中国水土保持》1992 年第 6 期。

[229] 周国祺、成铁生、赵守勤：《洞庭湖盆的由来和演变》，《湖南地质》1984 年第 1 期。

[230] 周金星：《洞庭湖退田还湖区生态修复研究》，中国林业出版社，2014。

[231] 周小梅、赵运林、董萌、库文珍：《镉胁迫对洞庭湖湿地土壤微生物数量与活性的影响》，《土壤通报》2016 年第 5 期。

[232] 周永和：《对洞庭湖区当前几种稻田耕作制度的评价和改制途径的看法》，《湖南农业科学》1981 年第 1 期。

[233] 朱俊风、朱震达：《中国西部地区生态环境建设研究》，海洋出版社，

1999。

[234] 朱翔：《区域水灾机制和减灾分析》，《自然灾害学报》1999 年第 1 期。

[235] 〔英〕朱迪·丽丝：《自然资源：分配、经济学与政策》，蔡运龙译，商务印书馆，2002。

[236] 庄大昌、欧维新、丁登山：《洞庭湖湿地退田还湖的生态经济效益研究》，《自然资源学报》2003 年第 5 期。

[237] 《长沙全面推进农村自来水普及工程建设》，《长沙晚报》2016 年 11 月 24 日。

[238] 《洞庭湖区水系功能初步恢复》，《湖南日报》2017 年 5 月 25 日。

[239] 《对准坐标弄大潮——"一带一部"助推湖南开放发展》，《湖南日报》2016 年 11 月 1 日。

[240] 《湖南省 2013 年环境保护工作年度报告——湖南省环境保护厅》，《湖南日报》2014 年 2 月 13 日。

[241] 《湖南省 2014 年环境保护工作年度报告——湖南省环境保护厅》，《湖南日报》2015 年 2 月 5 日。

[242] 《湖南省 2015 年环境保护工作年度报告——湖南省环境保护厅》，《湖南日报》2016 年 1 月 20 日。

[243] 《湖南省 2016 年环境保护工作年度报告——湖南省环境保护厅》，《湖南日报》2017 年 1 月 20 日。

[244] 《湖南资料手册》编纂委员会：《湖南资料手册 1949～1989》，中国文史出版社，1990。

[245] 《湖南整治土地 1100 余万亩惠及农民 1300 万人》，《湖南日报》2015 年 5 月 13 日。

[246] 《2012 年度湖南省环境状况公报——湖南省环境保护厅》，《湖南日报》2013 年 6 月 6 日。

[247] 《生态修复，挥向重金属物质的"绿色利剑"》，《湖南日报》2014 年 5 月 15 日。

［248］《市政府通报我市 2015 年"成绩单"》，《荆州日报》2016 年 1 月 28 日。

［249］《40 亿大兴水利》，《湖南日报》2014 年 10 月 13 日。

［250］《环洞庭湖高速圈将成闭环——大岳高速（不含洞庭湖大桥）月底通车》，《湖南日报》2016 年 11 月 8 日。

［251］《荆州地区四十年》边际委员会：《荆州地区四十年》，湖北人民出版社，1989。

［252］《决胜全面建成小康社会夺取新时代中国特色社会主义伟大胜利——习近平同志代表第十八届中央委员会向大会作的报告摘登》，《人民日报》2017 年 10 月 19 日。

［253］《农村建房不可再"任性"益阳市农村村民住房管理办法实行》，《湖南日报》2016 年 7 月 4 日。

［254］《为现代农业发展提供强有力科技支撑》，《湖南日报》2016 年 8 月 23 日。

［255］《益阳市 300 多万农民喝上放心水》，《湖南日报》2016 年 6 月 14 日。

［256］《以"一带一部"新战略提升湖南发展新优势》，《湖南日报》2016 年 10 月 10 日。

［257］《政府工作报告——2016 年 1 月 12 日在益阳市第五届人民代表大会第五次会议上》，《益阳日报》2016 年 2 月 18 日。

外文文献

［258］ A. Kahuthu, "Economic Growth and Environmental Degradation in a Global Context," *Environment, Development and Sustainability*, No. 8, 2006.

［259］ K. J. Arrow, H. B. Chenery, B. S. Minhas, Solow Rom, "Capital-Labor Substitution and Economic Efficiency," *Review of Economics and Statistics*, XLI-II, 1961.

[260] R. M. Auty, *Resource-Based Industrialization: Sowing the Oil in Eight Developing Countries* (New York: Oxford University Press, 1990).

[261] B. R. Copeland, M. S. Taylor, "Trade Growth and the Environment," *Journal of Economic Literature*, No. 42, 2004.

[262] R. Costanza, R. Arge, de R. Groot, et al., "The Value of the Worlds Ecosystem Services and Natural Capital," *Nature*, 1997.

[263] D. I. Stern, M. S. Common, "Is There an Environment Kuznets for Sulfur?" *Journal of Environmental Economics and Environmental Management*, Vol. 41, 2001.

[264] G. Debreu, "Excess Demand Functions," *Journal of Mathematical Economics*, No. 1, 1974.

[265] D. Dollar, E. Wolff, *Competitiveness, Convergence, and International Specialization* (Cambridge, M. A.: MIT Press, 1993).

[266] Douglass C. North, "Agriculture in Regional Economic Growth," *Journal of Farm Economics*, Vol. 41, 1959.

[267] Dinda D. Coondoo, M. Pal, "Air quality and Economic Growth: An Empirical Study," *Ecological Economics*, Vol. 34, 2000.

[268] A. Dixit, J. Stiglitz, "Monopolistic Competition and Optimum Product Diversity," *American Economic Review*, No. 67, 1977.

[269] Eric O. Odada, Daniel O. Olago, Kassim Kulindwa, Micheni Ntiba, Shem Wandiga., "Mitigation of Environmental Problems in Lake Victoria, East Africa: Causal Chain and Policy Options Analyses," *Ambio*, Vol. 33, No. 2, 2004.

[270] R. Findlay and Henryk Kierzhowski, "International Trade and Human Capital," *Journal of Political Economy*, Vol. 91, No. 6, 1983.

[271] R. Findlay, "Factor Proportions and Comparative Advantage in the Long Run," *Journal of Political Economy*, Vol. 78, No. 1, 1970.

[272] A. H. Gelb, *Windfall Gains: Blessing or Curse?* (New York: Oxford

University Press, 1988).

[273] G. Grossman, E. Helpman, "Product Development and International Trade," *Journal of Political Economy*, Vol. 97, No. 1, 1989.

[274] G. M. Grossman, A. B. Krueger, "Environmental Impacts of a North American Free Trade Agreement," *National Bureau Economic Research Working Paper* 3914, *NBER*, Cambridge M. A. , 1991.

[275] G. Grossman, E. Helpman, "Comparative Advantage and Long- Run Growth," *American Economic Review*, Vol, 80, No, 4, 1990.

[276] T. Gylfason, "Natural Resources and Economic Growth: What is the Connection?" *CES ifo Working Paper* No. 530, *Center for Economic Studies and ifo Institute for Economic Research*, 2001.

[277] H. J. Habakkuk, *American and British Technology in the Nineteenth Century* (Cambridge University Press, 1962).

[278] E. Helpman, P. Krugman, *Market Structure and Foreign Trade* (Cambridge M. A. : MIT Press, 1985).

[279] Werner Heisenberg, "Physics and Beyond: Encounters and Conversations," Trans. Arnold Pomerans, *New York: Harper & Row*, 1971.

[280] H. Hettige, et al. , "Formal and Informal Regulation of Industrial Pollution: Comparative Evidence from the Indonesia and US," *World Bank Economic Review*, 1997.

[281] J. Hicks, "The Theory of Wages," *Macmillan*, 1963.

[282] P. Krugman, "The Narrow Moving Band, the Dutch Disease, and the Competitive Consequences of Mrs Thatcher: Notes on Trade in the Presence of Dynamic Scale Economies," *Journal of Development Economics*, Vol. 27, No. 1, 1987.

[283] W. A. Lewis, "The Theory of Economic Growth," *Allen & Uniwin*, 1995. R. Lopez, "The Environment as a Factor of Production: The Effects of Economic Growth and Trade Liberalization," *Journal of*

Environmental Economics, No. 27, 1994.

[284] López, et al., "Corruption, Pollution, and the Kuznets Environment Curve," *Journal of Environmental Economics and Management*, Vol. 40, No. 2, 2000.

[285] R. Lucas, "On the Mechanics of Economic Development," *Journal of Monetary Economics*, Vol. 22, 1988.

[286] P. Markus, "Technical Progress, Structural Change, and the Environmental Kuznets Curve," *Ecological Economics*, No. 42, 2002.

[287] K. Matsuyama, "Agricultural Productivity, Comparative Advantage, and Economic Growth," *Journal of Economic Theory*, No. 58, 1992.

[288] Melville H. Watkins, "A Staple Theory of Economic Growth," *The Canadian Journal of Economics and Political Science*, Vol. 29, No. 2, 1963.

[289] M. Qackernagel, L. Onisto, Bellop, et al., "Ecological Footprint of Nation," Commissioned by the Earth Council for the Rio + 5 Forum. International Council for Local Environmental Initiatives, Toronto, 1997.

[290] O-Sung, "Economic Growth and the Environment: the EKC Curve and Sustainable Development, an Endogenous Growth Model," *A Dissertation for PHD of University of Washington*, 2001.

[291] T. Panayotou, "Empirical Tests and Policy Analysis of Environmental Degradation at Different Stages of Economic Development," *Working Paper WP 238*, 1993.

[292] R. K. Kahn, B. Davidsdottir, S. Garnham, P. Pauly, "The Determinants of Atmospheric SO_2 Concentrations: Reconsidering the Environmental Kuznets Curve," *Ecological Economics*, Vol. 25, 1998.

[293] S. Redding, "Dynamic Comparative Advantage and the Welfare Effects of the Trade," *Oxford Economic Papers*, Vol. 51, No. 1, 1999.

[294] P. M. Romer, "Why, indeed in American?" *American Economic Review*,

Vol. 86, No. 2, 1996.

[295] J. D. Sachs, A. M. Warner, "Natural Resources and Economic Development: the Curse of Natural Resources," *European Economic Review*, Vol. 45, No. 6, 2001.

[296] T. M. Selden, D. Song, "Environmental Quality and Development: Is Therea Kuznets Curve for Air Pollution?," *Journal of Environmental Economics and Management*, No. 27, 1994.

[297] Shafik, "Economic Growth and Environmental Quality: Time Series and Cross-country Evidence Back Ground," *Paper for World Development Report*, World Bank, 1992.

[298] S. P. Shaw, C. G. Fredine, "Wetlands of the United States, Their Extent, and Their Value for Waterfowl and Other Wildlife," U. S. Fish and Wildlife Service, U. S. Department of Interior, Washington, D. C. Circular 39, 1956.

[299] Thampapillai, et al., "The Environmental Kuznets Curve Effect and the Scarcity of Natural Resources: A Simple Case Study of Australial," *Invited Paper Presented to Australian Resource Economics Society*, No. 24, 2003

[300] G. Wright, "The origins of American Industrial Success: 1879 – 1940," *American Economic Review*, Vol. 80, No. 4, 1990.

[301] Xiao kai Yang and Jeff Borland, "A Microeconomic Mechanism for Economic Growth," *Journal of Political Economy*, Vol. 99, 1991.

后　记

　　写《湖泊湿地利用转型研究——以洞庭湖湿地为例》，没有太多想法，沿着发展经济学分析框架依葫芦画瓢就行。全书终了，再补写后记，方猛然发现那所谓依葫芦画瓢，分明是对我以湖泊湿地为研究对象进行的又一次发展经济学训练。人生漫漫，成长过程中的种种艰辛和努力，至今历历在目。

　　回想十年前，经过艰苦的入学考试，我有幸考入中国社会科学院研究生院，师承中国社会科学院农村发展所李周老师。才疏学浅的我第一次参加2008级农村发展系博士生读书会之后，才知道我的博导李周老师与林毅夫、蔡昉共同撰写了《中国经济增长的奇迹》。那一刻，我感到无比荣幸，能有幸师承这样有水平的学者，与此同时，也感到无形的压力。我暗下决心，一定要认真求学，从老师的知识宝库中汲取精华。博士阶段求学三年，时光恰如白驹过隙，李周老师教诲我为人处世的道理，让我深刻领会"太上立德，其次立功，其次立言"的精髓；李周老师引领我进入发展经济学的大门，使我得以享受知识的盛宴；李周老师教导我学术科研的方法，让我从一个懵懵懂懂的年轻人开始学会思考知识的经世致用。

　　回想七年前，博士毕业后，我进入湖南省社会科学院从事科研工作，开启了一段崭新的生活。我是一个认真的人，对工作非常投入，为此也牺牲了很多与家人相处的时间。我依然清晰地记得一件事。有一次，我在书房伏案工作时，母亲悄悄走进书房，在旁边等了许久，在我搁笔休息时，母亲告诉我，女儿在门口探头徘徊很久了，想要我陪她玩一会儿，但又怕影响我，不敢进书房。那一刻，我的心都是酸的。诚然，"有所失，必有所得"。湖南省社会科学院的科研工作锻炼了我，使我得以加速完成从一名博士向一名科研工作者的转型，感谢曾经和现在与我一起工作的同人，与他们一起努力探索和奋斗，让我逐渐成熟。

回想六年前，受益于博士阶段的训练以及毕业后的科研工作，我设计的科研项目"基于发展经济学视角的湖泊湿地利用转型"通过国家社科基金项目评审。于是，我的工作多了一项新的任务，就是以专著的形式认真完成"基于发展经济学视角的湖泊湿地利用转型"课题研究。在研究中，我选择洞庭湖湿地作为研究对象。开展这项课题研究之前，我一直对美丽的洞庭湖湿地怀着炽热的向往，有一种剪不断的情愫。一方面是因为我曾经在洞庭湖区工作过，对洞庭湖湿地有感情；另一方面是因为洞庭湖湿地重要的生态地位。洞庭湖湿地连接长江，汇聚湘、资、沅、澧四水，既是中部水资源的重要载体，又是长江流域重要的自然生态基因库，洞庭湖湿地为区域提供调节气候、调蓄洪水、固碳释氧、保护生物多样性等多种生态功能服务，由此可见，维系洞庭湖湿地生态平衡，对维系稳定的、可持续的长江中游城市群生态大系统具有重要作用。我一直想延续、深化博士阶段湖泊湿地利用的经济学研究，聚焦洞庭湖湿地，但之前苦于资金的匮乏，我未能遂愿。现在有了国家社科基金的支持，我也有了持续研究湖泊湿地的底气。遗憾的是，由于单位工作节奏紧张，我只能断断续续开展我的课题研究。其间，我得到了妻子杨芳博士和师弟程曦博士的支持，尤其是通过与程曦师弟的合作，我在湖泊湿地研究领域，进一步拓展了计量经济学研究视野。

回想三年前，手头上的工作任务相对少了，有了更多的自由时间，我就对洞庭湖湿地可持续利用展开了系统的研究。一方面，我注重团队合作，与湖南女子学院杨芳博士、中共江西省委党校李维博士、中南林业科技大学杨培涛博士组成了稳定的团队，增强团队共识，凝聚团队力量，推动科研攻坚突破；另一方面，积极开展田野调查，深入洞庭湖湿地周边区域，搜集整理相关研究资料。此外，我还积极参与中国社会科学院农村发展研究所在洞庭湖湿地周边区域农业经济领域的调研等跨团队调研活动，由此搜集了大量的素材和案例，为我的国家课题研究提供了有力的数据支撑。其间的调研和写作还得到了中国科学院南京地理与湖泊研究所窦鸿身研究员、中国水产科学研究院刘子飞博士、湖南省水产科学研究所伍远安研究员、湖南省渔业环境监测站梁志强博士的大力支持，在此一并感谢！

农历戊戌年九月初九，正值重阳节，这一天，书稿终于完成。此时，窗外已是"丹云碧落犹展韵，金簪十里亦含香"。我长出一口气，轻松之余也不免有些感慨。诚然，书中还有许多不足，也将留待以后的研究继续探索。攀登学术高峰将是我毕生的追求，就以"路漫漫其修远兮，吾将上下而求索"自勉。

邝奕轩

湖南长沙跃进湖畔

2018 年 10 月 17 日

图书在版编目（CIP）数据

湖泊湿地利用转型研究：以洞庭湖湿地为例／邝奕
轩著．－－北京：社会科学文献出版社，2019.5
ISBN 978 - 7 - 5201 - 4505 - 3

Ⅰ.①湖…　Ⅱ.①邝…　Ⅲ.①洞庭湖 - 湿地资源 - 研
究 - 湖南　Ⅳ.①P942.640.78

中国版本图书馆 CIP 数据核字（2019）第 048570 号

湖泊湿地利用转型研究
——以洞庭湖湿地为例

著　　者／邝奕轩

出 版 人／谢寿光
责任编辑／高振华
文稿编辑／李惠惠

出　　版／社会科学文献出版社·城市和绿色发展分社（010）59367143
　　　　　　地址：北京市北三环中路甲 29 号院华龙大厦　邮编：100029
　　　　　　网址：www.ssap.com.cn
发　　行／市场营销中心（010）59367081　59367083
印　　装／三河市龙林印务有限公司

规　　格／开　本：787mm × 1092mm　1/16
　　　　　　印　张：17.5　字　数：265 千字
版　　次／2019 年 5 月第 1 版　2019 年 5 月第 1 次印刷
书　　号／ISBN 978 - 7 - 5201 - 4505 - 3
定　　价／88.00 元

本书如有印装质量问题，请与读者服务中心（010 - 59367028）联系